住房和城乡建设部标准定额研究所　　建设工程造价技术资料

通用安装工程消耗量

TY 02-31-2021

第三册　静置设备与工艺金属结构制作安装工程

TONGYONG ANZHUANG GONGCHENG XIAOHAOLIANG
DI-SAN CE JINGZHI SHEBEI YU GONGYI JINSHU JIEGOU ZHIZUO ANZHUANG GONGCHENG

中国计划出版社
北　京

图书在版编目（CIP）数据

通用安装工程消耗量 ： TY02-31-2021. 第三册， 静置设备与工艺金属结构制作安装工程 / 住房和城乡建设部标准定额研究所组织编制. -- 北京 ： 中国计划出版社，2022.2
ISBN 978-7-5182-1401-3

Ⅰ. ①通… Ⅱ. ①住… Ⅲ. ①建筑安装－消耗定额－中国②化工设备－设备安装－消耗定额－中国 Ⅳ. ①TU723.3

中国版本图书馆CIP数据核字(2022)第002808号

责任编辑：张　颖　　　封面设计：韩可斌
责任校对：王　巍　　　责任印制：赵文斌　康媛媛

中国计划出版社出版发行
网址：www.jhpress.com
地址：北京市西城区木樨地北里甲11号国宏大厦C座3层
邮政编码：100038　电话：(010)63906433(发行部)
北京市科星印刷有限责任公司印刷

880mm×1230mm　1/16　24.5印张　746千字
2022年2月第1版　2022年2月第1次印刷

定价：172.00元

前　　言

工程造价是工程建设管理的重要内容。以人工、材料、机械消耗量分析为基础进行工程计价，是确定和控制工程造价的重要手段之一，也是基于成本的通用计价方法。长期以来，我国建立了以施工阶段为重点，涵盖房屋建筑、市政工程、轨道交通工程等各个专业的计价体系，为确定和控制工程造价、提高我国工程建设的投资效益发挥了重要作用。

随着我国工程建设技术的发展，新的工程技术、工艺、材料和设备不断涌现和应用，落后的工艺、材料、设备和施工组织方式不断被淘汰，工程建设中的人材机消耗量也随之发生变化。2020 年我部办公厅发布《工程造价改革工作方案》（建办标〔2020〕38 号），要求加快转变政府职能，优化概算定额、估算指标编制发布和动态管理，取消最高投标限价按定额计价的规定，逐步停止发布预算定额。为做好改革期间的过渡衔接，在住房和城乡建设部标准定额司的指导下，我所根据工程造价改革的精神，协调 2015 年版《房屋建筑与装饰工程消耗量定额》《市政工程消耗量定额》《通用安装工程消耗量定额》的部分主编单位、参编单位以及全国有关造价管理机构和专家，按照简明适用、动态调整的原则，对上述专业的消耗量定额进行了修订，形成了新的《房屋建筑与装饰工程消耗量》《市政工程消耗量》《通用安装工程消耗量》，由我所以技术资料形式印刷出版，供社会参考使用。

本次经过修订的各专业消耗量，是完成一定计量单位的分部分项工程人工、材料和机械用量，是一段时间内工程建设生产效率社会平均水平的反映。因每个工程项目情况不同，其设计方案、施工队伍、实际的市场信息、招投标竞争程度等内外条件各不相同，工程造价应当在本地区、企业实际人材机消耗量和市场价格的基础上，结合竞争规则、竞争激烈程度等参考选用与合理调整，不应机械地套用。使用本书消耗量造成的任何造价偏差由当事人自行负责。

本次修订中，各主编单位、参编单位、编制人员和审查人员付出了大量心血，在此一并表示感谢。由于水平所限，本书难免有所疏漏，执行中遇到的问题和反馈意见请及时联系主编单位。

住房和城乡建设部标准定额研究所

2021 年 11 月

总 说 明

一、《通用安装工程消耗量》共分十二册，包括：

第一册 机械设备安装工程

第二册 热力设备安装工程

第三册 静置设备与工艺金属结构制作安装工程

第四册 电气设备与线缆安装工程

第五册 建筑智能化工程

第六册 自动化控制仪表安装工程

第七册 通风空调安装工程

第八册 工业管道安装工程

第九册 消防安装工程

第十册 给排水、采暖、燃气安装工程

第十一册 信息通信设备与线缆安装工程

第十二册 防腐蚀、绝热工程

二、本消耗量适用于工业与民用新建、扩建工程项目中的通用安装工程。

三、本消耗量在《通用安装工程消耗量定额》TY 02-31-2015 基础上，以国家和有关行业发布的现行设计规程或规范、施工及验收规范、技术操作规程、质量评定标准、产品标准和安全操作规程、绿色建造规定、通用施工组织与施工技术等为依据编制。同时参考了有关省市、部委、行业、企业定额，以及典型工程设计、施工和其他资料。

四、本消耗量按照正常施工组织和施工条件，国内大多数施工企业采用的施工方法、机械装备水平、合理的劳动组织及工期进行编制。

1. 设备、材料、成品、半成品、构配件完整无损，符合质量标准和设计要求，附有合格证书和检验、试验合格记录。

2. 安装工程和土建工程之间的交叉作业合理、正常。

3. 正常的气候、地理条件和施工环境。

4. 安装地点、建筑物实体、设备基础、预留孔洞、预留埋件等均符合安装设计要求。

五、关于人工：

1. 本消耗量人工以合计工日表示，分别列出普工、一般技工和高级技工的工日消耗量。

2. 人工消耗量包括基本用工、辅助用工和人工幅度差。

3. 人工每工日按照 8 小时工作制计算。

六、关于材料：

1. 本消耗量材料泛指原材料、成品、半成品，包括施工中主要材料、辅助材料、周转材料和其他材料。本消耗量中以“(×××)”表示的材料为主要材料。

2. 材料用量：

(1)本消耗量中材料用量包括净用量和损耗量。

(2)材料损耗量包括从工地仓库运至安装堆放地点或现场加工地点运至安装地点的搬运损耗、安装操作损耗、安装地点堆放损耗。

(3)材料损耗量不包括场外的运输损失、仓库(含露天堆场)地点或现场加工地点保管损耗、由于材料规格和质量不符合要求而报废的数量；不包括规范、设计文件规定的预留量、搭接量、冗余量。

3. 本消耗量中列出的周转性材料用量是按照不同施工方法、考虑不同工程项目类别、选取不同材料规格综合计算出的摊销量。

4. 对于用量少、低值易耗的零星材料，列为其他材料。按照消耗性材料费用比例计算。

七、关于机械：

1. 本消耗量施工机械是按照常用机械、合理配备考虑，同时结合施工企业的机械化能力与水平等情况综合确定。

2. 本消耗量中的施工机械台班消耗量是按照机械正常施工效率并考虑机械施工适当幅度差综合取定。

3. 原单位价值在 2 000 元以内、使用年限在一年以内不构成固定资产的施工机械，不列入机械台班消耗量，其消耗的燃料动力等综合在其他材料费中。

八、关于仪器仪表：

1. 本消耗量仪器仪表是按照正常施工组织、施工技术水平考虑，同时结合市场实际情况综合确定。

2. 本消耗量中的仪器仪表台班消耗量是按照仪器仪表正常使用率，并考虑必要的检验检测及适当幅度差综合取定。

3. 原单位价值在 2 000 元以内、使用年限在一年以内不构成固定资产的仪器仪表，不列入仪器仪表台班消耗量，其消耗的燃料动力等综合在其他材料费中。

九、关于水平运输和垂直运输：

1. 水平运输：

（1）水平运输距离是指自现场仓库或指定堆放地点运至安装地点或垂直运输点的距离。本消耗量设备水平运距按照 200m、材料（含成品、半成品）水平运距按照 300m 综合取定，执行消耗量时不做调整。

（2）消耗量未考虑场外运输和场内二次搬运。工程实际发生时应根据有关规定另行计算。

2. 垂直运输：

（1）垂直运输基准面为室外地坪。

（2）本消耗量垂直运输按照建筑物层数 6 层以下、建筑高度 20m 以下、地下深度 10m 以内考虑，工程实际超过时，通过计算建筑物超高（深）增加费处理。

十、关于安装操作高度：

1. 安装操作基准面一般是指室外地坪或室内各层楼地面地坪。

2. 安装操作高度是指安装操作基准面至安装点的垂直高度。本消耗量除各册另有规定者外，安装操作高度综合取定为 6m 以内。工程实际超过时，计算安装操作高度增加费。

十一、关于建筑超高（深）增加费：

1. 建筑超高（深）增加费是指在建筑物层数 6 层以上、建筑高度 20m 以上、地下深度 10m 以上的建筑施工时，计算由于建筑超高（深）需要增加的安装费。各册另有规定者除外。

2. 建筑超高（深）增加费包括人工降效、使用机械（含仪器仪表、工具用具）降效、延长垂直运输时间等费用。

3. 建筑超高（深）增加费，以单位工程（群体建筑以车间或单楼设计为准）全部工程量（含地下、地上部分）为基数，按照系数法计算。系数详见各册说明。

4. 单位工程（群体建筑以车间或单楼设计为准）满足建筑高度、建筑物层数、地下深度之一者，应计算建筑超高（深）增加费。

十二、关于脚手架搭拆：

1. 本消耗量脚手架搭拆是根据施工组织设计、满足安装需要所采取的安装措施。脚手架搭拆除满足自身安全外，不包括工程项目安全、环保、文明等工作内容。

2. 脚手架搭拆综合考虑了不同的结构形式、材质、规模、占用时间等要素，执行消耗量时不做调整。

3. 在同一个单位工程内有若干专业安装时，凡符合脚手架搭拆计算规定，应分别计取脚手架搭拆费用。

十三、本消耗量没有考虑施工与生产同时进行、在有害身体健康（防腐蚀工程、检测项目除外）条件下施工时的降效，工程实际发生时根据有关规定另行计算。

十四、本消耗量适用于工程项目施工地点在海拔高度2 000m以下施工，超过时按照工程项目所在地区的有关规定执行。

十五、本消耗量中注有“××以内”或“××以下”及“小于”者，均包括××本身；注有“××以外”或“××以上”及“大于”者，则不包括××本身。

说明中未注明（或省略）尺寸单位的宽度、厚度、断面等，均以“mm”为单位。

十六、凡本说明未尽事宜，详见各册说明。

册 说 明

一、第三册《静置设备与工艺金属结构制作安装工程》（以下简称“本册”）适用于工业静置设备类的制作与安装工程。包括：静置设备制作与安装、金属储罐制作与安装、球形罐组对安装、气柜制作与安装、工艺金属结构制作与安装、撬块安装、检测等。

二、本册主要依据的规范标准有：

1.《压力容器》GB 150.1 ~ GB 150.4—2011；

2.《塔式容器》NB/T 47041—2014；

3.《卧式容器》NB/T 47042—2014；

4.《热交换器》GB/T 151—2014；

5.《石油化工钢制压力容器》SH/T 3074—2018；

6.《现场设备、工业管道焊接工程施工质量验收规范》GB 50683—2011；

7.《石油化工静设备现场组焊技术规程》SH/T 3524—2009；

8.《石油化工不锈钢复合钢焊接规程》SH/T 3527—2009；

9.《固定式压力容器安全技术监察规程》TSG 21—2016；

10.《钢制焊接常压容器》NB/ T 47003.1—2009；

11.《固体料仓》NB/ T 47003.2—2009；

12.《石油化工大型设备吊装工程施工技术规程》SH/T 3515—2017；

13.《石油化工钢结构工程施工质量验收规范》SH/T 3507—2011；

14.《金属材料熔焊质量要求》GB/T 12467—2009；

15.《钢结构设计标准》GB 50017—2017；

16.《钢结构工程施工规范》GB 50755—2012；

17.《钢结构工程施工质量验收标准》GB 50205—2020；

18.《金属焊接结构湿式气柜施工及验收规范》HG/T 20212—2017；

19.《钢结构焊接规范》GB 50661—2011；

20.《钢结构用扭剪型高强度螺栓连接副》GB/T 3632—2008；

21.《钢制球形储罐》GB 12337—2014；

22.《球形储罐施工规范》GB 50094—2010；

23.《钢制球型储罐型式与基本参数》GB/T 17261—2011；

24.《立式圆筒形钢制焊接储罐施工规范》GB 50128—2014；

25.《现场设备、工业管道焊接工程施工规范》GB 50236—2011；

26.《石油化工球形储罐施工技术规程》SH/T 3512—2011；

27.《承压设备无损检测》NB/T 47013.1 ~ 6—2015；

28.《热处理质量控制体系》GB/T 32541—2016；

29.《建筑工程施工质量验收统一标准》GB 50300—2013；

30.《石油化工立式圆筒形钢制储罐施工技术规程》SH/T 3530—2011；

31.《立式圆筒形料仓施工及验收规范》SH/T 3513—2019；

32.《塔盘技术条件》JB/T 1205—2001；

33.《容器支座》NB/T 47065.1 ~ 5—2018；

34.《通用安装工程消耗量定额》TY 02-31-2015。

三、本册除各章另有说明外，均包括下列工作内容：施工准备，设备、材料及工机具场内运输，配合基础验收,吊装设备就位、安装、连接、找正固定,配套附件安装,临时移动水源与电源,配合检查验收等。

四、执行说明:

1. 地脚螺栓灌浆执行第一册《机械设备安装工程》相应项目。

2. 设备防腐蚀、绝热执行第十二册《防腐蚀、绝热工程》相应项目。

五、脚手架搭拆按照消耗量人工费8%计算。其中:人工费为40%、材料费为53%、机械费为7%。搭设高度超过25m静置设备安装脚手架按照施工方案单独计列。

六、消耗量中设备地脚螺栓和连接设备各部件的螺栓、销钉、垫片按照随设备配套供货考虑。如果工程实际由施工单位采购配置安装所用螺栓、销钉、垫片时,根据实际安装用量加3%损耗率计算其费用。

目　录

第四章 球形罐组对安装

第五章 气柜制作、安装

第六章 工艺金属结构制作、安装

第七章　撬块安装

第八章　综合辅助项目

第一章　静置设备制作

说　　明

一、本章适用于容器、塔器的人孔、手孔、接管、鞍座、支座、地脚螺栓、设备法兰等制作与装配。

二、本章不包括以下工作内容：

1. 金属容器、塔器等的制作。
2. 各种型钢圈、支撑圈及加固圈的摵制。
3. 胎具的制作、安装与拆除。
4. 设备附属的梯子、平台、栏杆、扶手的制作与安装。
5. 压力试验与无损探伤检验。
6. 预热、后热与整体热处理。
7. 工艺评定及产品试板检验。

三、有关项目说明：外购件（外协件）按采购价计入主材费。

四、主材利用率见下表。

主材利用率表

筒体（常压）	圆形平底盖	伞形顶盖	法兰		鞍（支）座	地脚螺栓	接管
			≤ ϕ500	>ϕ500			
95%	75%	70%	30%	55%	84%	93%	90%

注： 1. 金属常压容器套用“筒体（常压）”利用率。

2. 人孔、手孔、接管补强板损耗按筒体主材利用率计算，工程量可计入筒体中。
3. 短管按接管制作的利用率。
4. 设备法兰制作，按法兰外径的尺寸计算主材利用率；外购法兰按成品外购件计算。
5. 各部件材料毛重 = 各部件金属净重 / 该部件主材利用率。
6. 主材费 =Σ（各部件金属材料单价 × 各部件材料毛重）。

工程量计算规则

一、容器、鞍座、支座制作以“t”为计量单位；

二、接管、人孔、手孔、法兰以“个”为计量单位；

三、地脚螺栓以“10个”为计量单位。

一、容 器 制 作

1. 碳钢平底平盖容器制作

工作内容：放样号料、切割、调直、卷弧、钻孔、割豁、拼接、滚圆、找圆、组对、焊接等。

计量单位：t

编号				3-1-1	3-1-2	3-1-3	3-1-4	3-1-5
项目				$1m^3$ 以内	$2m^3$ 以内	$4m^3$ 以内	$6m^3$ 以内	$8m^3$ 以内
名称			单位	消耗量				
人工	合计工日		工日	12.667	11.299	9.280	8.939	8.078
	其中	普工	工日	2.535	2.258	1.854	1.786	1.616
		一般技工	工日	5.066	4.520	3.713	3.577	3.231
		高级技工	工日	5.066	4.520	3.713	3.577	3.231
材料	钢板（综合）		kg	16.225	15.547	14.185	12.929	10.707
	乙炔气		kg	2.786	2.634	2.485	2.351	2.274
	氧气		m^3	7.244	6.849	6.461	6.112	5.913
	低碳钢焊条 J427		kg	27.685	23.112	21.597	19.931	19.060
	木材		m^3	0.053	0.044	0.033	0.027	0.027
	碳精棒 ϕ8～12		根	22.069	26.635	22.830	20.547	19.025
	尼龙砂轮片 ϕ100		片	7.724	6.560	5.936	5.418	4.102
	尼龙砂轮片 ϕ150		片	3.584	3.440	3.151	2.892	1.408
	钢管		kg	—	—	—	—	2.633
	其他材料费		%	3.00	3.00	3.00	3.00	3.00
机械	汽车式起重机 16t		台班	1.799	1.185	0.675	0.554	0.389
	桥式起重机 15t		台班	1.730	1.626	1.436	1.323	1.125
	载货汽车－普通货车 5t		台班	0.960	0.718	0.614	0.502	0.337
	载货汽车－普通货车 10t		台班	0.069	0.061	0.061	0.061	0.061
	立式钻床 35mm		台班	0.208	0.182	0.017	0.173	0.164
	剪板机 20×2 500（安装用）		台班	0.268	0.216	0.138	0.138	0.138
	卷板机 20×2 500（安装用）		台班	0.251	0.234	0.216	0.199	0.147
	刨边机 9 000mm（安装用）		台班	0.104	0.087	0.061	0.061	0.061
	弧焊机 32kV·A		台班	6.764	6.219	6.012	5.640	5.640
	半自动切割机 100mm		台班	0.554	0.510	0.458	0.415	0.329
	电动空气压缩机 $6m^3/min$		台班	0.891	0.701	0.606	0.562	0.562
	电焊条烘干箱 80×80×100（cm^3）		台班	0.675	0.623	0.606	0.562	0.562
	电动滚胎机		台班	1.583	1.401	1.384	1.289	1.012
	电焊条恒温箱		台班	0.675	0.623	0.606	0.562	0.562

计量单位：t

编号				3-1-6	3-1-7	3-1-8	3-1-9
项目				10m³ 以内	15m³ 以内	20m³ 以内	30m³ 以内
名称			单位	消耗量			
人工	合计工日		工日	8.014	7.868	7.177	5.523
	其中	普工	工日	1.601	1.572	1.435	1.105
		一般技工	工日	3.206	3.148	2.871	2.209
		高级技工	工日	3.206	3.148	2.871	2.209
材料	钢板（综合）		kg	9.642	9.619	9.535	5.639
	乙炔气		kg	2.101	1.864	1.710	1.399
	氧气		m^3	5.463	4.847	4.445	3.637
	低碳钢焊条 J427		kg	19.725	19.215	18.698	6.560
	碳钢埋弧焊丝		kg	—	—	—	4.475
	埋弧焊剂		kg	—	—	—	2.237
	木材		m^3	0.027	0.027	0.021	0.021
	碳精棒 $\phi 8 \sim 12$		根	18.264	16.742	15.220	13.698
	尼龙砂轮片 $\phi 100$		片	4.087	4.049	3.957	3.767
	尼龙砂轮片 $\phi 150$		片	1.286	1.081	0.989	0.799
	钢管		kg	2.374	1.903	1.903	1.903
	其他材料费		%	3.00	3.00	—	3.00
机械	汽车式起重机 10t		台班	—	0.277	0.216	0.061
	汽车式起重机 16t		台班	0.355	0.061	0.061	0.052
	桥式起重机 15t		台班	1.047	1.021	1.003	0.908
	门式起重机 20t		台班	—	—	—	0.061
	载货汽车 - 普通货车 5t		台班	0.294	0.277	0.216	0.061
	载货汽车 - 普通货车 10t		台班	0.061	0.061	0.061	0.121
	立式钻床 35mm		台班	0.156	0.156	0.156	0.147
	剪板机 20×2 500（安装用）		台班	0.121	0.121	0.112	0.112
	卷板机 20×2 500（安装用）		台班	0.130	0.130	0.121	0.121
	刨边机 9 000mm（安装用）		台班	0.061	0.061	0.061	0.061
	弧焊机 32kV·A		台班	5.493	4.896	4.420	1.972
	自动埋弧焊机 1 200A		台班	—	—	—	0.173
	半自动切割机 100mm		台班	0.285	0.234	0.208	0.156
	电动空气压缩机 $6m^3/min$		台班	0.545	0.493	0.441	0.199
	电焊条烘干箱 80×80×100（cm^3）		台班	0.545	0.493	0.441	0.199
	电动滚胎机		台班	0.995	0.977	0.960	0.917
	电焊条恒温箱		台班	0.545	0.493	0.441	0.199

2. 碳钢平底锥顶容器制作

工作内容：放样号料、切割、调直、弯曲、套丝、补强圈制作、组对、焊接、设备开孔、紧固螺栓等。

计量单位：t

编　号			3-1-10	3-1-11	3-1-12	3-1-13	3-1-14	3-1-15	3-1-16	3-1-17
项　目			$12m^3$ 以内	$16m^3$ 以内	$20m^3$ 以内	$30m^3$ 以内	$40m^3$ 以内	$50m^3$ 以内	$60m^3$ 以内	$80m^3$ 以内
	名　称	单位	消　耗　量							
人工	合计工日	工日	12.555	11.887	11.227	9.780	9.489	9.182	8.880	8.589
人工	其中 普工	工日	2.511	2.380	2.243	1.956	1.898	1.834	1.776	1.718
人工	其中 一般技工	工日	5.022	4.754	4.492	3.912	3.796	3.674	3.552	3.436
人工	其中 高级技工	工日	5.022	4.754	4.492	3.912	3.796	3.674	3.552	3.436
材料	钢板（综合）	kg	24.512	23.294	21.491	16.521	15.661	14.801	14.345	13.896
材料	乙炔气	kg	2.637	2.629	2.617	2.017	1.668	1.668	1.522	1.447
材料	氧气	m^3	6.856	6.835	6.803	5.243	4.338	4.336	3.957	3.762
材料	低碳钢焊条 J427	kg	24.740	21.833	21.491	21.064	20.646	20.250	20.144	20.037
材料	木材	m^3	0.028	0.024	0.021	0.020	0.015	0.017	0.017	0.017
材料	碳精棒 $\phi8\sim12$	根	19.025	18.264	17.503	15.981	14.459	13.698	13.698	13.698
材料	尼龙砂轮片 $\phi100$	片	5.860	5.137	4.863	4.018	3.828	3.828	3.782	3.737
材料	尼龙砂轮片 $\phi150$	片	3.151	2.983	2.877	2.618	2.329	2.222	2.116	1.963
材料	钢管	kg	3.417	3.211	3.014	2.702	2.382	2.108	2.108	1.864
材料	钢轨	m	2.222	2.146	2.062	1.202	1.005	1.005	0.860	0.837
材料	道木	m^3	0.019	0.018	0.018	0.017	0.017	0.017	0.015	0.014
材料	碟形钢丝砂轮片 $\phi100$	片	0.928	0.837	0.753	0.677	0.061	0.586	0.502	0.411
材料	其他材料费	%	3.00	3.00	3.00	3.00	3.00	3.00	3.00	3.00
机械	汽车式起重机 10t	台班	—	0.355	0.303	0.173	0.069	—	—	—
机械	汽车式起重机 16t	台班	0.415	0.052	0.061	0.061	0.061	0.061	0.061	0.052
机械	桥式起重机 15t	台班	1.159	1.107	1.064	1.003	0.943	0.882	0.839	0.796
机械	载货汽车－普通货车 5t	台班	0.363	0.355	0.303	0.173	0.069	—	—	—
机械	载货汽车－普通货车 10t	台班	0.061	0.052	0.061	0.061	0.138	0.190	0.173	0.147
机械	立式钻床 25mm	台班	0.173	0.164	0.164	0.156	0.147	0.147	0.147	0.147
机械	剪板机 20×2 500（安装用）	台班	0.147	0.121	0.121	0.009	0.112	0.112	0.104	0.112
机械	卷板机 20×2 500（安装用）	台班	0.216	0.208	0.199	0.173	0.138	0.121	0.112	0.095
机械	刨边机 9 000mm（安装用）	台班	0.372	0.294	0.190	0.173	0.164	0.156	0.147	0.138
机械	弧焊机 32kV·A	台班	6.695	6.124	5.891	5.450	5.155	4.991	4.818	4.654
机械	半自动切割机 100mm	台班	0.190	0.182	0.173	0.121	0.121	0.112	0.104	0.095
机械	电动空气压缩机 $6m^3/min$	台班	0.666	0.614	0.588	0.545	0.519	0.502	0.484	0.467
机械	电焊条烘干箱 80×80×100（cm^3）	台班	0.666	0.614	0.588	0.545	0.519	0.502	0.484	0.467
机械	电动滚胎机	台班	1.272	1.272	1.272	1.220	1.211	1.194	1.168	1.142
机械	电焊条恒温箱	台班	0.666	0.614	0.588	0.545	0.519	0.502	0.484	0.467
机械	门式起重机 20t	台班	0.363	0.337	0.337	0.329	0.407	0.441	0.415	0.398
机械	真空泵 $204m^3/h$	台班	0.078	0.078	0.078	0.078	0.078	0.078	0.078	0.078

二、静置设备附件制作

1. 鞍 座 制 作

工作内容： 放样号料、切割、调直、卷弧、钻孔、割豁、拼接、滚圆、找圆、组对、焊接等。　　**计量单位：** t

编号				3-1-18	3-1-19	3-1-20	3-1-21	3-1-22	3-1-23	3-1-24
项目				鞍座每件质量（kg）						
				50以内	100以内	300以内	500以内	600以内	800以内	800以外
名称			单位	消耗量						
人工	合计工日		工日	40.175	32.614	26.933	23.625	19.365	17.200	15.587
	其中	普工	工日	8.035	6.522	5.387	4.725	3.873	3.440	3.117
		一般技工	工日	16.070	13.046	10.773	9.450	7.746	6.880	6.235
		高级技工	工日	16.070	13.046	10.773	9.450	7.746	6.880	6.235
材料	乙炔气		kg	6.111	5.495	4.259	3.884	3.352	3.084	2.873
	氧气		m^3	15.890	14.287	11.073	10.098	8.714	8.018	7.470
	低碳钢焊条 J427		kg	38.248	35.447	32.845	30.432	25.661	22.518	21.635
	碳精棒 ϕ8～12		根	6.849	3.425	1.005	0.822	0.457	0.365	0.320
	尼龙砂轮片 ϕ100		片	13.378	10.563	7.640	5.753	3.942	3.714	3.554
	尼龙砂轮片 ϕ150		片	3.805	1.903	1.043	0.852	0.594	0.533	0.479
	其他材料费		%	3.00	3.00	3.00	3.00	3.00	3.00	3.00
机械	汽车式起重机 16t		台班	0.020	0.018	0.014	0.012	0.010	0.009	0.008
	桥式起重机 15t		台班	5.034	2.648	1.049	0.827	0.570	0.478	0.435
	载货汽车－普通货车 10t		台班	0.020	0.019	0.016	0.014	0.012	0.011	0.010
	立式钻床 25mm		台班	1.611	0.805	0.235	0.172	0.107	0.085	0.075
	剪板机 20×2 500（安装用）		台班	0.805	0.403	0.170	0.125	0.085	0.067	0.065
	卷板机 20×2 500（安装用）		台班	0.141	0.081	0.064	0.048	0.042	0.034	0.031
	弧焊机 32kV·A		台班	18.304	13.619	9.302	7.567	5.649	5.217	5.066
	电动空气压缩机 $6m^3$/min		台班	0.122	0.101	0.056	0.046	0.025	0.020	0.018
	电焊条烘干箱 80×80×100（cm^3）		台班	1.830	1.362	0.930	0.757	0.565	0.521	0.507
	电焊条恒温箱		台班	1.830	1.362	0.930	0.757	0.565	0.521	0.505

2. 支座制作

工作内容：放样号料、切割、调直、卷弧、钻孔、割豁、拼接、滚圆、找圆、组对、焊接等。　　**计量单位：**t

编　号				3-1-25	3-1-26
项　目				支座每件质量（kg 以内）	
				20	80
名　称			单位	消　耗　量	
人工	合计工日		工日	39.907	37.135
	其中	普工	工日	7.981	7.427
		一般技工	工日	15.963	14.854
		高级技工	工日	15.963	14.854
材料	乙炔气		kg	3.465	1.920
	氧气		m^3	9.010	4.992
	低碳钢焊条 J427		kg	81.427	53.163
	尼龙砂轮片 ϕ100		片	20.844	8.881
	尼龙砂轮片 ϕ150		片	1.689	3.105
	其他材料费		%	3.00	3.00
机械	汽车式起重机 16t		台班	0.045	0.016
	桥式起重机 15t		台班	2.103	3.419
	载货汽车－普通货车 10t		台班	0.089	0.033
	立式钻床 25mm		台班	0.537	0.395
	剪板机 20×2 500（安装用）		台班	0.268	0.198
	卷板机 20×2 500（安装用）		台班	0.045	0.033
	弧焊机 32kV·A		台班	18.387	13.542
	电焊条烘干箱 80×80×100（cm^3）		台班	1.839	1.355
	电焊条恒温箱		台班	1.839	1.355

3. 设备接管制作、安装(碳钢、合金钢)

工作内容: 放样号料、切割、调直、弯曲、套丝、补强圈制作、组对、焊接、设备开孔、紧固螺栓等。

计量单位: 个

编号				3-1-27	3-1-28	3-1-29	3-1-30	3-1-31	3-1-32	3-1-33	3-1-34
项目				设计压力 $PN \leqslant 1.6$MPa 管径(*DN* 以内)							
				25	50	80	100	125	150	200	250
名称			单位	消耗量							
人工	合计工日		工日	0.325	0.400	0.489	1.290	1.372	1.524	1.944	2.386
	其中	普工	工日	0.065	0.080	0.097	0.258	0.274	0.304	0.388	0.478
		一般技工	工日	0.130	0.160	0.196	0.516	0.549	0.610	0.778	0.954
		高级技工	工日	0.130	0.160	0.196	0.516	0.549	0.610	0.778	0.954
材料	热轧厚钢板 δ8.0~20.0		kg	—	—	—	0.875	1.027	1.233	1.667	2.001
	乙炔气		kg	0.058	0.102	0.164	0.568	0.666	0.796	1.091	1.359
	氧气		m^3	0.151	0.265	0.427	1.478	1.731	2.071	2.835	3.533
	低碳钢焊条 J427		kg	0.053	0.099	0.183	1.568	1.720	1.864	2.679	3.592
	尼龙砂轮片 ϕ100		片	0.472	0.487	0.510	0.183	0.183	0.228	0.312	0.419
	尼龙砂轮片 ϕ150		片	0.046	0.084	0.129	0.693	0.814	0.974	1.332	1.613
	其他材料费		%	3.00	3.00	3.00	3.00	3.00	3.00	3.00	3.00
机械	桥式起重机 15t		台班	0.008	0.008	0.008	0.010	0.012	0.013	0.016	0.018
	卷板机 20×2 500(安装用)		台班	—	—	—	0.008	0.008	0.008	0.008	0.008
	弧焊机 32kV·A		台班	0.048	0.070	0.092	0.339	0.339	0.394	0.565	0.712
	电焊条烘干箱 80×80×100(cm^3)		台班	0.005	0.007	0.009	0.034	0.034	0.040	0.057	0.071
	电动滚胎机		台班	0.088	0.101	0.117	0.195	0.198	0.225	0.268	0.317
	电焊条恒温箱		台班	0.005	0.007	0.009	0.034	0.034	0.040	0.057	0.071

计量单位：个

编　号				3-1-35	3-1-36	3-1-37	3-1-38	3-1-39	3-1-40
项　目				设计压力 $PN \leqslant 1.6$MPa 管径（DN 以内）					
				300	350	400	450	500	600
名　称			单位	消　耗　量					
人工	合计工日		工日	2.697	2.977	3.302	3.763	4.205	5.715
	其中	普工	工日	0.539	0.595	0.660	0.753	0.841	1.143
		一般技工	工日	1.079	1.191	1.321	1.505	1.682	2.286
		高级技工	工日	1.079	1.191	1.321	1.505	1.682	2.286
材料	热轧厚钢板 δ8.0～20.0		kg	2.329	2.656	2.976	3.333	3.683	4.330
	乙炔气		kg	1.606	1.865	2.103	2.371	2.615	3.135
	氧气		m^3	4.176	4.849	5.468	6.164	6.799	8.150
	低碳钢焊条 J427		kg	4.231	5.198	5.784	6.507	7.176	8.919
	尼龙砂轮片 φ100		片	0.495	0.632	0.708	0.799	0.883	1.111
	尼龙砂轮片 φ150		片	1.895	2.176	2.443	2.740	3.029	3.577
	其他材料费		%	3.00	3.00	3.00	3.00	3.00	3.00
机械	桥式起重机 15t		台班	0.020	0.022	0.070	0.087	0.099	0.121
	卷板机 20×2 500（安装用）		台班	0.008	0.008	0.008	0.008	0.008	0.009
	弧焊机 32kV·A		台班	0.823	0.892	0.997	1.132	1.274	1.522
	电焊条烘干箱 80×80×100（cm^3）		台班	0.083	0.089	0.100	0.113	0.127	0.153
	电动滚胎机		台班	0.346	0.373	0.418	0.474	0.542	0.655
	电焊条恒温箱		台班	0.083	0.089	0.100	0.113	0.127	0.153

计量单位：个

编号				3-1-41	3-1-42	3-1-43	3-1-44	3-1-45	3-1-46	3-1-47	3-1-48
项目				设计压力 $PN \leqslant$ 4MPa 管径（DN 以内）							
				25	50	80	100	125	150	200	250
名称			单位	消耗量							
人工	合计工日		工日	0.422	0.509	0.697	1.585	1.778	1.965	2.439	2.889
	其中	普工	工日	0.084	0.101	0.139	0.317	0.356	0.393	0.487	0.577
		一般技工	工日	0.169	0.204	0.279	0.634	0.711	0.786	0.976	1.156
		高级技工	工日	0.169	0.204	0.279	0.634	0.711	0.786	0.976	1.156
材料	热轧厚钢板 δ8.0～20.0		kg	—	—	—	0.875	1.027	1.233	1.367	2.001
	乙炔气		kg	0.092	0.152	0.246	0.732	0.858	1.025	1.404	1.750
	氧气		m^3	0.240	0.395	0.639	1.904	2.230	2.664	3.650	4.551
	低碳钢焊条 J427		kg	0.076	0.183	0.510	2.991	3.752	4.467	6.012	7.397
	尼龙砂轮片 ϕ100		片	0.015	0.030	0.061	0.183	0.221	0.266	0.358	0.449
	尼龙砂轮片 ϕ150		片	0.099	0.183	0.282	0.845	0.997	1.195	1.613	1.963
	其他材料费		%	3.00	3.00	3.00	3.00	3.00	3.00	3.00	3.00
机械	桥式起重机 15t		台班	0.008	0.008	0.008	0.013	0.014	0.015	0.019	0.021
	卷板机 30×2 000（安装用）		台班	—	—	—	0.008	0.008	0.008	—	—
	卷板机 40×3 500（安装用）		台班	—	—	—	—	—	—	0.008	0.008
	弧焊机 32kV·A		台班	0.075	0.109	0.170	0.510	0.609	0.732	0.926	1.135
	电焊条烘干箱 80×80×100（cm^3）		台班	0.008	0.011	0.018	0.052	0.061	0.071	0.092	0.113
	电动滚胎机		台班	0.114	0.131	0.153	0.204	0.257	0.293	0.348	0.412
	电焊条恒温箱		台班	0.008	0.011	0.018	0.052	0.061	0.071	0.092	0.113

计量单位：个

编号				3-1-49	3-1-50	3-1-51	3-1-52	3-1-53	3-1-54
项目				设计压力 $PN \leqslant 4$MPa 管径（DN 以内）					
				300	350	400	450	500	600
名称			单位	消耗量					
人工	合计工日		工日	3.247	3.585	3.998	4.550	5.088	6.080
	其中	普工	工日	0.649	0.717	0.800	0.910	1.018	1.216
		一般技工	工日	1.299	1.434	1.599	1.820	2.035	2.432
		高级技工	工日	1.299	1.434	1.599	1.820	2.035	2.432
材料	热轧厚钢板 $\delta 8.0 \sim 20.0$		kg	2.329	2.656	2.976	3.409	3.683	4.330
	乙炔气		kg	2.068	2.402	2.709	3.054	3.368	4.035
	氧气		m^3	5.376	6.246	7.043	7.940	8.758	10.490
	低碳钢焊条 J427		kg	8.721	9.680	10.898	12.290	13.584	16.597
	尼龙砂轮片 $\phi 100$		片	0.548	0.601	0.693	0.784	0.868	1.103
	尼龙砂轮片 $\phi 150$		片	2.306	2.648	2.968	3.348	3.683	4.353
	其他材料费		%	3.00	3.00	3.00	3.00	3.00	3.00
机械	桥式起重机 15t		台班	0.025	0.028	0.092	0.110	0.125	0.153
	卷板机 40×3 500（安装用）		台班	0.008	0.008	0.008	0.008	0.008	0.009
	弧焊机 32kV·A		台班	1.309	1.444	1.593	1.851	2.083	2.521
	电焊条烘干箱 80×80×100（cm^3）		台班	0.132	0.144	0.164	0.185	0.208	0.253
	电动滚胎机		台班	0.449	0.485	0.543	0.615	0.704	0.852
	电焊条恒温箱		台班	0.132	0.144	0.164	0.185	0.208	0.253

4. 设备接管制作、安装(不锈钢)

工作内容: 放样号料、切割、调直、弯曲、套丝、补强圈制作、组对、焊接、设备开孔、紧固螺栓等。

计量单位:个

编号				3-1-55	3-1-56	3-1-57	3-1-58	3-1-59	3-1-60	3-1-61	3-1-62
项目				设计压力 $PN \leqslant 1.6$MPa 管径(*DN* 以内)							
				25	50	80	100	125	150	200	250
名称			单位	消耗量							
人工	合计工日		工日	0.600	0.725	0.910	1.869	2.000	2.234	2.854	3.427
	其中	普工	工日	0.120	0.145	0.182	0.373	0.400	0.446	0.570	0.685
		一般技工	工日	0.240	0.290	0.364	0.748	0.800	0.894	1.142	1.371
		高级技工	工日	0.240	0.290	0.364	0.748	0.800	0.894	1.142	1.371
材料	不锈钢焊条(综合)		kg	0.053	0.099	0.183	1.355	1.469	1.575	2.298	3.151
	硝酸		kg	0.015	0.030	0.046	0.107	0.122	0.152	0.205	0.251
	氢氟酸 45%		kg	0.008	0.008	0.008	0.015	0.015	0.023	0.023	0.030
	不锈钢专用砂轮片		片	0.030	0.046	0.076	0.472	0.297	0.365	0.495	0.662
	酸洗膏		kg	0.030	0.061	0.091	0.205	0.244	0.297	0.403	0.495
	飞溅净		kg	0.038	0.068	0.107	0.236	0.282	0.335	0.457	0.571
	其他材料费		%	1.50	1.50	1.50	1.50	1.50	1.50	1.50	1.50
机械	桥式起重机 15t		台班	—	—	—	0.014	0.015	0.017	0.023	0.025
	卷板机 20×2 500(安装用)		台班	—	—	—	0.008	0.008	0.008	0.008	0.008
	弧焊机 32kV·A		台班	0.064	0.102	0.132	0.426	0.455	0.484	0.694	0.879
	等离子切割机 400A		台班	0.035	0.057	0.078	0.138	0.281	0.325	0.427	0.527
	电动空气压缩机 1m³/min		台班	0.035	0.057	0.078	0.138	0.281	0.325	0.411	0.527
	电动空气压缩机 6m³/min		台班	—	—	0.008	0.008	0.008	0.008	0.008	0.005
	电焊条烘干箱 80×80×100(cm³)		台班	0.006	0.010	0.014	0.042	0.046	0.048	0.070	0.088
	电动滚胎机		台班	0.132	0.151	0.175	0.282	0.302	0.324	0.382	0.451
	电焊条恒温箱		台班	0.006	0.010	0.014	0.042	0.046	0.048	0.070	0.088

计量单位：个

编　号				3-1-63	3-1-64	3-1-65	3-1-66	3-1-67	3-1-68
项　目				设计压力 $PN \leqslant 1.6$MPa 管径（*DN* 以内）					
				300	350	400	450	500	600
名　称			单位	消　耗　量					
人工	合计工日		工日	3.875	4.282	4.743	5.418	6.060	7.913
	其中	普工	工日	0.775	0.856	0.949	1.084	1.212	1.583
		一般技工	工日	1.550	1.713	1.897	2.167	2.424	3.165
		高级技工	工日	1.550	1.713	1.897	2.167	2.424	3.165
材料	不锈钢焊条（综合）		kg	3.721	4.642	5.175	5.822	6.347	7.937
	硝酸		kg	0.297	0.342	0.381	0.426	0.472	0.563
	氢氟酸 45%		kg	0.038	0.046	0.046	0.053	0.061	0.068
	砂轮片 ϕ100		片	0.776	0.982	1.096	1.240	1.370	1.651
	砂轮片 ϕ150		片	2.458	2.823	3.173	3.569	3.934	4.650
	酸洗膏		kg	0.586	0.677	0.753	0.852	0.936	1.103
	飞溅净		kg	0.670	0.769	0.860	0.966	1.065	1.263
	其他材料费		%	1.50	1.50	1.50	1.50	1.50	1.50
机械	桥式起重机 15t		台班	0.027	0.032	0.104	0.128	0.147	0.182
	卷板机 20×2 500（安装用）		台班	0.008	0.005	0.005	0.007	0.007	0.013
	弧焊机 32kV·A		台班	1.016	1.097	1.212	1.395	1.578	1.868
	等离子切割机 400A		台班	0.605	0.686	0.769	0.879	0.991	1.195
	电动空气压缩机 1m^3/min		台班	0.605	0.686	0.769	0.879	0.990	1.195
	电动空气压缩机 6m^3/min		台班	0.007	0.007	0.008	0.008	0.009	0.011
	电焊条烘干箱 80×80×100（cm^3）		台班	0.102	0.110	0.121	0.140	0.158	0.186
	电动滚胎机		台班	0.488	0.525	0.588	0.666	0.765	0.927
	电焊条恒温箱		台班	0.102	0.110	0.121	0.140	0.158	0.186

计量单位：个

编号				3-1-69	3-1-70	3-1-71	3-1-72	3-1-73	3-1-74	3-1-75	3-1-76
项目				设计压力 *PN* ≤ 4MPa 管径（*DN* 以内）							
				25	50	80	100	125	150	200	250
名称			单位	消耗量							
人工	合计工日		工日	0.690	0.834	1.020	2.012	2.220	2.433	2.986	3.510
	其中	普工	工日	0.138	0.166	0.204	0.402	0.444	0.487	0.598	0.702
		一般技工	工日	0.276	0.334	0.408	0.805	0.888	0.973	1.194	1.404
		高级技工	工日	0.276	0.334	0.408	0.805	0.888	0.973	1.194	1.404
材料	不锈钢焊条（综合）		kg	0.068	0.175	0.282	1.149	1.408	1.682	2.253	2.740
	硝酸		kg	0.015	0.030	0.076	0.091	0.107	0.129	0.175	0.213
	氢氟酸 45%		kg	0.008	0.008	0.008	0.015	0.015	0.015	0.023	0.030
	砂轮片 ϕ100		片	0.030	0.061	0.099	0.259	0.312	0.373	0.510	0.624
	砂轮片 ϕ150		片	0.129	0.244	0.365	1.134	1.294	1.545	2.100	2.557
	酸洗膏		kg	0.030	0.061	0.145	0.175	0.221	0.251	0.342	0.426
	飞溅净		kg	0.038	0.068	0.167	0.205	0.251	0.289	0.396	0.487
	其他材料费		%	1.50	1.50	1.50	1.50	1.50	1.50	1.50	1.50
机械	桥式起重机 15t		台班	—	—	—	0.017	0.019	0.020	0.025	0.027
	卷板机 40×3 500（安装用）		台班	—	—	—	0.008	0.008	0.008	0.008	0.008
	弧焊机 32kV·A		台班	0.094	0.134	0.190	0.432	0.500	0.571	0.722	0.877
	等离子切割机 400A		台班	0.045	0.066	0.091	0.303	0.345	0.398	0.526	0.649
	电动空气压缩机 1m^3/min		台班	0.045	0.066	0.091	0.303	0.345	0.398	0.526	0.649
	电动空气压缩机 6m^3/min		台班	—	—	0.008	0.008	0.008	0.008	0.008	0.005
	电焊条烘干箱 80×80×100（cm^3）		台班	0.008	0.014	0.019	0.042	0.050	0.057	0.072	0.088
	电动滚胎机		台班	0.149	0.170	0.198	0.266	0.334	0.381	0.454	0.537
	电焊条恒温箱		台班	0.008	0.014	0.019	0.042	0.050	0.057	0.072	0.088

计量单位：个

编　　号			3-1-77	3-1-78	3-1-79	3-1-80	3-1-81	3-1-82
项　　目			设计压力 $PN \leqslant$ 4MPa　管径（DN 以内）					
			300	350	400	450	500	600
名　　称		单位	消　耗　量					
人工	合计工日	工日	3.957	4.405	4.963	5.612	6.273	7.404
	其中 普工	工日	0.791	0.881	0.993	1.122	1.255	1.480
	其中 一般技工	工日	1.583	1.762	1.985	2.245	2.509	2.962
	其中 高级技工	工日	1.583	1.762	1.985	2.245	2.509	2.962
材料	不锈钢焊条（综合）	kg	3.364	3.858	4.452	5.038	5.593	7.245
	硝酸	kg	0.251	0.289	0.327	0.365	0.403	0.479
	氢氟酸 45%	kg	0.030	0.038	0.038	0.046	0.053	0.061
	砂轮片 ϕ100	片	0.761	0.875	1.005	1.134	1.248	1.301
	砂轮片 ϕ150	片	2.998	3.440	3.858	4.345	4.794	5.662
	酸洗膏	kg	0.502	0.571	0.647	0.723	0.799	0.944
	飞溅净	kg	0.571	0.654	0.738	0.829	0.913	1.081
	其他材料费	%	1.50	1.50	1.50	1.50	1.50	1.50
机械	桥式起重机 15t	台班	0.031	0.037	0.121	0.145	0.166	0.202
	卷板机 40×3 500（安装用）	台班	0.008	0.006	0.007	0.007	0.007	0.013
	弧焊机 32kV·A	台班	1.044	1.165	1.336	1.522	1.732	2.025
	等离子切割机 400A	台班	0.747	0.847	0.950	1.085	1.220	1.472
	电动空气压缩机 1m^3/min	台班	0.732	0.847	0.950	1.085	1.220	1.472
	电动空气压缩机 6m^3/min	台班	0.005	0.005	0.007	0.007	0.008	0.009
	电焊条烘干箱 80×80×100（cm^3）	台班	0.104	0.118	0.134	0.153	0.172	0.203
	电动滚胎机	台班	0.584	0.631	0.708	0.799	0.916	1.107
	电焊条恒温箱	台班	0.104	0.118	0.134	0.153	0.172	0.203

5. 设备人孔制作、安装

(1)碳钢(低合金钢)平吊人孔制作、安装

工作内容:放样号料、切割、坡口、压头滚圆、加强圈制作、组对、焊接、设备开孔、紧固螺栓等。

计量单位:个

编号				3-1-83	3-1-84	3-1-85	3-1-86	3-1-87	3-1-88	3-1-89	3-1-90	3-1-91
项目				设计压力 $PN \leq 0.6MPa$ 管径(DN以内)			设计压力 $PN \leq 1.6MPa$ 管径(DN以内)			设计压力 $PN \leq 4MPa$ 管径(DN以内)		
				450	500	600	450	500	600	450	500	600
名称			单位	消耗量								
人工	合计工日		工日	3.510	3.729	4.343	4.557	4.930	5.756	6.405	6.916	8.115
	其中	普工	工日	0.702	0.745	0.869	0.911	0.986	1.152	1.281	1.384	1.623
		一般技工	工日	1.404	1.492	1.737	1.823	1.972	2.302	2.562	2.766	3.246
		高级技工	工日	1.404	1.492	1.737	1.823	1.972	2.302	2.562	2.766	3.246
材料	热轧厚钢板 δ8.0~20.0		kg	3.767	3.843	4.444	3.561	3.912	4.147	3.630	3.980	4.688
	合金钢氩弧焊丝		kg	—	—	—	—	—	—	0.107	0.122	0.145
	乙炔气		kg	1.635	1.778	2.105	2.602	2.826	3.351	4.167	4.513	5.363
	氩气		m^3	—	—	—	—	—	—	0.297	0.342	0.406
	氧气		m^3	4.250	4.622	5.474	6.765	7.348	8.713	10.835	11.735	13.945
	合金钢焊条		kg	—	—	—	—	—	—	13.493	14.908	17.526
	低碳钢焊条 J427		kg	5.373	5.905	7.344	9.992	11.027	13.356	1.507	1.735	2.055
	无石棉橡胶板 中压 δ0.8~6.0		kg	0.266	0.312	0.441	0.312	0.381	0.548	—	—	—
	无石棉橡胶板 高压 δ0.5~8.0		kg	—	—	—	—	—	—	0.374	0.457	0.658
	铈钨棒		g	—	—	—	—	—	—	0.601	0.683	0.812
	尼龙砂轮片 φ100		片	0.883	0.966	1.202	1.012	1.119	1.370	1.530	1.682	1.963
	尼龙砂轮片 φ150		片	1.415	1.537	1.834	2.747	3.029	3.577	3.432	3.782	4.467
	碟形钢丝砂轮片 φ100		片	0.183	0.205	0.236	0.183	0.205	0.236	0.183	0.205	0.236
	其他材料费		%	3.00	3.00	3.00	3.00	3.00	3.00	3.00	3.00	3.00
机械	桥式起重机 15t		台班	0.074	0.081	0.091	0.090	0.102	0.124	0.138	0.147	0.170
	剪板机 20×2 500(安装用)		台班	0.005	0.006	0.006	0.006	0.006	0.007	0.008	0.008	0.008
	卷板机 20×2 500(安装用)		台班	0.004	0.005	0.005	0.006	0.006	0.008	—	—	—
	卷板机 40×3 500(安装用)		台班	—	—	—	—	—	—	0.008	0.008	0.009
	弧焊机 32kV·A		台班	1.111	1.229	1.450	1.533	1.717	2.037	2.418	2.700	3.199
	氩弧焊机 500A		台班	—	—	—	—	—	—	0.174	0.193	0.231
	电焊条烘干箱 80×80×100(cm^3)		台班	0.111	0.123	0.145	0.153	0.172	0.203	0.242	0.270	0.320
	电动滚胎机		台班	0.359	0.387	0.454	0.474	0.588	0.655	0.615	0.704	0.852
	电焊条恒温箱		台班	0.111	0.123	0.145	0.153	0.172	0.203	0.242	0.270	0.320

（2）不锈钢平吊人孔制作、安装

工作内容：放样号料、切割、坡口、压头滚圆、找圆、补强圈制作、组对、焊接、设备开孔、紧固螺栓等。

计量单位：个

编号			3-1-92	3-1-93	3-1-94	3-1-95	3-1-96	3-1-97	3-1-98	3-1-99	3-1-100
项目			设计压力 $PN \leqslant 0.6$MPa 管径（DN 以内）			设计压力 $PN \leqslant 1.6$MPa 管径（DN 以内）			设计压力 $PN \leqslant 4$MPa 管径（DN 以内）		
			450	500	600	450	500	600	450	500	600
名称		单位	消耗量								
人工	合计工日	工日	5.632	6.190	7.127	7.797	8.431	9.843	8.045	9.500	11.451
	其中 普工	工日	1.126	1.238	1.425	1.559	1.687	1.969	1.609	1.900	2.289
	其中 一般技工	工日	2.253	2.476	2.851	3.119	3.372	3.937	3.218	3.800	4.581
	其中 高级技工	工日	2.253	2.476	2.851	3.119	3.372	3.937	3.218	3.800	4.581
材料	不锈钢氩弧焊丝 1Cr18Ni9Ti $\phi3$	kg	—	—	—	—	—	—	0.107	0.122	0.145
	乙炔气	kg	0.296	0.296	0.296	0.296	0.296	0.296	—	—	—
	氧气	m^3	0.769	0.769	0.769	0.769	0.769	0.769	—	—	—
	氩气	m^3	—	—	—	—	—	—	0.297	0.342	0.406
	不锈钢焊条（综合）	kg	4.421	4.863	6.134	9.984	10.981	13.325	12.823	14.086	22.092
	硝酸	kg	0.358	0.388	0.457	0.358	0.388	0.457	0.358	0.388	0.457
	氢氟酸 45%	kg	0.046	0.053	0.061	0.046	0.053	0.061	0.046	0.053	0.061
	无石棉橡胶板 高压 $\delta0.5 \sim 8.0$	kg	0.266	0.312	0.441	0.312	0.381	0.548	0.374	0.457	0.658
	铈钨棒	g	—	—	—	—	—	—	0.594	0.683	0.812
	尼龙砂轮片 $\phi100$	片	1.362	1.499	1.849	1.750	1.925	2.351	1.842	2.024	2.740
	尼龙砂轮片 $\phi150$	片	2.732	2.915	3.447	4.239	4.536	5.365	3.775	4.239	4.916
	酸洗膏	kg	0.700	0.769	0.898	0.700	0.769	0.898	0.700	0.769	0.898
	飞溅净	kg	0.799	0.883	1.027	0.799	0.883	1.027	0.799	0.883	1.027
	其他材料费	%	1.50	1.50	1.50	1.50	1.50	1.50	1.50	1.50	1.50
机械	桥式起重机 15t	台班	0.096	0.104	0.119	0.115	0.122	0.142	0.138	0.147	0.170
	剪板机 20×2 500（安装用）	台班	0.005	0.006	0.006	0.006	0.006	0.007	0.008	0.008	0.008
	卷板机 20×2 500（安装用）	台班	0.004	0.005	0.005	0.006	0.006	0.008	—	—	—
	卷板机 40×3 500（安装用）	台班	—	—	—	—	—	—	0.008	0.008	0.009
	弧焊机 32kV·A	台班	1.240	1.370	1.617	2.070	2.285	2.692	2.552	2.860	3.726
	氩弧焊机 500A	台班	—	—	—	—	—	—	0.194	0.215	0.245
	等离子切割机 400A	台班	0.443	0.492	0.577	0.906	0.927	1.086	1.321	1.429	1.700
	电动空气压缩机 $6m^3/min$	台班	0.452	0.500	0.587	0.913	0.935	1.094	1.322	1.430	1.700
	电焊条烘干箱 80×80×100（cm^3）	台班	0.124	0.137	0.162	0.208	0.230	0.270	0.255	0.286	0.373
	电动滚胎机	台班	0.664	0.721	0.852	0.638	0.784	0.866	0.787	0.922	1.090
	电焊条恒温箱	台班	0.124	0.137	0.162	0.208	0.230	0.270	0.255	0.286	0.373

(3)碳钢(低合金钢)垂吊人孔制作、安装

工作内容: 放样号料、切割、坡口、压头滚圆、找圆、补强圈制作、组对、焊接、设备开孔、紧固螺栓等。

计量单位: 个

编号				3-1-101	3-1-102	3-1-103	3-1-104	3-1-105	3-1-106	3-1-107	3-1-108	3-1-109
项目				设计压力 $PN \leqslant 0.6MPa$ 管径(DN 以内)			设计压力 $PN \leqslant 1.6MPa$ 管径(DN 以内)			设计压力 $PN \leqslant 4MPa$ 管径(DN 以内)		
				450	500	600	450	500	600	450	500	600
名称			单位	消耗量								
人工	合计工日		工日	3.440	3.729	4.343	4.564	4.930	5.763	6.445	6.957	8.624
	其中	普工	工日	0.688	0.745	0.869	0.912	0.986	1.153	1.289	1.391	1.724
		一般技工	工日	1.376	1.492	1.737	1.826	1.972	2.305	2.578	2.783	3.450
		高级技工	工日	1.376	1.492	1.737	1.826	1.972	2.305	2.578	2.783	3.450
材料	热轧厚钢板 δ8.0~20.0		kg	3.767	3.843	4.444	3.561	3.912	4.482	3.668	4.018	5.160
	合金钢氩弧焊丝		kg	—	—	—	—	—	—	0.107	0.122	0.145
	乙炔气		kg	1.635	1.778	2.105	2.602	2.826	3.351	4.209	4.557	5.900
	氩气		m^3	—	—	—	—	—	—	0.297	0.342	0.406
	氧气		m^3	4.250	4.622	5.474	6.765	7.348	8.713	10.942	11.848	15.339
	合金钢焊条		kg	—	—	—	—	—	—	13.493	14.908	17.526
	低碳钢焊条 J427		kg	5.373	5.905	7.344	9.992	11.027	13.356	1.522	1.750	2.260
	无石棉橡胶板 中压 δ0.8~6.0		kg	0.266	0.312	0.441	0.312	0.381	0.548	—	—	—
	无石棉橡胶板 高压 δ0.5~8.0		kg	—	—	—	—	—	—	0.374	0.457	0.658
	铈钨棒		g	—	—	—	—	—	—	0.601	0.683	0.812
	尼龙砂轮片 φ100		片	0.883	0.966	1.202	1.012	1.119	1.370	1.530	1.682	1.963
	尼龙砂轮片 φ150		片	1.415	1.537	1.834	2.747	3.029	3.577	3.463	3.820	4.916
	碟形钢丝砂轮片 φ100		片	0.183	0.205	0.236	0.183	0.205	0.236	0.183	0.205	0.236
	其他材料费		%	3.00	3.00	3.00	3.00	3.00	3.00	3.00	3.00	3.00
机械	桥式起重机 15t		台班	0.074	0.081	0.091	0.090	0.102	0.124	0.140	0.148	0.186
	剪板机 20×2 500(安装用)		台班	0.005	0.006	0.006	0.006	0.006	0.007	0.008	0.008	0.008
	卷板机 20×2 500(安装用)		台班	0.004	0.005	0.005	0.006	0.006	0.008	—	—	—
	卷板机 40×3 500(安装用)		台班	—	—	—	—	—	—	0.008	0.008	0.010
	弧焊机 32kV·A		台班	1.112	1.230	1.450	1.534	1.717	2.038	2.424	2.706	3.270
	氩弧焊机 500A		台班	—	—	—	—	—	—	0.174	0.193	0.231
	电焊条烘干箱 80×80×100(cm^3)		台班	0.111	0.123	0.145	0.153	0.172	0.203	0.242	0.270	0.329
	电动滚胎机		台班	0.359	0.387	0.454	0.474	0.588	0.655	0.621	0.712	0.938
	电焊条恒温箱		台班	0.111	0.123	0.145	0.153	0.172	0.203	0.242	0.270	0.329

（4）不锈钢垂吊人孔制作、安装

工作内容：放样号料、切割、坡口、压头滚圆、找圆、补强圈制作、组对、焊接、设备开孔、紧固螺栓等。

计量单位：个

编号				3-1-110	3-1-111	3-1-112	3-1-113	3-1-114	3-1-115	3-1-116	3-1-117	3-1-118
项目				设计压力 $PN \leqslant 0.6$MPa 管径（DN 以内）			设计压力 $PN \leqslant 1.6$MPa 管径（DN 以内）			设计压力 $PN \leqslant 4$MPa 管径（DN 以内）		
				450	500	600	450	500	600	450	500	600
名称			单位	消耗量								
人工	合计工日		工日	5.653	6.267	7.155	7.804	8.492	9.852	8.120	9.595	11.603
	其中	普工	工日	1.131	1.253	1.431	1.560	1.698	1.970	1.624	1.919	2.321
		一般技工	工日	2.261	2.507	2.862	3.122	3.397	3.941	3.248	3.838	4.641
		高级技工	工日	2.261	2.507	2.862	3.122	3.397	3.941	3.248	3.838	4.641
材料	不锈钢氩弧焊丝 1Cr18Ni9Ti $\phi3$		kg	—	—	—	—	—	—	0.107	0.122	0.145
	乙炔气		kg	0.296	0.296	0.296	0.296	0.296	0.296	—	—	—
	氩气		m^3	—	—	—	—	—	—	0.297	0.342	0.406
	氧气		m^3	0.769	0.769	0.769	0.769	0.769	0.769	—	—	—
	不锈钢焊条（综合）		kg	4.421	4.863	6.134	9.984	10.989	13.325	12.846	14.101	16.788
	硝酸		kg	0.358	0.388	0.457	0.358	0.388	0.457	0.358	0.388	0.457
	氢氟酸 45%		kg	0.046	0.053	0.061	0.046	0.053	0.061	0.046	0.053	0.061
	无石棉橡胶板 高压 $\delta0.5 \sim 8.0$		kg	0.266	0.312	0.441	0.312	0.381	0.548	0.374	0.457	0.658
	铈钨棒		g	—	—	—	—	—	—	0.594	0.683	0.812
	不锈钢专用砂轮片		片	1.362	1.499	1.849	1.750	1.925	2.351	1.842	2.024	2.374
	酸洗膏		kg	0.700	0.769	0.898	0.700	0.769	0.898	0.700	0.769	0.898
	飞溅净		kg	0.799	0.883	1.027	0.799	0.883	1.027	0.799	0.883	1.027
	其他材料费		%	1.50	1.50	1.50	1.50	1.50	1.50	1.50	1.50	1.50
机械	桥式起重机 15t		台班	0.096	0.104	0.119	0.115	0.123	0.142	0.140	0.148	0.186
	剪板机 20×2 500（安装用）		台班	0.005	0.006	0.006	0.006	0.006	0.007	0.008	0.008	0.008
	卷板机 20×2 500（安装用）		台班	0.004	0.005	0.005	0.006	0.006	0.008	—	—	—
	卷板机 40×3 500（安装用）		台班	—	—	—	—	—	—	0.008	0.008	0.008
	弧焊机 32kV·A		台班	1.241	1.370	1.617	2.070	2.291	2.693	2.561	2.871	3.232
	氩弧焊机 500A		台班	—	—	—	—	—	—	0.194	0.215	0.245
	等离子切割机 400A		台班	0.444	0.492	0.577	0.906	0.935	1.086	1.336	1.449	1.872
	电动空气压缩机 $6m^3/min$		台班	0.452	0.500	0.587	0.913	0.943	1.094	1.344	1.458	1.880
	电焊条烘干箱 80×80×100（cm^3）		台班	0.124	0.137	0.162	0.207	0.229	0.270	0.256	0.287	0.323
	电动滚胎机		台班	0.671	0.730	0.860	0.638	0.784	0.866	0.794	0.932	1.199
	电焊条恒温箱		台班	0.124	0.137	0.162	0.207	0.229	0.270	0.256	0.287	0.323

6. 设备手孔制作、安装

（1）碳钢（低合金钢）

工作内容：放样号料、切割、坡口、压头滚圆、找圆、补强圈制作、组对、焊接、设备开孔、紧固螺栓等。

计量单位：个

编号				3-1-119	3-1-120	3-1-121	3-1-122	3-1-123	3-1-124
项目				设计压力 $PN \leqslant 0.6$MPa 管径（DN以内）		设计压力 $PN \leqslant 1.6$MPa 管径（DN以内）		设计压力 $PN \leqslant 4$MPa 管径（DN以内）	
				150	250	150	250	150	250
名称			单位	消耗量					
人工	合计工日		工日	1.302	1.937	1.635	2.419	2.448	3.398
	其中	普工	工日	0.260	0.387	0.327	0.483	0.490	0.680
		一般技工	工日	0.521	0.775	0.654	0.968	0.979	1.359
		高级技工	工日	0.521	0.775	0.654	0.968	0.979	1.359
材料	热轧厚钢板 δ8.0～20.0		kg	1.233	1.651	1.233	2.001	1.233	2.001
	合金钢氩弧焊丝		kg	—	—	—	—	0.046	0.061
	乙炔气		kg	0.562	0.913	0.696	1.142	1.379	1.990
	氩气		m^3	—	—	—	—	0.129	0.171
	氧气		m^3	1.461	2.374	1.810	2.968	3.584	5.175
	合金钢焊条		kg	—	—	—	—	4.277	7.093
	低碳钢焊条 J427		kg	1.377	2.831	3.036	5.563	0.487	0.799
	无石棉橡胶板 中压 δ0.8～6.0		kg	0.046	0.088	0.064	0.131	0.077	0.157
	铈钨棒		g	—	—	—	—	0.258	0.342
	尼龙砂轮片 φ100		片	0.236	0.434	0.282	0.502	0.457	0.753
	尼龙砂轮片 φ150		片	0.860	1.514	0.974	1.613	1.240	1.788
	碟形钢丝砂轮片 φ100		片	0.061	0.099	0.061	0.099	0.061	0.099
	其他材料费		%	3.00	3.00	3.00	3.00	3.00	3.00
机械	桥式起重机 15t		台班	0.032	0.064	0.041	0.080	0.016	0.019
	弧焊机 32kV·A		台班	0.309	0.637	0.474	0.910	0.830	1.369
	氩弧焊机 500A		台班	—	—	—	—	0.080	0.099
	电焊条烘干箱 80×80×100（cm^3）		台班	0.031	0.064	0.047	0.091	0.083	0.137
	电动滚胎机		台班	0.122	0.248	0.174	0.340	0.226	0.442
	电焊条恒温箱		台班	0.047	0.064	0.064	0.091	0.083	0.137

（2）不　锈　钢

工作内容：放样号料、切割、坡口、压头滚圆、找圆、补强圈制作、组对、焊接、设备开孔、紧固螺栓等。

计量单位：个

编号				3-1-125	3-1-126	3-1-127	3-1-128	3-1-129	3-1-130
项目				设计压力 $PN\leqslant0.6$MPa 管径（DN以内）		设计压力 $PN\leqslant1.6$MPa 管径（DN以内）		设计压力 $PN\leqslant4$MPa 管径（DN以内）	
				150	250	150	250	150	250
名称			单位	消耗量					
人工	合计工日		工日	2.164	2.889	2.620	3.915	3.267	4.723
	其中	普工	工日	0.432	0.577	0.524	0.783	0.653	0.945
		一般技工	工日	0.866	1.156	1.048	1.566	1.307	1.889
		高级技工	工日	0.866	1.156	1.048	1.566	1.307	1.889
材料	不锈钢氩弧焊丝 1Cr18Ni9Ti $\phi3$		kg	—	—	—	—	0.038	0.061
	氩气		m^3	—	—	—	—	0.106	0.171
	不锈钢焊条（综合）		kg	1.027	2.245	2.481	4.604	3.942	6.605
	硝酸		kg	0.114	0.190	0.114	0.190	0.114	0.190
	氢氟酸 45%		kg	0.015	0.023	0.015	0.023	0.015	0.023
	无石棉橡胶板 高压 $\delta0.5\sim8.0$		kg	0.046	0.088	0.064	0.131	0.077	0.157
	铈钨棒		g	—	—	—	—	0.213	0.342
	不锈钢专用砂轮片		片	0.365	0.670	0.472	0.845	0.502	0.898
	酸洗膏		kg	0.228	0.373	0.228	0.373	0.228	0.373
	飞溅净		kg	0.259	0.426	0.259	0.426	0.259	0.426
	其他材料费		%	1.50	1.50	1.50	1.50	1.50	1.50
机械	桥式起重机 15t		台班	0.028	0.057	0.040	0.075	0.043	0.081
	弧焊机 32kV·A		台班	0.333	0.718	0.617	1.188	0.812	1.366
	氩弧焊机 500A		台班	—	—	—	—	0.064	0.110
	等离子切割机 400A		台班	0.329	0.569	0.471	0.810	0.343	0.644
	电动空气压缩机 $6m^3/min$		台班	0.331	0.572	0.473	0.813	0.345	0.648
	电焊条烘干箱 $80\times80\times100$（cm^3）		台班	0.034	0.072	0.062	0.119	0.081	0.136
	电动滚胎机		台班	0.157	0.278	0.226	0.437	0.290	0.521
	电焊条恒温箱		台班	0.034	0.072	0.062	0.119	0.081	0.136

7. 设备法兰制作

工作内容：放样号料、切割、坡口、打磨、车削、画线、钻孔等。 **计量单位：**个

编号				3-1-131	3-1-132	3-1-133	3-1-134
项目				公称压力≤0.6MPa 管径（*DN* 以内）			
				1 000	1 200	1 400	1 600
名称			单位	消耗量			
人工	合计工日		工日	4.006	5.247	6.267	7.003
	其中	普工	工日	0.800	1.049	1.253	1.401
		一般技工	工日	1.603	2.099	2.507	2.801
		高级技工	工日	1.603	2.099	2.507	2.801
材料	尼龙砂轮片 ϕ100		片	0.700	0.845	1.050	1.119
	尼龙砂轮片 ϕ150		片	2.435	4.262	4.947	5.327
	其他材料费		%	3.00	3.00	3.00	3.00
机械	桥式起重机 15t		台班	0.081	0.081	0.101	0.101
	立式钻床 25mm		台班	0.838	0.975	1.111	1.256
	摇臂钻床 63mm		台班	0.220	0.259	0.286	0.311
	等离子切割机 400A		台班	0.890	1.250	1.530	1.740
	电动空气压缩机 1m^3/min		台班	0.890	1.250	1.530	1.740

计量单位：个

编号				3-1-135	3-1-136	3-1-137	3-1-138	3-1-139	3-1-140	3-1-141	3-1-142
项目				公称压力≤ 1MPa 管径（*DN* 以内）							
				300	350	400	500	600	700	800	900
名称			单位	消耗量							
人工	合计工日		工日	0.910	1.035	1.172	1.585	2.068	2.413	2.813	3.481
	其中	普工	工日	0.182	0.207	0.234	0.317	0.414	0.483	0.563	0.697
		一般技工	工日	0.364	0.414	0.469	0.634	0.827	0.965	1.125	1.392
		高级技工	工日	0.364	0.414	0.469	0.634	0.827	0.965	1.125	1.392
材料	乙炔气		kg	0.990	1.273	1.844	2.619	3.688	—	—	—
	氧气		m^3	2.573	3.310	4.794	6.810	9.589	—	—	—
	尼龙砂轮片 ϕ100		片	—	—	0.205	0.304	0.342	0.472	0.556	0.632
	尼龙砂轮片 ϕ150		片	0.358	0.388	0.877	0.989	1.142	1.294	1.598	2.131
	其他材料费		%	3.00	3.00	3.00	3.00	3.00	3.00	3.00	3.00
机械	桥式起重机 15t		台班	0.041	0.041	0.041	0.057	0.057	0.057	0.057	0.081
	普通车床（工件直径 × 长度）1 000×5		台班	0.218	0.218	0.250	0.403	0.483	0.572	0.660	—
	立式钻床 25mm		台班	—	—	—	—	—	—	—	0.741
	摇臂钻床 63mm		台班	0.064	0.064	0.081	0.129	0.145	0.157	0.179	0.191
	等离子切割机 400A		台班	—	—	—	—	—	0.480	0.550	0.760
	电动空气压缩机 1m^3/min		台班	—	—	—	—	—	0.480	0.550	0.760

计量单位：个

编号				3-1-143	3-1-144	3-1-145	3-1-146	3-1-147	3-1-148	3-1-149
项目				公称压力≤1.6MPa 管径（*DN* 以内）						
				300	350	400	500	600	700	800
名称			单位	消耗量						
人工	合计工日		工日	1.047	1.193	1.351	1.828	2.378	2.778	3.240
	其中	普工	工日	0.209	0.239	0.271	0.366	0.476	0.556	0.648
		一般技工	工日	0.419	0.477	0.540	0.731	0.951	1.111	1.296
		高级技工	工日	0.419	0.477	0.540	0.731	0.951	1.111	1.296
材料	乙炔气		kg	1.139	1.589	2.122	3.012	4.241	—	—
	氧气		m^3	2.960	4.132	5.517	7.831	11.027	—	—
	尼龙砂轮片 ϕ100		片	—	—	0.236	0.350	0.396	0.540	0.639
	尼龙砂轮片 ϕ150		片	0.411	0.449	1.005	1.134	1.309	1.492	1.750
	其他材料费		%	3.00	3.00	3.00	3.00	3.00	3.00	3.00
机械	桥式起重机 15t		台班	0.041	0.041	0.046	0.057	0.057	0.057	0.057
	普通车床（工件直径 × 长度）1 000×5		台班	0.250	0.250	0.287	0.463	0.556	0.658	0.760
	摇臂钻床 63mm		台班	0.074	0.076	0.092	0.148	0.167	0.181	0.181
	等离子切割机 400A		台班	—	—	—	—	—	0.560	0.640
	电动空气压缩机 $1m^3/min$		台班	—	—	—	—	—	0.560	0.640

计量单位：个

编　号				3-1-150	3-1-151	3-1-152	3-1-153	3-1-154	3-1-155	3-1-156
项　目				公称压力≤ 2.5MPa 管径（*DN* 以内）						
				300	350	400	500	600	700	800
名　称			单位	消　耗　量						
人工	合计工日		工日	1.255	1.401	1.635	2.462	3.006	3.620	4.384
	其中	普工	工日	0.251	0.281	0.327	0.492	0.602	0.724	0.878
		一般技工	工日	0.502	0.560	0.654	0.985	1.202	1.448	1.753
		高级技工	工日	0.502	0.560	0.654	0.985	1.202	1.448	1.753
材料	乙炔气		kg	1.206	1.712	2.447	—	—	—	—
	氧气		m^3	3.135	4.452	6.362	—	—	—	—
	尼龙砂轮片 ϕ100		片	0.403	0.464	0.936	1.111	1.408	1.667	1.918
	尼龙砂轮片 ϕ150		片	0.761	0.913	1.142	1.377	1.682	1.903	2.275
	其他材料费		%	3.00	3.00	3.00	3.00	3.00	3.00	3.00
机械	桥式起重机 15t		台班	0.064	0.064	0.064	0.101	0.101	0.101	0.101
	普通车床（工件直径 × 长度）1 000×5		台班	0.024	0.282	0.443	0.548	0.637	0.736	0.838
	摇臂钻床 63mm		台班	0.105	0.105	0.145	0.242	0.258	0.280	0.318
	卷板机 20×2 500（安装用）		台班	—	—	—	0.019	0.019	0.020	0.020
	等离子切割机 400A		台班	—	—	—	0.380	0.500	0.640	0.830
	电动空气压缩机 1m^3/min		台班	—	—	—	0.380	0.500	0.640	0.830

8. 塔器地脚螺栓制作

工作内容：放样号料、切割、撼制、车丝、焊接、涂油、保护等。　　　　**计量单位：**10 个

编号				3-1-157	3-1-158	3-1-159	3-1-160	3-1-161	3-1-162	3-1-163	3-1-164
项目				直径（mm 以内）							
				20	24	30	36	42	48	56	64
名称			单位	消耗量							
人工	合计工日		工日	1.889	2.041	2.433	2.784	3.737	4.253	4.963	5.363
	其中	普工	工日	0.377	0.409	0.487	0.556	0.747	0.851	0.993	1.073
		一般技工	工日	0.756	0.816	0.973	1.114	1.495	1.701	1.985	2.145
		高级技工	工日	0.756	0.816	0.973	1.114	1.495	1.701	1.985	2.145
材料	圆钢（综合）		kg	20.699	37.822	67.577	109.432	165.441	237.889	382.479	574.936
	热轧厚钢板 δ20		kg	—	—	—	—	23.439	47.791	47.791	—
	热轧厚钢板 δ25		kg	—	—	—	—	—	—	—	85.993
	低碳钢焊条 J427		kg	—	—	—	—	0.053	0.061	0.068	0.122
	钠基酯		kg	0.030	0.038	0.053	0.061	0.068	0.076	0.091	0.107
	其他材料费		%	3.00	3.00	3.00	3.00	3.00	3.00	3.00	3.00
机械	弧焊机 32kV·A		台班	—	—	—	—	0.800	0.850	0.880	0.960
	电焊条烘干箱 80×80×100（cm^3）		台班	—	—	—	—	0.010	0.010	0.010	0.010
	电焊条恒温箱		台班	—	—	—	—	0.010	0.010	0.010	0.010
	剪板机 32×4 000（安装用）		台班	—	—	—	—	0.105	0.105	0.105	0.105
	普通车床 400×2 000（安装用）		台班	0.225	0.266	0.314	0.379	0.451	0.515	0.604	0.693
	普通车床 630×2 000（安装用）		台班	0.177	0.225	0.266	0.314	0.354	0.403	0.459	0.524
	立式钻床 35mm		台班	0.145	0.153	0.177	0.209	0.266	0.322	0.403	0.476
	弓锯床 250mm		台班	0.186	0.186	0.274	0.274	0.314	0.363	0.483	0.483
	桥式起重机 5t		台班	0.097	0.097	0.137	0.137	0.274	0.274	0.354	0.669

工作内容：放样号料、切割、摵制、车丝、焊接、除锈、涂油、保护等。　　**计量单位：**10 个

编　号				3-1-165	3-1-166	3-1-167
项　目				直径（mm 以内）		
				72	80	90
名　称			单位	消　耗　量		
人工	合计工日		工日	9.410	10.782	11.464
	其中	普工	工日	1.882	2.156	2.294
		一般技工	工日	3.764	4.313	4.585
		高级技工	工日	3.764	4.313	4.585
材料	圆钢（综合）		kg	607.659	840.829	1 178.104
	热轧厚钢板 $\delta 30$		kg	328.600	—	—
	热轧厚钢板 $\delta 40$		kg	—	497.542	650.731
	低碳钢焊条 J427		kg	0.137	1.712	1.948
	钠基酯		kg	0.122	0.137	0.152
	其他材料费		%	3.00	3.00	3.00
机械	弧焊机 32kV·A		台班	0.274	0.274	0.274
	电焊条烘干箱 80×80×100（cm^3）		台班	0.027	0.027	0.027
	电焊条恒温箱		台班	0.027	0.027	0.027
	剪板机 32×4 000（安装用）		台班	0.121	—	—
	剪板机 40×3 100（安装用）		台班	—	0.161	0.161
	普通车床 400×2 000（安装用）		台班	0.782	0.870	0.982
	普通车床 630×2 000（安装用）		台班	0.580	—	—
	普通车床（工件直径 × 长度）1 000×5		台班	—	0.644	0.717
	立式钻床 35mm		台班	0.548	0.621	0.717
	弓锯床 250mm		台班	0.596	0.596	0.653
	桥式起重机 5t		台班	0.975	0.982	1.039

第二章　静置设备安装

说　　明

一、本章内容包括碳钢、合金钢、不锈钢等静置设备安装工程，容器、反应器、热交换器、塔器、电解槽、除雾器、除尘器、污水处理等设备安装。

二、本章包括以下工作内容：

1. 金属容器类：容器分片组装安装、容器分段组装安装、容器类设备整体安装。容器类设备整体安装包括各种形状的空体、内带夹套立式、卧式容器，内有冷却、加热及其他装置的容器，带搅拌装置的容器以及独立搅拌装置设备。

2. 金属塔器（立式容器）类：塔器的整体安装、分段组装、分片组装，塔器固定件及其他附件安装，各种形式塔盘安装以及设备填充材料等。

3. 热交换器类：各种结构热交换器（包括换热器、冷凝器、蒸发器、加热器和冷却器等）的安装及抽芯检查。

4. 空气冷却器类：空气冷却器管束（翅片）、构架及风机安装。

5. 反应器类：各种结构中低压（内有填料、内有复杂装置）反应器的整体安装。

6. 电解槽、电除雾器及污水处理设备安装。

7. 设备的水压试验、气密试验，设备的清洗、钝化与脱脂。

8. 设备吊耳制作与安装，设备胎具制作、安装与拆除，临时支撑架制作、安装及拆除。

三、本章不包括以下工作内容。

1. 设备的除锈、刷油、防腐、衬里、保温、保冷及砌筑工程。

2. 设备本体法兰外的管道安装。

3. 安装在设备外表面的平台、梯子、栏杆的制作与安装。

4. 电除雾器玻璃钢接缝处的处理。

5. 管式除雾器壳体的衬铅、木栅栏的制作。

6. 空气冷却器百叶窗的安装。

7. 电解槽隔膜的吸附处理。

8. 风机电机抽芯检查，减速器的解体检查。

9. 无损检测、预热、后热及整体热处理。

10. 现场组装平台的铺设与拆除。

11. 设备在基础上安装时不包含二次灌浆。

四、有关说明：

1. 塔类设备的分段组对。

（1）不适用于散装供货螺栓组对的设备组装。

（2）消耗量中不包括组装成整体后就位吊装，该部分工作内容应另行计算。

（3）分段容器组装的有关调整系数按下列系数调整：

①分段容器按两段一道口取定。每增加一道口，人工、机械乘以系数 1.50，材料乘以系数 1.90。

②分段塔器按三段两道口取定。若分两段一道口时，消耗量乘以系数 0.75，三段以上每增加一段，消耗量乘以系数 1.35。

③不同材质的分段分片设备组装消耗量系数调整见下表。

2. “分片设备组装”和“分段设备组对”项目内均不包括设备整体吊装就位工作内容，应按“设备整体安装”另行计算。

调整系数表

材质	合金钢	低温钢	复合板	
			碳钢	不锈钢
人工	1.15	1.20	1.15	1.20
材料	1.02	1.12	1.02	1.10
机械	1.12	1.20	1.12	1.20

注：1. 合金钢、低温钢设备以碳钢设备消耗量为基数。
2. 复合板设备只计算复合板部分。

3. 整体设备安装。

(1)立式容器与卧式容器应分别执行相应项目。

(2)热交换器安装不包括抽芯检验，如需抽芯检验时，应执行热交换器抽芯检查相应项目。

(3)热交换器抽芯检查所有垫片，定额中是按耐油石棉橡胶垫取定，如采用金属缠绕式垫片，可按实调整。

(4)塔盘安装是综合测算取定的，无论采用立式或卧式安装，除另有规定外，消耗量不得调整。

(5)设备填充材料主材按实另行计算。

(6)整体设备吊装的质量包括本体、附件、吊耳、绝热、内衬及随主体吊装的管线、平台、梯子和吊装加固件的全部质量，但不包括立式安装的塔盘和填充物的质量。

(7)本章按立式和卧式设备的质量综合取定，适用于不同的吊装方法和吊装机具。如实际施工与消耗量取定不同时，不得调整。

(8)静置设备安装是根据基础标高、设备质量确定的。定额最大吊装机械150t，大于150t吊装机械另计，设备吊装机械是按单机吊装考虑。

(9)试压用水是指按正常情况考虑，不包括水质、水温有特殊要求的情况。

(10)本章包括压力试验的临时管线及盲板的安装与拆除。

(11)常压设备注水试漏：如在基础上试漏，按1MPa的消耗量乘以系数0.60，在道木上试漏乘以系数0.85。

(12)设备水压试验，是按设备吊装就位后进行取定的，如必须搭设道木堆进行水压试验时，则消耗量乘以系数1.35。容器、塔器、反应器及换热器水压试验是按设计压力小于或等于2.5MPa以内取定的，当设计压力大于2.5MPa时，系数调整见下表。

系 数 表

设计压力	2.5MPa<$PN \leqslant$ 6.4MPa	6.4MPa<$PN \leqslant$ 10MPa	10MPa<$PN \leqslant$ 16MPa
人材机调整系数	1.20	1.35	1.65

(13)设备清洗、钝化、脱脂需用的手段措施消耗量，按不同项目以“次”摊销计算，消耗量是指每次摊销的数量，是综合测算取定的。

(14)脱脂项目包括了通风设备的安装与拆除。

(15)设备清洗选定水冲洗、气体冲洗与蒸汽吹洗三种方法，如施工中采用的方法与项目方法不同时，可按实计算。

(16)整体设备安装的“基础标高”是指以设计正负零为基准，至设备底座安装标高点的吊装高度范围。

(17)整体设备安装中已按不同安装高度划分项目，不再计取超高费。

（18）基础标高大于10m且小于或等于20m的整体设备安装，设备质量大于40t，大型吊装机械另计。

4. 胎具与加固项目的说明。

（1）主材用量已按摊销量计入消耗量。

（2）筒体卷弧胎具是按设备筒体质量综合取定。

（3）设备组装（划分为分片与分段组装）胎具是指组装的手段措施，包括组装时的加固措施。按设备质量范围划分子目，无论采用何种施工方法，消耗量不得调整。

（4）设备吊装加固按审定后的施工措施方案计算，消耗量包括加固件的制作、安装与拆除。

（5）胎具及加固件的消耗量均已综合了重复利用的材料和回收率，不得调整。

5. 其他说明：

（1）设备化学清洗药剂如与消耗量不同时，材料可以调整，其他不变。

（2）塔类设备分多段现场高空组对适用于设备实际分段超过四段（含四段）的情况，且最底段按照整体塔安装执行，其余各段依据各段设计壁厚执行塔类设备分多段现场高空组对子目。

（3）"设备压力"是指设计压力；"设备容积"是以设计图纸的标准为依据，如图纸无标注时，则按图纸尺寸计算，不扣除设备内部附件所占体积。

（4）设备压力试验与设备清洗、钝化、脱脂项目内所有临时设施的摊销次数及每次（或每台）的摊销量均为综合取定，不得调整。

（5）吊耳的构造形式与选用的材料是根据其荷载要求综合取定的，若实际吊耳选用与消耗量取定不同时，不得调整。

（6）临时支撑架制作、尾巴铰链及裙部加强板制作主材按两次摊销计算。

工程量计算规则

一、分片、分段设备安装，根据设备名称、不同材质、焊接形式、设备直径等条件，按设备金属质量以“t”为计量单位。

二、整体设备安装不分设备类型，按基础标高、设备质量范围分别以“台”为计量单位。

三、塔内固定件安装，按设备直径以“层”为计量单位。

四、钉头及端板安装，以“100组”为计量单位，各种类型钉及侧拉环安装按照规格、类型以“100个”为计量单位，龟甲网安装按材质以“m^2”为计量单位。

五、塔内衬合金板，区分不同的构造部位，按合金板的质量以“t”为计量单位。

六、塔盘安装，按塔盘形式和设备直径以“层”为计量单位。

七、设备填充，按填充物的种类、材质、排列形式和规格，以“t”为计量单位。

八、热交换器设备安装不分结构形式，按基础标高和设备质量以“台”为计量单位。热交换器设备安装项目内不包括抽芯检验，如需要抽芯检验时，可按设备质量执行“热交换器地面抽芯检查”项目。

九、热交换器类设备地面抽芯检查，按设备质量以“台”为计量单位。

十、空气冷却器管束（翅片）安装，按设备质量以“片”为计量单位；空冷器构架安装，按金属质量以“t”为计量单位；风机安装，按设备质量以“台”为计量单位；空气冷却器管束（翅片）安装不含百叶窗安装。

十一、反应器安装不分结构形式，分别按基础标高和设备质量以“台”为计量单位。

十二、电解槽安装，按设备构造形式及设备质量，分别以“台”为计量单位。设备质量按以下规定计算：

1. 钢框架底座、玻璃钢盖电解槽安装，包括底座、阴极箱、阳极板、上盖、底部绝缘瓷瓶等全部构件质量。

2. 混凝土槽底、盖电解槽安装，包括壳体、阴极箱、阳极石墨、槽向导板（电解铜）等金属、非金属件的质量。

十三、电除雾器、电除尘器安装，按设备质量以“t”为计量单位。

十四、玻璃钢电除雾器的设备质量包括：

1. 玻璃钢整体结构包括壳体、集酸极板、出入口罩、料斗、导料叶片、整流板、绝缘子室及内件的质量，不包括内部件衬铝板的质量。

2. 金属结构包括柱、支架、支撑、操作平台、梯子、栏杆以及连接各部的加强板、螺栓等金属总质量。

十五、电除雾器的设备质量包括设备壳体、沉淀板、上下分布板、电晕、电极内框架、顶盖、绝缘箱及其内部金属件的总质量，不包括壳体衬铅和内衬砖的质量。

十六、污水处理设备安装以“台”为计量单位。

十七、容器、反应器、塔器、热交换器设备水压试验根据设备容积和压力以“m^3”为计量单位，设备水压试验项目内已包括水压试验临时水管线（含阀门、管件）的敷设与拆除。消耗量标准内已列入管材、阀门、管件的材料摊销量，不得再计算水压试验的措施工程量及材料摊销量。

十八、容器、反应器、塔器、热交换器设备气密试验，根据设备容积和压力，以“台”为计量单位。

十九、设备水冲洗、压缩空气吹扫、蒸汽吹扫，根据设备类型和容积以“台”为计量单位。设备压缩空气吹扫和蒸汽吹扫措施用消耗材料摊销应不分数量以“台”为计量单位。

二十、设备酸洗钝化，根据设备材质和容积，以“台”为计量单位。设备酸洗钝化措施用消耗量摊销，按容积以“台”为计量单位，另行计算。

二十一、焊缝酸洗钝化，区分不同材质以“10m”为计量单位。

二十二、设备脱脂，根据设备类型、脱脂材料和设备直径，以“$10m^2$”为计量单位。

二十三、钢制结构脱脂，根据脱脂材料按钢结构净质量以“t”为计量单位。

二十四、吊耳的数量以审批后的施工方案为依据，按荷载能力以“个”为计量单位。

二十五、筒体卷弧胎具按每台制作设备扣除外部附件的金属质量，以“t”为计量单位。

二十六、浮头式热交换器试压胎具，根据热交换器设备直径以“台”为计量单位。

二十七、设备分段组装胎具及设备分片组装胎具均按设备金属质量范围以“台”为计量单位。

二十八、设备组对及吊装加固，根据审批后的施工方案以“t”为计量单位。

一、容 器 组 装

1. 容器分片组装

(1)碳钢椭圆双封头容器

工作内容:施工准备,分片组对,点焊、焊接、清根、开孔件、组合件安装、配合检查验收等。

计量单位:t

编号				3-2-1	3-2-2	3-2-3	3-2-4	3-2-5	3-2-6
项目				碳钢电弧焊 设备直径(mm)					
				3 500 以内	4 000 以内	4 500 以内	5 000 以内	6 000 以内	6 000 以外
名称			单位	消耗量					
人工	合计工日		工日	11.905	11.561	10.981	10.175	8.900	7.859
	其中	普工	工日	2.381	2.312	2.197	2.035	1.780	1.571
		一般技工	工日	4.167	4.046	3.843	3.561	3.115	2.751
		高级技工	工日	5.357	5.203	4.941	4.579	4.005	3.537
材料	乙炔气		kg	1.513	1.470	1.397	1.293	1.133	0.998
	氧气		m^3	3.934	3.822	3.632	3.363	2.945	2.596
	低碳钢焊条 J427		kg	17.320	16.818	15.981	14.801	12.952	11.438
	道木		m^3	0.015	0.015	0.015	0.015	0.015	0.015
	碳精棒 $\phi8\sim12$		根	6.316	6.088	5.784	5.327	4.718	4.109
	尼龙砂轮片 $\phi100$		片	1.362	1.324	1.256	1.164	1.020	0.898
	尼龙砂轮片 $\phi150$		片	3.166	3.074	2.922	2.709	2.367	2.093
	其他材料费		%	5.00	5.00	5.00	5.00	5.00	5.00
机械	履带式起重机 15t		台班	0.274	0.266	0.250	0.234	0.202	0.177
	汽车式起重机 25t		台班	0.041	0.041	—	—	—	—
	汽车式起重机 40t		台班	—	—	0.041	0.041	0.032	0.032
	载货汽车 - 普通货车 8t		台班	0.032	0.032	0.032	0.032	0.032	0.032
	弧焊机 32kV·A		台班	3.326	3.237	3.076	2.851	2.489	2.199
	电动空气压缩机 $6m^3/min$		台班	0.137	0.129	0.129	0.121	0.113	0.105
	电焊条烘干箱 $80\times80\times100(cm^3)$		台班	0.332	0.324	0.308	0.285	0.249	0.220
	电焊条恒温箱		台班	0.332	0.324	0.308	0.285	0.249	0.220

(2)碳钢平底椭圆顶容器

工作内容:施工准备,分片组对,点焊、焊接、清根、开孔件、组合件安装、配合检查验收等。

计量单位:t

		编号		3-2-7	3-2-8	3-2-9	3-2-10	3-2-11
		项目		碳钢电弧焊 设备直径(mm以内)				
				4 800	5 800	6 800	8 000	10 000
		名称	单位	消耗量				
人工	合计工日		工日	9.527	9.052	8.680	8.293	7.742
	其中	普工	工日	1.906	1.811	1.736	1.658	1.548
		一般技工	工日	3.334	3.168	3.038	2.903	2.710
		高级技工	工日	4.287	4.073	3.906	3.732	3.484
材料	乙炔气		kg	2.213	2.195	1.651	1.510	1.282
	氧气		m^3	5.753	5.708	4.292	3.927	3.333
	低碳钢焊条 J427		kg	16.080	15.646	15.098	14.436	13.858
	道木		m^3	0.008	0.008	0.008	0.008	0.008
	碳精棒 $\phi8\sim12$		根	8.493	8.264	7.975	7.625	7.321
	尼龙砂轮片 $\phi150$		片	2.548	2.484	2.393	2.292	2.201
	其他材料费		%	5.00	5.00	5.00	5.00	5.00
机械	汽车式起重机 16t		台班	0.383	0.287	0.267	0.260	—
	汽车式起重机 25t		台班	—	—	—	—	0.219
	载货汽车－普通货车 8t		台班	0.048	0.032	—	—	—
	载货汽车－普通货车 15t		台班	—	—	0.025	0.016	—
	载货汽车－平板拖车组 20t		台班	—	—	—	—	0.016
	弧焊机 32kV·A		台班	3.146	3.061	2.954	2.825	2.712
	电动空气压缩机 $10m^3/min$		台班	0.153	0.137	0.113	0.097	0.089
	电焊条烘干箱 $80\times80\times100(cm^3)$		台班	0.314	0.306	0.296	0.282	0.271
	电焊条恒温箱		台班	0.314	0.306	0.296	0.282	0.271

（3）不锈钢椭圆双封头容器电弧焊

工作内容：施工准备，分片组对，点焊、焊接、清根、开孔件、组合件安装、配合检查验收等。

计量单位：t

编号				3-2-12	3-2-13	3-2-14	3-2-15	3-2-16	3-2-17
项目				不锈钢电弧焊 设备直径（mm）					
				3 500 以内	4 000 以内	4 500 以内	5 000 以内	6 000 以内	6 000 以外
名称			单位	消耗量					
人工	合计工日		工日	15.759	15.297	14.532	13.463	11.782	10.403
	其中	普工	工日	3.152	3.059	2.907	2.693	2.357	2.081
		一般技工	工日	5.516	5.354	5.086	4.712	4.123	3.641
		高级技工	工日	7.091	6.884	6.539	6.058	5.302	4.681
材料	不锈钢焊条（综合）		kg	17.092	16.597	15.768	14.604	12.777	11.286
	硝酸		kg	1.050	1.020	0.966	0.898	0.784	0.693
	道木		m^3	0.015	0.015	0.015	0.015	0.015	0.015
	不锈钢专用砂轮片		片	1.629	1.583	1.507	1.393	1.218	1.073
	其他材料费		%	5.00	5.00	5.00	5.00	5.00	5.00
机械	履带式起重机 15t		台班	0.274	0.266	0.250	0.234	0.202	0.177
	汽车式起重机 25t		台班	0.041	0.041	—	—	—	—
	汽车式起重机 40t		台班	—	—	0.041	0.041	0.032	0.032
	载货汽车－普通货车 8t		台班	0.032	0.032	0.032	0.032	0.032	0.032
	弧焊机 32kV·A		台班	4.300	4.180	3.971	3.681	3.221	2.843
	等离子切割机 400A		台班	0.113	0.105	0.097	0.089	0.081	0.073
	电焊条烘干箱 80×80×100（cm^3）		台班	0.430	0.418	0.397	0.368	0.322	0.285
	电焊条恒温箱		台班	0.430	0.418	0.397	0.368	0.322	0.285
	电动空气压缩机 $1m^3/min$		台班	0.142	0.132	0.122	0.112	0.102	0.092

（4）不锈钢椭圆双封头容器氩电联焊

工作内容：施工准备，分片组对，点焊、焊接、清根、开孔件、组合件安装、配合检查验收等。

计量单位：t

编号				3-2-18	3-2-19	3-2-20	3-2-21	3-2-22	3-2-23
项目				不锈钢氩电联焊 设备直径（mm）					
				3 500 以内	4 000 以内	4 500 以内	5 000 以内	6 000 以内	6 000 以外
名称			单位	消耗量					
人工	合计工日		工日	16.586	16.102	15.104	14.173	12.706	11.223
	其中	普工	工日	3.317	3.220	3.021	2.834	2.541	2.245
		一般技工	工日	5.805	5.636	5.286	4.961	4.447	3.928
		高级技工	工日	7.464	7.246	6.797	6.378	5.718	5.050
材料	不锈钢氩弧焊丝 1Cr18Ni9Ti $\phi3$		kg	1.667	1.629	1.545	1.431	1.256	1.111
	氩气		m^3	4.673	4.551	4.322	4.003	3.501	3.097
	不锈钢焊条（综合）		kg	16.871	16.544	15.715	14.588	12.739	11.248
	硝酸		kg	1.050	1.020	0.966	0.898	0.784	0.693
	道木		m^3	0.015	0.015	0.015	0.015	0.015	0.015
	钍钨棒		g	9.333	9.120	8.651	8.012	7.032	6.222
	不锈钢专用砂轮片		片	1.629	1.583	1.507	1.393	1.218	1.073
	其他材料费		%	5.00	5.00	5.00	5.00	5.00	5.00
机械	履带式起重机 15t		台班	0.274	0.266	0.250	0.234	0.202	0.177
	汽车式起重机 25t		台班	0.041	0.041	—	—	—	—
	汽车式起重机 40t		台班	—	—	0.041	0.041	0.032	0.032
	载货汽车－普通货车 8t		台班	0.032	0.032	0.032	0.032	0.032	0.032
	弧焊机 32kV·A		台班	4.284	4.164	3.955	3.665	3.205	2.835
	氩弧焊机 500A		台班	0.928	0.910	0.862	0.798	0.701	0.621
	等离子切割机 400A		台班	0.113	0.105	0.097	0.089	0.081	0.073
	电焊条烘干箱 80×80×100（cm^3）		台班	0.428	0.416	0.396	0.366	0.320	0.283
	电焊条恒温箱		台班	0.428	0.416	0.396	0.366	0.320	0.283
	电动空气压缩机 1m^3/min		台班	0.142	0.132	0.122	0.112	0.102	0.092

(5)不锈钢平底椭圆顶容器电弧焊

工作内容：施工准备，分片组对，点焊、焊接、清根、开孔件、组合件安装、配合检查验收等。

计量单位：t

编号				3-2-24	3-2-25	3-2-26	3-2-27	3-2-28
项目				不锈钢电弧焊 设备直径(mm 以内)				
				4 800	5 800	6 800	8 000	10 000
名称			单位	消耗量				
人工	合计工日		工日	13.084	12.422	11.905	11.374	10.616
	其中	普工	工日	2.616	2.484	2.381	2.275	2.122
		一般技工	工日	4.580	4.348	4.167	3.981	3.716
		高级技工	工日	5.888	5.590	5.357	5.118	4.778
材料	乙炔气		kg	2.863	2.845	2.143	1.967	1.668
	氧气		m^3	7.443	7.397	5.571	5.114	4.338
	不锈钢焊条(综合)		kg	20.897	20.167	19.367	17.602	17.412
	硝酸		kg	3.090	2.344	1.781	1.568	1.362
	道木		m^3	0.008	0.008	0.008	0.008	0.008
	不锈钢专用砂轮片		片	2.762	2.686	2.587	2.473	2.382
	其他材料费		%	5.00	5.00	5.00	5.00	5.00
机械	汽车式起重机 16t		台班	0.383	0.287	0.267	0.260	—
	汽车式起重机 25t		台班	—	—	—	—	0.219
	载货汽车－普通货车 8t		台班	0.048	0.032	—	—	—
	载货汽车－普通货车 15t		台班	—	—	0.025	0.016	—
	载货汽车－平板拖车组 20t		台班	—	—	—	—	0.016
	弧焊机 32kV·A		台班	4.091	3.978	3.833	3.665	3.527
	等离子切割机 400A		台班	0.121	0.105	0.089	0.064	0.041
	电动空气压缩机 $1m^3/min$		台班	0.153	0.137	0.113	0.097	0.089
	电焊条烘干箱 80×80×100(cm^3)		台班	0.409	0.398	0.383	0.366	0.353
	电焊条恒温箱		台班	0.409	0.398	0.383	0.366	0.353

(6)不锈钢平底椭圆顶容器氩电联焊

工作内容:施工准备,分片组对,点焊、焊接、清根、开孔件、组合件安装、配合检查验收等。

计量单位:t

编号				3-2-29	3-2-30	3-2-31	3-2-32	3-2-33
项目				不锈钢氩电联焊 设备直径(mm 以内)				
				4 800	5 800	6 800	8 000	10 000
名称			单位	消耗量				
人工	合计工日		工日	14.084	13.243	12.849	12.291	11.519
	其中	普工	工日	2.817	2.649	2.570	2.458	2.304
		一般技工	工日	4.929	4.635	4.497	4.302	4.031
		高级技工	工日	6.338	5.959	5.782	5.531	5.184
材料	不锈钢氩弧焊丝 1Cr18Ni9Ti $\phi3$		kg	1.522	1.385	1.218	1.149	1.027
	乙炔气		kg	1.440	1.247	1.071	0.983	0.913
	氩气		m^3	4.262	3.835	3.410	3.217	2.876
	氧气		m^3	3.744	3.242	2.785	2.557	2.374
	不锈钢焊条(综合)		kg	19.466	18.797	18.036	16.301	16.194
	硝酸		kg	3.090	2.344	1.781	1.568	1.362
	道木		m^3	0.008	0.008	0.008	0.008	0.008
	铈钨棒		g	8.523	7.756	6.819	6.435	5.753
	不锈钢专用砂轮片		片	2.762	2.686	2.587	2.473	2.382
	其他材料费		%	5.00	5.00	5.00	5.00	5.00
机械	汽车式起重机 16t		台班	0.383	0.287	0.267	0.260	—
	汽车式起重机 25t		台班	—	—	—	—	0.219
	载货汽车－普通货车 8t		台班	0.048	0.032	—	—	—
	载货汽车－普通货车 15t		台班	—	—	0.025	0.016	—
	载货汽车－平板拖车组 20t		台班	—	—	—	—	0.016
	弧焊机 32kV·A		台班	3.597	3.501	3.371	3.225	3.146
	氩弧焊机 500A		台班	0.644	0.628	0.604	0.580	0.556
	等离子切割机 400A		台班	0.121	0.105	0.089	0.064	0.041
	电动空气压缩机 $10m^3/min$		台班	0.153	0.137	0.113	0.097	0.089
	电焊条烘干箱 80×80×100(cm^3)		台班	0.359	0.350	0.337	0.322	0.314
	电焊条恒温箱		台班	0.359	0.350	0.337	0.322	0.314

2. 容器分段组对

（1）碳钢容器分段组对（电弧焊）

工作内容：施工准备，分段组对，点焊、焊接、清根、组合件安装、配合检查验收等。　　**计量单位：**t

编号				3-2-34	3-2-35	3-2-36	3-2-37	3-2-38
项目				碳钢电弧焊 设备直径（mm 以内）				
				1 800	2 400	2 800	3 200	3 800
名称			单位	消耗量				
人工	合计工日		工日	4.267	3.557	3.275	3.027	2.840
	其中	普工	工日	0.853	0.711	0.655	0.606	0.568
		一般技工	工日	1.494	1.245	1.146	1.059	0.994
		高级技工	工日	1.920	1.601	1.474	1.362	1.278
材料	乙炔气		kg	0.597	0.498	0.457	0.425	0.393
	氧气		m^3	1.552	1.294	1.187	1.105	1.021
	低碳钢焊条 J427		kg	1.385	1.157	1.073	0.982	0.928
	道木		m^3	0.008	0.008	0.008	0.008	0.008
	碳精棒 $\phi 8 \sim 12$		根	1.058	0.883	0.814	0.761	0.700
	尼龙砂轮片 $\phi 150$		片	0.875	0.731	0.670	0.624	0.578
	其他材料费		%	5.00	5.00	5.00	5.00	5.00
机械	履带式起重机 15t		台班	0.145	0.113	0.081	0.057	0.041
	汽车式起重机 30t		台班	0.048	0.048	0.048	—	—
	汽车式起重机 75t		台班	—	—	—	0.048	0.048
	载货汽车－平板拖车组 30t		台班	0.032	0.025	0.025	0.016	0.016
	弧焊机 32kV·A		台班	0.443	0.370	0.347	0.314	0.298
	电焊条烘干箱 $80 \times 80 \times 100$（cm^3）		台班	0.044	0.037	0.035	0.031	0.030
	电焊条恒温箱		台班	0.044	0.037	0.035	0.031	0.030

(2)碳钢容器分段组对(氩电联焊)

工作内容：施工准备，分段组对，点焊、焊接、清根、组合件安装、配合检查验收等。　　**计量单位：**t

编号				3-2-39	3-2-40	3-2-41	3-2-42	3-2-43
项目				碳钢氩电联焊 设备直径(mm 以内)				
				1 800	2 400	2 800	3 200	3 800
名称			单位	消耗量				
人工	合计工日		工日	5.136	4.612	4.502	4.071	3.674
	其中	普工	工日	1.027	0.923	0.900	0.814	0.735
		一般技工	工日	1.798	1.614	1.576	1.425	1.286
		高级技工	工日	2.311	2.075	2.026	1.832	1.653
材料	碳钢氩弧焊丝		kg	0.242	0.233	0.225	0.206	0.195
	氩气		m^3	0.623	0.681	0.632	0.578	0.547
	低碳钢焊条 J427		kg	1.068	1.050	1.023	0.982	0.928
	硝酸		kg	0.107	0.091	0.061	0.046	0.038
	道木		m^3	0.011	0.011	0.011	0.011	0.011
	铈钨棒		g	1.244	1.359	1.262	1.155	1.091
	尼龙砂轮片 ϕ150		片	0.957	1.047	0.971	0.888	0.840
	其他材料费		%	5.00	5.00	5.00	5.00	5.00
机械	履带式起重机 15t		台班	0.145	0.113	0.081	0.057	0.041
	汽车式起重机 30t		台班	0.048	0.048	0.048	—	—
	汽车式起重机 75t		台班	—	—	—	0.048	0.048
	载货汽车 – 平板拖车组 30t		台班	0.032	0.025	0.025	0.016	0.016
	弧焊机 32kV·A		台班	0.336	0.367	0.341	0.312	0.295
	氩弧焊机 500A		台班	0.122	0.134	0.124	0.114	0.107
	电焊条烘干箱 80×80×100(cm^3)		台班	0.034	0.036	0.034	0.031	0.030
	电焊条恒温箱		台班	0.034	0.036	0.034	0.031	0.030

(3)不锈钢容器分段组对(不锈钢电弧焊)

工作内容:施工准备,分段组对,点焊、焊接、清根、组合件安装、配合检查验收等。 **计量单位:**t

编号				3-2-44	3-2-45	3-2-46	3-2-47	3-2-48
项目				不锈钢电弧焊 设备直径(mm 以内)				
				1 800	2 400	2 800	3 200	3 800
名称			单位	消耗量				
人工	合计工日		工日	5.846	4.874	4.488	4.143	3.854
	其中	普工	工日	1.169	0.974	0.898	0.829	0.771
		一般技工	工日	2.046	1.706	1.571	1.450	1.349
		高级技工	工日	2.631	2.194	2.019	1.864	1.734
材料	不锈钢焊条(综合)		kg	1.370	1.142	1.050	1.005	0.906
	硝酸		kg	0.107	0.091	0.061	0.046	0.038
	道木		m^3	0.008	0.008	0.008	0.008	0.008
	白布		m	1.142	1.142	1.050	1.005	0.906
	不锈钢专用砂轮片		片	1.225	1.005	0.928	0.860	0.791
	其他材料费		%	5.00	5.00	5.00	5.00	5.00
机械	履带式起重机 15t		台班	0.145	0.113	0.081	0.057	0.041
	汽车式起重机 30t		台班	0.048	0.048	0.048	—	—
	汽车式起重机 40t		台班	—	—	—	0.048	0.048
	载货汽车－平板拖车组 30t		台班	0.032	0.025	0.025	0.016	0.016
	弧焊机 32kV·A		台班	0.580	0.483	0.443	0.427	0.387
	电焊条烘干箱 80×80×100(cm^3)		台班	0.058	0.048	0.044	0.042	0.039
	电焊条恒温箱		台班	0.058	0.048	0.044	0.042	0.039

（4）不锈钢容器分段组对（不锈钢氩电联焊）

工作内容：施工准备，分段组对，点焊、焊接、清根、组合件安装、配合检查验收等。　　　**计量单位：**t

编号				3-2-49	3-2-50	3-2-51	3-2-52	3-2-53
项目				不锈钢氩电联焊 设备直径（mm 以内）				
				1 800	2 400	2 800	3 200	3 800
名称			单位	消耗量				
人工	合计工日		工日	6.391	5.329	4.957	4.530	4.212
	其中	普工	工日	1.278	1.066	0.992	0.906	0.843
		一般技工	工日	2.237	1.865	1.735	1.586	1.474
		高级技工	工日	2.876	2.398	2.230	2.038	1.895
材料	不锈钢氩弧焊丝 1Cr18Ni9Ti $\phi3$		kg	0.282	0.236	0.221	0.198	0.190
	氩气		m^3	0.784	0.654	0.609	0.556	0.525
	不锈钢焊条（综合）		kg	1.339	1.111	1.020	0.974	0.868
	硝酸		kg	0.107	0.091	0.061	0.046	0.038
	道木		m^3	0.008	0.008	0.008	0.008	0.008
	铈钨棒		g	1.577	1.321	1.236	1.108	1.065
	不锈钢专用砂轮片		片	1.225	1.005	0.928	0.860	0.791
	其他材料费		%	5.00	5.00	5.00	5.00	5.00
机械	履带式起重机 15t		台班	0.145	0.113	0.081	0.057	0.041
	汽车式起重机 30t		台班	0.048	0.048	0.048	—	—
	汽车式起重机 40t		台班	—	—	—	0.048	0.048
	载货汽车－平板拖车组 30t		台班	0.032	0.025	0.025	0.016	0.016
	弧焊机 32kV·A		台班	0.564	0.467	0.435	0.411	0.370
	氩弧焊机 500A		台班	0.153	0.137	0.121	0.105	0.097
	电焊条烘干箱 80×80×100（cm^3）		台班	0.057	0.047	0.043	0.042	0.037
	电焊条恒温箱		台班	0.057	0.047	0.043	0.042	0.037

二、整体容器安装

1. 卧式容器类设备安装

(1)基础标高 10m 以内

工作内容：施工准备，基础处理、垫铁设置、吊装就位、安装找正、垫铁点焊、配合检查验收等。

计量单位：台

			编 号		3-2-54	3-2-55	3-2-56	3-2-57	3-2-58	3-2-59	3-2-60	3-2-61
项 目					设备质量(t 以内)							
					2	5	10	15	20	30	40	50
名 称				单位	消 耗 量							
人工	合计工日			工日	5.778	10.933	14.704	18.812	24.940	36.143	49.220	58.843
	其中	普工		工日	2.311	4.374	5.882	7.525	9.976	14.458	19.688	23.538
		一般技工		工日	2.311	4.373	5.881	7.525	9.976	14.457	19.688	23.537
		高级技工		工日	1.156	2.186	2.941	3.762	4.988	7.228	9.844	11.768
材料	镀锌铁丝(综合)			kg	0.761	0.761	1.522	2.283	3.044	3.805	4.353	4.566
	乙炔气			kg	0.097	0.138	0.460	0.700	0.931	1.182	1.291	1.449
	氧气			m^3	0.251	0.358	1.195	1.819	2.420	3.074	3.356	3.767
	低碳钢焊条 J427			kg	1.301	1.636	2.108	2.351	2.603	5.167	5.829	6.400
	平垫铁(综合)			kg	6.545	10.388	19.733	32.890	35.067	45.660	63.620	77.911
	斜垫铁(综合)			kg	9.908	15.981	30.364	50.607	54.069	68.871	95.429	119.858
	黄油			kg	0.137	0.190	0.228	0.304	0.381	0.457	0.609	0.685
	二硫化钼			kg	0.061	0.076	0.152	0.175	0.228	0.266	0.304	0.335
	道木			m^3	0.046	0.084	0.114	0.160	0.183	0.221	0.320	0.517
	木方			m^3	—	—	—	—	0.061	0.061	0.068	0.068
	尼龙砂轮片 ϕ150			片	0.304	0.381	0.761	0.860	0.989	1.142	1.218	1.370
	滚杠			kg	—	—	—	—	—	—	—	33.606
	其他材料费			%	3.00	3.00	3.00	3.00	3.00	3.00	3.00	3.00
机械	汽车式起重机 16t			台班	0.404	0.588	0.290	—	—	—	—	—
	汽车式起重机 25t			台班	—	—	0.370	0.298	0.322	0.387	—	—
	汽车式起重机 40t			台班	—	—	—	0.524	0.604	—	0.419	0.672
	汽车式起重机 50t			台班	—	—	—	—	—	0.725	—	—
	汽车式起重机 75t			台班	—	—	—	—	—	—	0.773	—
	汽车式起重机 100t			台班	—	—	—	—	—	—	—	0.795
	载货汽车 - 普通货车 5t			台班	0.161	0.274	—	—	—	—	—	—
	载货汽车 - 普通货车 10t			台班	—	—	0.290	—	—	—	—	—
	载货汽车 - 普通货车 15t			台班	—	—	—	0.298	—	—	—	—
	载货汽车 - 平板拖车组 20t			台班	—	—	—	—	0.347	—	—	—
	载货汽车 - 平板拖车组 40t			台班	—	—	—	—	—	0.387	0.419	—
	载货汽车 - 平板拖车组 60t			台班	—	—	—	—	—	—	—	0.453
	弧焊机 20kV·A			台班	0.451	0.660	0.854	0.982	1.095	2.513	2.819	3.122
	电焊条烘干箱 80×80×100(cm^3)			台班	0.045	0.066	0.086	0.098	0.109	0.251	0.282	0.328
	电焊条恒温箱			台班	0.045	0.066	0.086	0.098	0.109	0.251	0.282	0.328

计量单位：台

编号				3-2-62	3-2-63	3-2-64
项目				设备质量（t以内）		
				60	80	100
名称			单位	消耗量		
人工	合计工日		工日	68.701	74.713	96.888
	其中	普工	工日	27.481	29.885	38.755
		一般技工	工日	27.480	29.885	38.755
		高级技工	工日	13.740	14.943	19.378
材料	镀锌铁丝（综合）		kg	5.327	6.088	7.610
	乙炔气		kg	1.475	1.616	2.020
	氧气		m^3	3.835	4.201	5.251
	低碳钢焊条 J427		kg	7.062	7.694	10.350
	平垫铁（综合）		kg	86.564	96.951	105.360
	斜垫铁（综合）		kg	133.175	149.156	162.474
	黄油		kg	0.761	0.852	1.065
	二硫化钼		kg	0.365	0.426	0.533
	道木		m^3	0.700	0.837	0.989
	木方		m^3	0.084	0.099	0.107
	尼龙砂轮片 ϕ150		片	1.507	1.766	2.207
	滚杠		kg	48.065	62.478	76.130
	其他材料费		%	3.00	3.00	3.00
机械	履带式起重机 150t		台班	0.746	0.968	—
	汽车式起重机 75t		台班	0.505	1.040	—
	载货汽车－平板拖车组 60t		台班	0.505	—	—
	弧焊机 20kV·A		台班	3.401	4.207	5.587
	电焊条烘干箱 80×80×100（cm^3）		台班	0.362	0.443	0.583
	电焊条恒温箱		台班	0.362	0.443	0.583

（2）10m< 基础标高≤ 20m

工作内容：施工准备，基础处理、垫铁设置、吊装就位、安装找正、垫铁点焊、配合检查验收等。

计量单位：台

编号				3-2-65	3-2-66	3-2-67	3-2-68	3-2-69	3-2-70	3-2-71	3-2-72
项目				设备质量（t 以内）							
				2	5	10	15	20	30	40	50
名称			单位	消耗量							
人工	合计工日		工日	6.431	12.643	16.641	21.736	30.511	43.644	55.983	66.336
	其中	普工	工日	2.573	5.057	6.656	8.695	12.205	17.457	22.393	26.535
		一般技工	工日	2.572	5.057	6.657	8.694	12.204	17.458	22.393	26.534
		高级技工	工日	1.286	2.529	3.328	4.347	6.102	8.729	11.197	13.267
材料	镀锌铁丝（综合）		kg	0.761	0.761	1.522	2.283	3.044	3.805	4.353	4.566
	乙炔气		kg	0.097	0.140	0.457	0.702	0.931	1.185	1.291	1.449
	氧气		m^3	0.251	0.365	1.187	1.826	2.420	3.082	3.356	3.767
	低碳钢焊条 J427		kg	1.301	1.636	2.108	2.351	2.603	5.167	5.829	6.400
	平垫铁（综合）		kg	6.545	10.388	19.733	32.890	35.067	45.660	63.620	77.911
	斜垫铁（综合）		kg	9.908	15.981	30.364	50.607	54.069	68.871	95.429	119.858
	黄油		kg	0.137	0.190	0.228	0.304	0.381	0.457	0.609	0.685
	二硫化钼		kg	0.061	0.076	0.152	0.175	0.228	0.266	0.304	0.335
	道木		m^3	0.046	0.084	0.114	0.160	0.183	0.221	0.320	0.517
	木方		m^3	—	—	—	—	0.061	0.061	0.068	0.068
	尼龙砂轮片 ϕ150		片	0.304	0.381	0.761	0.860	0.989	1.142	1.218	1.370
	滚杠		kg	—	—	—	—	—	—	—	33.606
	其他材料费		%	3.00	3.00	3.00	3.00	3.00	3.00	3.00	3.00
机械	汽车式起重机 16t		台班	0.524	0.274	—	—	—	—	—	—
	汽车式起重机 25t		台班	—	0.347	0.290	0.298	0.322	—	—	—
	汽车式起重机 40t		台班	—	—	0.435	0.564	—	0.354	—	0.755
	汽车式起重机 50t		台班	—	—	—	—	—	—	0.419	—
	汽车式起重机 75t		台班	—	—	—	—	0.604	—	—	—
	汽车式起重机 100t		台班	—	—	—	—	—	0.644	—	—
	汽车式起重机 120t		台班	—	—	—	—	—	—	0.773	—
	履带式起重机 150t		台班	—	—	—	—	—	—	—	0.870
	载货汽车 – 普通货车 5t		台班	0.161	0.274	—	—	—	—	—	—
	载货汽车 – 普通货车 10t		台班	—	—	0.290	—	—	—	—	—
	载货汽车 – 普通货车 15t		台班	—	—	—	0.298	—	—	—	—
	载货汽车 – 平板拖车组 20t		台班	—	—	—	—	0.347	—	—	—
	载货汽车 – 平板拖车组 40t		台班	—	—	—	—	—	0.387	0.419	—
	载货汽车 – 平板拖车组 60t		台班	—	—	—	—	—	—	—	0.453
	弧焊机 20kV·A		台班	0.451	0.660	0.854	0.982	1.095	2.513	2.819	3.122
	电焊条烘干箱 80×80×100（cm^3）		台班	0.045	0.066	0.086	0.098	0.109	0.251	0.282	0.328
	电焊条恒温箱		台班	0.045	0.066	0.086	0.098	0.109	0.251	0.282	0.328

计量单位：台

编　号				3-2-73	3-2-74	3-2-75
项　目				设备质量（t 以内）		
				60	80	100
名　称			单位	消　耗　量		
人工	合计工日		工日	71.300	77.173	102.066
	其中	普工	工日	28.520	30.869	40.827
		一般技工	工日	28.520	30.869	40.826
		高级技工	工日	14.260	15.435	20.413
材料	镀锌铁丝（综合）		kg	5.327	6.088	7.610
	乙炔气		kg	1.475	1.616	2.020
	氧气		m^3	3.835	4.201	5.251
	低碳钢焊条 J427		kg	7.062	7.694	10.350
	平垫铁（综合）		kg	86.564	96.951	105.360
	斜垫铁（综合）		kg	133.175	149.156	162.474
	黄油		kg	0.761	0.852	1.065
	二硫化钼		kg	0.365	0.426	0.533
	道木		m^3	0.700	0.837	0.989
	木方		m^3	0.084	0.099	0.107
	尼龙砂轮片 $\phi150$		片	1.507	1.766	2.207
	滚杠		kg	48.065	62.478	76.130
	其他材料费		%	3.00	3.00	3.00
机械	履带式起重机 150t		台班	0.874	—	—
	汽车式起重机 75t		台班	0.505	—	—
	载货汽车－平板拖车组 60t		台班	0.505	—	—
	弧焊机 20kV·A		台班	3.401	4.207	5.587
	电焊条烘干箱 80×80×100（cm^3）		台班	0.362	0.443	0.583
	电焊条恒温箱		台班	0.362	0.443	0.583

（3）基础标高 20m 以上

工作内容：施工准备，基础处理、垫铁设置、吊装就位、安装找正、垫铁点焊、配合检查验收等。

计量单位：台

编号			3-2-76	3-2-77	3-2-78	3-2-79	3-2-80	3-2-81	3-2-82	3-2-83	3-2-84
项目			设备质量（t 以内）								
			2	5	10	15	20	30	40	50	60
名称		单位	消耗量								
人工	合计工日	工日	7.170	14.145	18.171	23.996	34.337	49.103	56.527	63.000	66.537
人工	其中 普工	工日	2.868	5.658	7.269	9.598	13.734	19.642	22.611	25.200	26.615
人工	其中 一般技工	工日	2.868	5.658	7.268	9.599	13.735	19.641	22.611	25.200	26.615
人工	其中 高级技工	工日	1.434	2.829	3.634	4.799	6.868	9.820	11.305	12.600	13.307
材料	镀锌铁丝（综合）	kg	0.761	0.761	1.522	2.283	3.044	3.805	4.353	4.566	5.327
材料	乙炔气	kg	0.097	0.140	0.457	0.702	0.931	1.185	1.291	1.449	1.475
材料	氧气	m^3	0.251	0.365	1.187	1.826	2.420	3.082	3.356	3.767	3.835
材料	低碳钢焊条 J427	kg	1.301	1.636	2.108	2.351	2.603	5.167	5.829	6.400	7.062
材料	平垫铁（综合）	kg	6.545	10.388	19.733	32.890	35.067	45.660	63.620	77.911	86.564
材料	斜垫铁（综合）	kg	9.908	15.981	30.364	50.607	54.069	68.528	95.429	119.858	133.175
材料	黄油	kg	0.137	0.190	0.228	0.304	0.381	0.457	0.609	0.685	0.761
材料	二硫化钼	kg	0.061	0.076	0.152	0.175	0.228	0.266	0.304	0.335	0.365
材料	道木	m^3	0.046	0.084	0.114	0.160	0.183	0.221	0.320	0.517	0.700
材料	木方	m^3	—	—	—	—	0.061	0.061	0.068	0.068	0.084
材料	尼龙砂轮片 φ150	片	0.304	0.381	0.761	0.860	0.989	1.142	1.218	1.370	1.507
材料	滚杠	kg	—	—	—	—	—	—	—	33.606	48.065
材料	其他材料费	%	3.00	3.00	3.00	3.00	3.00	3.00	3.00	3.00	3.00
机械	履带式起重机 150t	台班	—	—	—	—	—	0.676	0.779	0.896	—
机械	汽车式起重机 16t	台班	0.202	0.290	—	—	—	0.356	0.381	—	—
机械	汽车式起重机 25t	台班	0.403	—	0.306	0.322	0.338	—	—	—	—
机械	汽车式起重机 40t	台班	—	0.435	—	—	—	—	—	—	—
机械	汽车式起重机 50t	台班	—	—	0.515	—	—	—	—	0.379	—
机械	汽车式起重机 75t	台班	—	—	—	0.612	—	—	—	—	—
机械	汽车式起重机 100t	台班	—	—	—	—	0.644	—	—	—	—
机械	载货汽车 - 普通货车 5t	台班	0.161	0.274	—	—	—	—	—	—	—
机械	载货汽车 - 普通货车 10t	台班	—	—	0.290	—	—	—	—	—	—
机械	载货汽车 - 普通货车 15t	台班	—	—	—	0.298	—	—	—	—	—
机械	载货汽车 - 平板拖车组 20t	台班	—	—	—	—	0.347	—	—	—	—
机械	载货汽车 - 平板拖车组 40t	台班	—	—	—	—	—	0.387	0.419	—	—
机械	载货汽车 - 平板拖车组 60t	台班	—	—	—	—	—	—	—	0.453	0.505
机械	弧焊机 20kV·A	台班	0.451	0.660	0.854	0.982	1.095	2.513	2.819	3.122	3.401
机械	电焊条烘干箱 80×80×100（cm^3）	台班	0.045	0.066	0.086	0.098	0.109	0.251	0.282	0.312	0.386
机械	电焊条恒温箱	台班	0.045	0.066	0.086	0.098	0.109	0.251	0.282	0.312	0.386

2. 塑料、玻璃钢容器安装

工作内容：施工准备，基础处理、垫铁设置、吊装就位、安装找正、配合检查验收等。　**计量单位：**台

编　号				3-2-85	3-2-86	3-2-87	3-2-88	3-2-89	3-2-90	3-2-91
项　目				设备质量（t以内）						
				0.06	0.1	0.2	0.3	0.5	0.7	1
名　称			单位	消　耗　量						
人工	合计工日		工日	1.047	1.635	2.950	3.695	5.322	6.852	9.279
	其中	普工	工日	0.419	0.654	1.180	1.478	2.129	2.740	3.712
		一般技工	工日	0.419	0.654	1.180	1.478	2.129	2.741	3.711
		高级技工	工日	0.209	0.327	0.590	0.739	1.064	1.371	1.856
材料	橡胶板		kg	0.495	0.731	0.928	1.005	1.408	1.613	1.941
	木方		m^3	0.002	0.002	0.002	0.004	0.005	0.005	0.005
	其他材料费		%	5.00	5.00	5.00	5.00	5.00	5.00	5.00
机械	汽车式起重机 16t		台班	0.161	0.161	0.161	0.161	0.242	0.403	0.508
	载货汽车－普通货车 5t		台班	0.081	0.081	0.109	0.109	0.145	0.186	0.234

三、塔 器 组 装

1. 塔类设备分片组装

(1)碳钢塔类设备(碳钢电弧焊)

工作内容:施工准备,分片组对,点焊、焊接、清根、开孔件、组合件安装、配合检查验收等。

计量单位:t

编号				3-2-92	3-2-93	3-2-94	3-2-95	3-2-96	3-2-97	3-2-98
项目				碳钢电弧焊 设备直径(mm)						
				4 000以内	4 500以内	5 000以内	6 000以内	8 000以内	10 000以内	10 000以外
名称			单位	消耗量						
人工	合计工日		工日	16.179	15.834	15.573	15.137	13.408	12.319	11.250
	其中	普工	工日	3.235	3.167	3.114	3.027	2.681	2.463	2.251
		一般技工	工日	5.663	5.542	5.451	5.298	4.693	4.312	3.937
		高级技工	工日	7.281	7.125	7.008	6.812	6.034	5.544	5.062
材料	乙炔气		kg	2.099	2.037	1.996	1.935	1.733	1.589	1.449
	氧气		m^3	5.456	5.297	5.190	5.030	4.505	4.132	3.767
	低碳钢焊条 J427		kg	27.830	27.016	25.912	25.669	22.959	21.072	19.185
	道木		m^3	0.015	0.015	0.015	0.015	0.015	0.015	0.015
	碳精棒 ϕ8~12		根	8.873	8.615	8.439	8.173	7.321	6.720	6.118
	尼龙砂轮片 ϕ100		片	1.895	1.842	1.804	1.750	1.568	1.438	1.309
	尼龙砂轮片 ϕ150		片	4.399	4.269	4.186	4.056	3.630	3.333	3.029
	其他材料费		%	5.00	5.00	5.00	5.00	5.00	5.00	5.00
机械	履带式起重机 15t		台班	0.282	0.274	0.266	0.250	0.234	0.218	0.202
	汽车式起重机 40t		台班	0.129	0.121	0.113	0.113	0.105	0.097	0.089
	汽车式起重机 75t		台班	0.041	0.041	0.032	0.032	0.032	0.025	0.025
	载货汽车－普通货车 15t		台班	0.016	0.016	0.016	0.016	0.016	0.016	0.016
	弧焊机 32kV·A		台班	5.444	5.235	5.073	4.912	4.631	4.188	3.890
	电动空气压缩机 $6m^3/min$		台班	0.177	0.170	0.161	0.153	0.145	0.129	0.121
	电焊条烘干箱 80×80×100(cm^3)		台班	0.544	0.524	0.508	0.492	0.463	0.419	0.389
	电焊条恒温箱		台班	0.544	0.524	0.508	0.492	0.463	0.419	0.389

（2）碳钢塔类设备（碳钢氩电联焊）

工作内容：施工准备，分片组对，点焊、焊接、清根、开孔件、组合件安装、配合检查验收等。

计量单位：t

编号				3-2-99	3-2-100	3-2-101	3-2-102	3-2-103	3-2-104	3-2-105
项目				碳钢氩电联焊 设备直径（mm）						
				4 000以内	4 500以内	5 000以内	6 000以内	8 000以内	10 000以内	10 000以外
名称			单位	消耗量						
人工	合计工日		工日	17.330	16.827	16.489	15.780	14.278	13.036	11.947
	其中	普工	工日	3.466	3.366	3.298	3.156	2.856	2.607	2.389
		一般技工	工日	6.065	5.889	5.771	5.523	4.997	4.563	4.182
		高级技工	工日	7.799	7.572	7.420	7.101	6.425	5.866	5.376
材料	乙炔气		kg	2.099	2.037	1.996	1.935	1.732	1.589	1.446
	氩气		m^3	6.476	6.309	6.027	5.883	5.365	4.924	4.475
	氧气		m^3	5.459	5.297	5.189	5.032	4.504	4.132	3.760
	低碳钢焊条 J427		kg	27.716	26.939	25.836	25.585	22.891	20.966	19.124
	碳钢氩弧焊丝		kg	2.313	2.253	2.154	2.100	1.918	1.758	1.598
	道木		m^3	0.015	0.015	0.015	0.015	0.015	0.015	0.015
	铈钨棒		g	12.955	12.614	12.060	11.762	10.739	9.844	8.949
	尼龙砂轮片 ϕ100		片	1.895	1.842	1.804	1.750	1.568	1.438	1.309
	尼龙砂轮片 ϕ150		片	4.399	4.269	4.186	4.056	3.630	3.333	3.029
	其他材料费		%	5.00	5.00	5.00	5.00	5.00	5.00	5.00
机械	履带式起重机 15t		台班	0.282	0.274	0.266	0.250	0.234	0.218	0.202
	汽车式起重机 40t		台班	0.129	0.121	0.113	0.113	0.105	0.097	0.089
	汽车式起重机 75t		台班	0.041	0.041	0.032	0.032	0.032	0.025	0.025
	载货汽车－普通货车 15t		台班	0.016	0.016	0.016	0.016	0.016	0.016	0.016
	弧焊机 32kV·A		台班	5.082	4.929	4.824	4.679	4.204	3.849	3.559
	氩弧焊机 500A		台班	1.111	1.088	1.039	1.007	0.943	0.862	0.765
	电焊条烘干箱 80×80×100（cm^3）		台班	0.509	0.493	0.482	0.468	0.420	0.385	0.356
	电焊条恒温箱		台班	0.509	0.493	0.482	0.468	0.420	0.385	0.356

(3)不锈钢塔类设备(不锈钢电弧焊)

工作内容:施工准备,分片组对,点焊、焊接、清根、开孔件、组合件安装、配合检查验收等。

计量单位:t

编号				3-2-106	3-2-107	3-2-108	3-2-109	3-2-110	3-2-111	3-2-112
项目				不锈钢电弧焊 设备直径(mm)						
				4 000以内	4 500以内	5 000以内	6 000以内	8 000以内	10 000以内	10 000以外
名称			单位	消耗量						
人工	合计工日		工日	19.357	18.785	18.413	17.840	15.966	14.656	13.339
	其中	普工	工日	3.871	3.757	3.683	3.568	3.193	2.931	2.667
		一般技工	工日	6.775	6.575	6.444	6.244	5.588	5.130	4.669
		高级技工	工日	8.711	8.453	8.286	8.028	7.185	6.595	6.003
材料	不锈钢焊条(综合)		kg	28.355	27.525	26.977	26.148	23.401	21.468	19.542
	硝酸		kg	1.461	1.301	1.278	1.248	1.103	1.012	0.982
	道木		m^3	0.015	0.015	0.015	0.015	0.015	0.015	0.015
	不锈钢专用砂轮片		片	3.341	2.846	2.823	2.702	2.534	2.412	2.291
	其他材料费		%	5.00	5.00	5.00	5.00	5.00	5.00	5.00
机械	履带式起重机 15t		台班	0.338	0.331	0.314	0.298	0.282	0.258	0.242
	汽车式起重机 40t		台班	0.153	0.145	0.145	0.137	0.129	0.121	0.113
	汽车式起重机 75t		台班	0.041	0.041	0.032	0.032	0.032	0.025	0.025
	载货汽车－普通货车 15t		台班	0.016	0.016	0.016	0.016	0.016	0.016	0.016
	弧焊机 32kV·A		台班	7.957	7.723	7.570	7.337	6.571	6.024	5.485
	等离子切割机 400A		台班	0.250	0.242	0.234	0.225	0.209	0.186	0.170
	电动空气压缩机 $6m^3/min$		台班	0.177	0.170	0.161	0.153	0.145	0.129	0.121
	电焊条烘干箱 80×80×100(cm^3)		台班	0.796	0.772	0.757	0.734	0.657	0.603	0.548
	电焊条恒温箱		台班	0.796	0.772	0.757	0.734	0.657	0.603	0.548

（4）不锈钢塔类设备（不锈钢氩电联焊）

工作内容：施工准备，分片组对，点焊、焊接、清根、开孔件、组合件安装、配合检查验收等。

计量单位：t

编号				3-2-113	3-2-114	3-2-115	3-2-116	3-2-117	3-2-118	3-2-119
项目				不锈钢氩电联焊 设备直径（mm）						
				4 000以内	4 500以内	5 000以内	6 000以内	8 000以内	10 000以内	10 000以外
名称			单位	消耗量						
人工	合计工日		工日	21.226	20.605	20.191	19.578	17.923	16.069	14.628
	其中	普工	工日	4.246	4.122	4.038	3.916	3.585	3.214	2.925
		一般技工	工日	7.429	7.211	7.067	6.852	6.273	5.624	5.120
		高级技工	工日	9.551	9.272	9.086	8.810	8.065	7.231	6.583
材料	不锈钢氩弧焊丝 1Cr18Ni9Ti ϕ3		kg	2.390	2.321	2.275	2.207	1.979	1.811	1.651
	氩气		m^3	6.697	6.499	6.370	6.172	5.525	5.068	4.612
	不锈钢焊条（综合）		kg	28.264	27.442	26.894	26.072	23.325	21.407	19.482
	硝酸		kg	1.461	1.301	1.278	1.248	1.103	1.012	0.982
	道木		m^3	0.015	0.015	0.015	0.015	0.015	0.015	0.015
	铈钨棒		g	13.381	12.998	12.742	12.359	11.080	10.143	9.248
	不锈钢专用砂轮片		片	3.341	2.846	2.823	2.702	2.534	2.412	2.291
	其他材料费		%	5.00	5.00	5.00	5.00	5.00	5.00	5.00
机械	履带式起重机 15t		台班	0.338	0.331	0.314	0.298	0.282	0.258	0.242
	汽车式起重机 40t		台班	0.153	0.145	0.145	0.137	0.129	0.121	0.113
	汽车式起重机 75t		台班	0.041	0.041	0.032	0.032	0.032	0.025	0.025
	载货汽车－普通货车 15t		台班	0.016	0.016	0.016	0.016	0.016	0.016	0.016
	弧焊机 32kV·A		台班	6.008	5.830	5.718	5.541	4.953	4.550	4.139
	氩弧焊机 500A		台班	1.329	1.289	1.256	1.224	1.095	1.007	0.918
	等离子切割机 400A		台班	0.250	0.242	0.234	0.225	0.209	0.186	0.170
	电焊条烘干箱 80×80×100（cm^3）		台班	0.601	0.583	0.572	0.554	0.495	0.455	0.414
	电焊条恒温箱		台班	0.601	0.583	0.572	0.554	0.495	0.455	0.414

2. 塔类设备分段组对

(1)碳钢塔设备分段组对(电弧焊)

工作内容:施工准备,分段组对,点焊、焊接、清根、组合件安装、配合检查验收等。 **计量单位:**t

编号				3-2-120	3-2-121	3-2-122	3-2-123	3-2-124
项目				碳钢电弧焊 设备直径(mm 以内)				
				1 800	2 400	2 800	3 200	3 800
名称			单位	消耗量				
人工	合计工日		工日	3.964	3.303	3.040	2.806	2.606
	其中	普工	工日	0.792	0.661	0.608	0.561	0.521
		一般技工	工日	1.388	1.156	1.064	0.982	0.912
		高级技工	工日	1.784	1.486	1.368	1.263	1.173
材料	乙炔气		kg	0.565	0.472	0.434	0.401	0.372
	氧气		m^3	1.468	1.226	1.128	1.043	0.968
	低碳钢焊条 J427		kg	2.291	1.910	1.758	1.621	1.507
	道木		m^3	0.015	0.015	0.015	0.015	0.015
	碳精棒 $\phi 8 \sim 12$		根	0.495	0.411	0.381	0.365	0.327
	尼龙砂轮片 $\phi 150$		片	1.218	1.012	0.928	0.860	0.799
	其他材料费		%	5.00	5.00	5.00	5.00	5.00
机械	履带式起重机 15t		台班	0.186	0.121	0.081	0.064	0.048
	汽车式起重机 40t		台班	0.041	0.041	0.041	—	—
	汽车式起重机 50t		台班	—	—	—	0.041	0.041
	载货汽车-平板拖车组 40t		台班	0.032	0.025	0.016	—	—
	载货汽车-平板拖车组 60t		台班	—	—	—	0.016	0.016
	弧焊机 32kV·A		台班	0.693	0.580	0.532	0.492	0.459
	电焊条烘干箱 $80\times80\times100(cm^3)$		台班	0.070	0.058	0.053	0.049	0.046
	电焊条恒温箱		台班	0.070	0.058	0.053	0.049	0.046

（2）碳钢塔设备分段组对（氩电联焊）

工作内容：施工准备，分段组对，点焊、焊接、清根、组合件安装、配合检查验收等。　　**计量单位：**t

编号				3-2-125	3-2-126	3-2-127	3-2-128	3-2-129
项目				碳钢氩电联焊 设备直径（mm 以内）				
				1 800	2 400	2 800	3 200	3 800
名称			单位	消耗量				
人工	合计工日		工日	4.095	3.413	3.137	2.903	2.695
	其中	普工	工日	0.819	0.682	0.627	0.580	0.539
		一般技工	工日	1.433	1.195	1.098	1.016	0.943
		高级技工	工日	1.843	1.536	1.412	1.307	1.213
材料	乙炔气		kg	0.565	0.472	0.434	0.401	0.372
	氩气		m^3	0.784	0.700	0.609	0.578	0.510
	氧气		m^3	1.468	1.226	1.128	1.043	0.968
	低碳钢焊条 J427		kg	1.811	1.507	1.385	1.278	1.187
	碳钢氩弧焊丝		kg	0.282	0.251	0.221	0.205	0.183
	道木		m^3	0.015	0.015	0.015	0.015	0.015
	铈钨棒		g	1.577	1.406	1.236	1.151	1.023
	尼龙砂轮片 ϕ150		片	1.218	1.012	0.928	0.860	0.799
	其他材料费		%	5.00	5.00	5.00	5.00	5.00
机械	履带式起重机 15t		台班	0.186	0.121	0.081	0.064	0.048
	汽车式起重机 40t		台班	0.041	0.041	0.041	—	—
	汽车式起重机 60t		台班	—	—	—	0.041	0.041
	载货汽车－平板拖车组 40t		台班	0.032	0.025	0.016	—	—
	载货汽车－平板拖车组 60t		台班	—	—	—	0.016	0.016
	弧焊机 32kV·A		台班	0.548	0.451	0.419	0.387	0.363
	氩弧焊机 500A		台班	0.170	0.129	0.121	0.105	0.089
	电焊条烘干箱 80×80×100（cm^3）		台班	0.055	0.045	0.042	0.039	0.036
	电焊条恒温箱		台班	0.055	0.045	0.042	0.039	0.036

(3)不锈钢塔设备分段组对(不锈钢电弧焊)

工作内容:施工准备,分段组对,点焊、焊接、清根、组合件安装、配合检查验收等。　　**计量单位:**t

编号				3-2-130	3-2-131	3-2-132	3-2-133	3-2-134
项目				不锈钢电弧焊(mm 以内)				
				1 800	2 400	2 800	3 200	3 800
名称			单位	消耗量				
人工	合计工日		工日	4.632	3.875	3.606	3.295	3.060
	其中	普工	工日	0.927	0.775	0.721	0.659	0.612
		一般技工	工日	1.621	1.356	1.262	1.153	1.071
		高级技工	工日	2.084	1.744	1.623	1.483	1.377
材料	不锈钢焊条(综合)		kg	2.603	2.397	2.207	2.039	1.895
	硝酸		kg	0.091	0.076	0.046	0.038	0.038
	道木		m^3	0.015	0.015	0.015	0.015	0.015
	不锈钢专用砂轮片		片	1.218	1.012	0.928	0.860	0.799
	其他材料费		%	5.00	5.00	5.00	5.00	5.00
机械	履带式起重机 15t		台班	0.225	0.153	0.113	0.081	0.057
	汽车式起重机 40t		台班	0.048	0.048	0.048	—	—
	汽车式起重机 60t		台班	—	—	—	0.048	0.048
	载货汽车－平板拖车组 40t		台班	0.041	0.032	0.025	—	—
	载货汽车－平板拖车组 60t		台班	—	—	—	0.025	0.025
	弧焊机 32kV·A		台班	0.765	0.709	0.653	0.596	0.556
	电焊条烘干箱 80×80×100(cm^3)		台班	0.076	0.071	0.065	0.059	0.056
	电焊条恒温箱		台班	0.076	0.071	0.065	0.059	0.056

(4)不锈钢塔设备分段组对(不锈钢氩电联焊)

工作内容：施工准备，分段组对，点焊、焊接、清根、组合件安装、配合检查验收等。　　**计量单位：**t

编号				3-2-135	3-2-136	3-2-137	3-2-138	3-2-139
项目				不锈钢氩电联焊(mm 以内)				
				1 800	2 400	2 800	3 200	3 800
名称			单位	消耗量				
人工	合计工日		工日	5.164	4.329	4.020	3.675	3.413
	其中	普工	工日	1.033	0.866	0.804	0.735	0.682
		一般技工	工日	1.807	1.515	1.407	1.286	1.195
		高级技工	工日	2.324	1.948	1.809	1.654	1.536
材料	不锈钢氩弧焊丝 1Cr18Ni9Ti $\phi3$		kg	0.289	0.259	0.228	0.213	0.190
	氩气		m^3	0.807	0.731	0.639	0.594	0.533
	不锈钢焊条(综合)		kg	2.435	1.979	1.766	1.682	1.560
	硝酸		kg	0.091	0.076	0.046	0.038	0.030
	道木		m^3	0.015	0.015	0.015	0.015	0.015
	铈钨棒		g	1.619	1.449	1.278	1.193	1.065
	不锈钢专用砂轮片		片	1.218	1.012	0.928	0.860	0.799
	其他材料费		%	5.00	5.00	5.00	5.00	5.00
机械	履带式起重机 15t		台班	0.225	0.153	0.113	0.081	0.057
	汽车式起重机 40t		台班	0.048	0.048	0.048	—	—
	汽车式起重机 60t		台班	—	—	—	0.048	0.048
	载货汽车－平板拖车组 40t		台班	0.041	0.032	0.025	—	—
	载货汽车－平板拖车组 60t		台班	—	—	—	0.025	0.025
	弧焊机 32kV·A		台班	0.717	0.580	0.515	0.492	0.459
	氩弧焊机 500A		台班	0.177	0.145	0.129	0.113	0.097
	电焊条烘干箱 80×80×100(cm^3)		台班	0.072	0.058	0.052	0.049	0.046
	电焊条恒温箱		台班	0.072	0.058	0.052	0.049	0.046

3. 塔类设备分段现场高空组对

(1)设备直径 5 600mm 以内

工作内容: 施工准备,塔节验收、分段组对,点焊、焊接、清根、组合件安装、配合检查验收等。

计量单位:段

编号				3-2-140	3-2-141	3-2-142	3-2-143	3-2-144	3-2-145	3-2-146
项目				壁厚(mm 以内)						
				16	20	24	26	28	30	32
名称			单位	消耗量						
人工	合计工日		工日	87.154	93.380	96.859	100.488	101.868	104.963	106.351
	其中	普工	工日	17.431	18.676	19.372	20.098	20.374	20.993	21.270
		一般技工	工日	30.504	32.683	33.901	35.171	35.654	36.737	37.223
		高级技工	工日	39.219	42.021	43.586	45.219	45.840	47.233	47.858
材料	钢丝绳 ϕ21.5		m	7.268	7.268	7.610	7.610	7.610	7.610	7.610
	乙炔气		kg	8.696	8.696	9.439	9.688	10.039	10.157	10.303
	氧气		m^3	22.609	22.609	24.542	25.189	26.102	26.407	26.787
	低碳钢焊条 J427		kg	40.417	62.980	78.774	87.325	96.320	112.171	122.331
	煤油		kg	2.215	2.215	2.245	2.245	2.283	2.283	2.283
	道木		m^3	0.301	0.301	0.301	0.301	0.304	0.304	0.304
	木材		m^3	0.061	0.061	0.061	0.061	0.061	0.061	0.061
	铁砂布		张	5.708	5.936	6.088	6.240	6.469	6.697	6.849
	砂轮片 ϕ100		片	11.111	12.176	13.318	13.546	13.698	13.698	15.220
	砂轮片 ϕ150		片	1.370	1.370	1.370	1.370	1.370	1.370	1.370
	其他材料费		%	5.00	5.00	5.00	5.00	5.00	5.00	5.00
机械	汽车式起重机 50t		台班	1.943	2.104	2.151	2.177	2.227	2.243	2.259
	叉式起重机 6t		台班	1.380	1.415	1.439	1.479	1.544	1.562	1.626
	载货汽车 – 普通货车 10t		台班	0.144	0.148	0.153	0.157	0.164	0.164	0.164
	载货汽车 – 平板拖车组 40t		台班	0.443	0.443	0.443	0.443	0.453	0.453	0.453
	弧焊机 32kV·A		台班	21.092	25.692	27.550	28.429	30.097	33.309	37.647
	电焊条烘干箱 80×80×100(cm^3)		台班	2.111	2.571	2.753	2.843	3.007	3.331	3.764
	电焊条恒温箱		台班	2.111	2.571	2.753	2.843	3.007	3.331	3.764

（2）设备直径 6 600mm 以内

工作内容：施工准备，塔节验收、分段组对，点焊、焊接、清根、组合件安装、配合检查验收等。

计量单位：段

编号				3-2-147	3-2-148	3-2-149	3-2-150	3-2-151	3-2-152	3-2-153
项目				壁厚（mm 以内）						
				16	20	24	26	28	30	32
名称			单位	消耗量						
人工	合计工日		工日	90.791	97.896	101.834	105.880	107.566	111.162	114.114
	其中	普工	工日	18.158	19.579	20.367	21.176	21.513	22.232	22.823
		一般技工	工日	31.777	34.264	35.642	37.058	37.648	38.907	39.940
		高级技工	工日	40.856	44.053	45.825	47.646	48.405	50.023	51.351
材料	钢丝绳 ϕ21.5		m	7.610	7.610	7.610	7.991	7.991	8.371	8.371
	乙炔气		kg	10.244	10.891	11.122	11.415	11.828	12.000	12.138
	氧气		m^3	26.635	28.317	28.918	29.679	30.752	31.201	31.559
	低碳钢焊条 J427		kg	47.220	73.802	92.423	102.499	113.116	131.798	143.783
	煤油		kg	2.215	2.215	2.245	2.245	2.283	2.283	2.283
	道木		m^3	0.301	0.301	0.301	0.301	0.304	0.304	0.304
	木材		m^3	0.061	0.061	0.061	0.061	0.061	0.061	0.061
	铁砂布		张	6.727	7.001	7.169	7.351	7.610	7.914	8.067
	砂轮片 ϕ100		片	13.089	14.345	15.692	15.981	15.981	16.590	17.123
	砂轮片 ϕ150		片	1.522	1.522	1.522	1.903	1.903	1.903	1.903
	其他材料费		%	5.00	5.00	5.00	5.00	5.00	5.00	5.00
机械	汽车式起重机 50t		台班	1.972	2.120	2.185	2.202	2.259	2.366	2.382
	叉式起重机 6t		台班	1.396	1.446	1.463	1.479	1.544	1.577	1.643
	载货汽车－普通货车 10t		台班	0.148	0.148	0.157	0.157	0.164	0.164	0.164
	载货汽车－平板拖车组 40t		台班	0.443	0.443	0.443	0.443	0.453	0.453	0.453
	弧焊机 32kV·A		台班	22.767	28.140	30.319	32.201	33.497	37.060	37.984
	电焊条烘干箱 80×80×100（cm^3）		台班	2.277	2.814	3.032	3.221	3.351	3.705	3.798
	电焊条恒温箱		台班	2.277	2.814	3.032	3.221	3.351	3.705	3.798

（3）设备直径 7 600mm 以内

工作内容：施工准备，塔节验收、分段组对，点焊、焊接、清根、组合件安装、配合检查验收等。

计量单位：段

编号				3-2-154	3-2-155	3-2-156	3-2-157	3-2-158	3-2-159	3-2-160
项目				壁厚（mm 以内）						
				16	20	24	26	28	30	32
名称			单位	消耗量						
人工	合计工日		工日	98.415	106.883	111.614	116.602	118.564	122.834	123.902
	其中	普工	工日	19.683	21.377	22.323	23.320	23.713	24.567	24.780
		一般技工	工日	34.445	37.409	39.065	40.811	41.497	42.992	43.366
		高级技工	工日	44.287	48.097	50.226	52.471	53.354	55.275	55.756
材料	钢丝绳 ϕ21.5		m	7.268	7.268	7.610	7.610	7.610	7.610	7.610
	乙炔气		kg	11.802	11.802	12.808	13.171	13.625	13.783	13.982
	氧气		m^3	30.684	30.684	33.301	34.245	35.425	35.835	36.353
	低碳钢焊条 J427		kg	54.084	84.702	106.134	117.742	129.967	151.492	165.297
	煤油		kg	2.245	2.245	2.268	2.268	2.321	2.321	2.321
	道木		m^3	0.301	0.301	0.301	0.301	0.304	0.304	0.304
	木材		m^3	0.061	0.061	0.061	0.061	0.061	0.061	0.061
	铁砂布		张	7.762	8.067	8.371	8.523	8.752	9.132	9.284
	砂轮片 ϕ100		片	15.220	16.590	18.074	18.264	18.645	19.025	19.634
	砂轮片 ϕ150		片	1.522	1.522	1.522	1.903	1.903	1.903	1.903
	其他材料费		%	5.00	5.00	5.00	5.00	5.00	5.00	5.00
机械	汽车式起重机 50t		台班	1.996	2.137	2.193	2.202	2.276	2.382	2.382
	叉式起重机 6t		台班	1.405	1.453	1.479	1.495	1.562	1.587	1.643
	载货汽车－普通货车 10t		台班	0.148	0.148	0.157	0.157	0.164	0.164	0.164
	载货汽车－平板拖车组 40t		台班	0.453	0.453	0.453	0.459	0.459	0.459	0.459
	弧焊机 32kV·A		台班	24.459	30.614	33.107	34.411	36.761	40.835	42.109
	电焊条烘干箱 80×80×100（cm^3）		台班	2.446	3.062	3.312	3.441	3.675	4.083	4.211
	电焊条恒温箱		台班	2.446	3.062	3.312	3.441	3.675	4.083	4.211

(4)设备直径 8 600mm 以内

工作内容：施工准备，塔节验收、分段组对，点焊、焊接、清根、组合件安装、配合检查验收等。

计量单位：段

编号				3-2-161	3-2-162	3-2-163	3-2-164	3-2-165	3-2-166	3-2-167
项目				壁厚(mm 以内)						
				16	20	24	26	28	30	32
名称			单位	消耗量						
人工	合计工日		工日	99.980	109.112	114.109	123.680	125.898	130.706	131.911
	其中	普工	工日	19.996	21.822	22.822	24.736	25.180	26.141	26.382
		一般技工	工日	34.993	38.189	39.938	43.288	44.064	45.747	46.169
		高级技工	工日	44.991	49.101	51.349	55.656	56.654	58.818	59.360
材料	钢丝绳 $\phi21.5$		m	7.268	7.268	7.610	7.610	7.610	7.610	7.610
	乙炔气		kg	13.306	13.405	14.442	14.822	15.360	15.539	15.764
	氧气		m^3	34.595	34.854	37.548	38.537	39.937	40.401	40.987
	低碳钢焊条 J427		kg	60.888	95.533	119.781	132.916	146.751	171.111	186.730
	煤油		kg	2.268	2.268	2.283	2.283	2.283	2.359	2.359
	道木		m^3	0.301	0.301	0.301	0.301	0.304	0.304	0.304
	木材		m^3	0.061	0.061	0.061	0.061	0.061	0.061	0.061
	铁砂布		张	8.752	9.132	9.284	9.513	9.893	10.274	10.654
	砂轮片 $\phi100$		片	16.970	18.645	20.395	20.699	20.928	21.536	22.069
	砂轮片 $\phi150$		片	1.674	1.674	1.674	2.093	2.093	2.093	2.093
	其他材料费		%	5.00	5.00	5.00	5.00	5.00	5.00	5.00
机械	汽车式起重机 50t		台班	2.013	2.161	2.218	2.218	2.299	2.382	2.465
	叉式起重机 6t		台班	1.413	1.463	1.495	1.521	1.577	1.601	1.808
	载货汽车－普通货车 10t		台班	0.152	0.152	0.159	0.159	0.164	0.173	0.180
	载货汽车－平板拖车组 40t		台班	0.459	0.459	0.459	0.476	0.476	0.476	0.476
	弧焊机 32kV·A		台班	26.202	33.161	35.979	37.450	40.106	44.712	46.159
	电焊条烘干箱 80×80×100(cm^3)		台班	2.620	3.317	3.599	3.747	4.011	4.470	4.617
	电焊条恒温箱		台班	2.620	3.317	3.599	3.747	4.011	4.470	4.617

(5)设备直径 9 600mm 以内

工作内容: 施工准备,塔节验收、分段组对,点焊、焊接、清根、组合件安装、配合检查验收等。

计量单位:段

编号				3-2-168	3-2-169	3-2-170	3-2-171	3-2-172	3-2-173	3-2-174
项目				壁厚(mm 以内)						
				16	20	24	26	28	30	32
名称			单位	消耗量						
人工	合计工日		工日	108.871	119.398	125.409	131.609	134.071	139.366	140.795
	其中	普工	工日	21.774	23.880	25.082	26.322	26.814	27.873	28.159
		一般技工	工日	38.105	41.789	43.893	46.063	46.925	48.778	49.278
		高级技工	工日	48.992	53.729	56.434	59.224	60.332	62.715	63.358
材料	钢丝绳 ϕ21.5		m	7.268	7.268	7.610	7.610	7.610	7.610	7.610
	乙炔气		kg	14.869	14.927	16.142	16.567	17.167	17.368	17.617
	氧气		m^3	38.659	38.811	41.969	43.073	44.633	45.158	45.805
	低碳钢焊条 J427		kg	67.722	106.384	133.479	148.136	163.577	190.766	208.202
	煤油		kg	2.283	2.283	2.359	2.359	2.435	2.435	2.435
	道木		m^3	0.301	0.301	0.301	0.301	0.304	0.304	0.304
	木材		m^3	0.061	0.061	0.061	0.061	0.061	0.061	0.061
	铁砂布		张	9.741	10.274	10.502	10.654	11.035	11.415	11.796
	砂轮片 ϕ100		片	19.025	20.928	22.830	23.211	23.439	23.972	24.733
	砂轮片 ϕ150		片	1.903	1.903	1.903	2.131	2.131	2.131	2.283
	其他材料费		%	5.00	5.00	5.00	5.00	5.00	5.00	5.00
机械	汽车式起重机 50t		台班	2.054	2.177	2.235	2.259	2.326	2.399	2.547
	叉式起重机 6t		台班	1.439	1.479	1.504	1.528	1.601	1.626	1.890
	载货汽车 - 普通货车 10t		台班	0.157	0.157	0.160	0.160	0.180	0.180	0.190
	载货汽车 - 平板拖车组 40t		台班	0.469	0.469	0.476	0.476	0.485	0.494	0.494
	弧焊机 32kV·A		台班	27.964	35.626	38.905	40.381	43.481	48.624	50.246
	电焊条烘干箱 80×80×100(cm^3)		台班	2.802	3.562	3.891	4.042	4.348	4.862	5.024
	电焊条恒温箱		台班	2.802	3.562	3.891	4.042	4.348	4.862	5.024

4. 塔类固定件及锚固件安装

(1)碳钢塔类固定件安装

工作内容：施工准备，场内运输、定位画线、组对点焊、焊接、配合检查验收等。　　**计量单位：**层

编号				3-2-175	3-2-176	3-2-177	3-2-178	3-2-179	3-2-180	3-2-181	3-2-182	3-2-183
项目				设备直径(mm 以内)								
				2 000	2 500	3 000	3 500	4 000	5 000	6 000	7 000	8 000
名称			单位	消耗量								
人工	合计工日		工日	3.791	4.584	5.115	5.308	6.515	9.120	11.857	15.414	20.039
	其中	普工	工日	0.758	0.916	1.023	1.062	1.302	1.824	2.371	3.083	4.007
		一般技工	工日	1.327	1.605	1.790	1.858	2.281	3.192	4.150	5.395	7.014
		高级技工	工日	1.706	2.063	2.302	2.388	2.932	4.104	5.336	6.936	9.018
材料	乙炔气		kg	0.615	0.659	0.820	0.881	1.048	1.259	1.493	1.947	2.517
	氧气		m^3	1.598	1.712	2.131	2.290	2.724	3.274	3.881	5.061	6.545
	低碳钢焊条 J427		kg	0.721	0.735	0.742	0.761	0.906	1.088	1.294	1.689	2.184
	二硫化钼		kg	0.030	0.038	0.046	0.046	0.053	0.061	0.068	0.076	0.084
	尼龙砂轮片 $\phi150$		片	0.304	0.381	0.457	0.495	0.533	0.578	0.624	0.723	0.822
	其他材料费		%	5.00	5.00	5.00	5.00	5.00	5.00	5.00	5.00	5.00
机械	汽车式起重机 16t		台班	0.403	0.403	0.403	0.403	0.403	0.483	0.564	0.644	0.725
	载货汽车－普通货车 5t		台班	0.016	0.016	0.016	0.025	0.025	0.032	0.032	0.041	0.048
	弧焊机 32kV·A		台班	0.403	0.725	1.047	1.208	1.450	1.691	2.013	2.416	3.060
	电焊条烘干箱 80×80×100(cm^3)		台班	0.041	0.073	0.105	0.121	0.145	0.170	0.202	0.242	0.306
	电焊条恒温箱		台班	0.041	0.073	0.105	0.121	0.145	0.170	0.199	0.242	0.306

(2)不锈钢塔类固定件安装

工作内容:施工准备,场内运输、定位画线、组对点焊、焊接、配合检查验收等。 **计量单位:**层

编号				3-2-184	3-2-185	3-2-186	3-2-187	3-2-188	3-2-189	3-2-190	3-2-191	3-2-192
项目				设备直径(mm 以内)								
				1 200	2 000	2 500	3 000	4 000	5 000	6 000	7 000	8 000
名称			单位	消耗量								
人工	合计工日		工日	3.688	4.612	5.535	6.722	7.011	9.603	12.002	18.985	27.058
	其中	普工	工日	0.737	0.923	1.107	1.344	1.402	1.921	2.400	3.797	5.412
		一般技工	工日	1.291	1.614	1.937	2.353	2.454	3.361	4.201	6.645	9.470
		高级技工	工日	1.660	2.075	2.491	3.025	3.155	4.321	5.401	8.543	12.176
材料	不锈钢焊条(综合)		kg	1.621	1.781	2.443	3.059	3.881	4.669	5.555	7.328	9.170
	硝酸		kg	2.008	3.345	4.186	5.018	6.691	8.363	10.036	13.378	16.727
	二硫化钼		kg	0.030	0.030	0.038	0.046	0.053	0.061	0.068	0.084	0.105
	不锈钢专用砂轮片		片	0.358	0.396	0.495	0.594	0.693	0.746	0.807	1.073	1.336
	其他材料费		%	4.00	4.00	4.00	4.00	4.00	4.00	4.00	4.00	4.00
机械	汽车式起重机 16t		台班	0.403	0.403	0.403	0.403	0.403	0.403	0.403	0.403	0.604
	载货汽车 - 普通货车 5t		台班	0.016	0.016	0.016	0.016	0.016	0.016	0.016	0.016	0.025
	弧焊机 32kV·A		台班	0.785	1.127	1.546	1.933	2.416	2.574	2.722	3.262	4.892
	等离子切割机 400A		台班	0.387	0.387	0.387	0.483	0.580	0.669	0.669	0.669	1.003
	电动空气压缩机 $1m^3$/min		台班	0.387	0.387	0.387	0.483	0.580	0.669	0.669	0.669	1.003
	电焊条烘干箱 80×80×100(cm^3)		台班	0.079	0.113	0.154	0.193	0.242	0.218	0.272	0.326	0.489
	电焊条恒温箱		台班	0.079	0.113	0.154	0.193	0.242	0.218	0.272	0.326	0.489

(3)碳钢锚固件安装

工作内容:施工准备,场内运输、定位画线、组对点焊、焊接、配合检查验收等。

编号				3-2-193	3-2-194	3-2-195	3-2-196	3-2-197	3-2-198
项目				钉头及端板	V 型钉 $\phi6$	V 型钉 $\phi8$	Ω 型钉 $\phi6$	Ω 型钉 $\phi8$	Y 型钉头
				100 组	100 个				1 000 个
名称			单位	消耗量					
人工	合计工日		工日	0.469	0.276	0.497	0.656	1.310	2.172
	其中	普工	工日	0.094	0.055	0.100	0.131	0.262	0.435
		一般技工	工日	0.164	0.097	0.174	0.230	0.458	0.760
		高级技工	工日	0.211	0.124	0.223	0.295	0.590	0.977
材料	保温钉及端板		个	(105.000)	(105.000)	(105.000)	(105.000)	(105.000)	(1 100.000)
	低碳钢焊条 J427		kg	1.966	1.168	2.082	2.776	5.466	2.562
	其他材料费		%	4.00	4.00	4.00	4.00	4.00	4.00
机械	弧焊机 32kV·A		台班	0.413	0.245	0.443	0.582	1.160	0.543
	轴流通风机 7.5kW		台班	0.041	0.048	0.064	0.048	0.064	0.202
	电焊条烘干箱 80×80×100(cm^3)		台班	0.042	0.025	0.044	0.058	0.116	0.186
	电焊条恒温箱		台班	0.042	0.025	0.044	0.058	0.116	0.186

(4)不锈钢锚固件安装

工作内容：施工准备，场内运输、定位画线、组对点焊、焊接、配合检查验收等。

编号				3-2-199	3-2-200	3-2-201	3-2-202	3-2-203	3-2-204	3-2-205	3-2-206
项目				钉头及端板	V 型钉 $\phi6$	V 型钉 $\phi8$	Ω 型钉 $\phi6$	Ω 型钉 $\phi8$	Y 型钉头	不锈钢侧拉环与器壁焊接	不锈钢侧拉环带拉杆与器壁焊接
				100 组	100 个				1 000 个	100 个	
名称			单位	消耗量							
人工	合计工日		工日	0.483	0.283	0.510	0.676	1.344	2.234	1.014	0.579
	其中	普工	工日	0.097	0.057	0.102	0.135	0.269	0.447	0.202	0.116
		一般技工	工日	0.169	0.099	0.178	0.237	0.470	0.782	0.355	0.203
		高级技工	工日	0.217	0.127	0.230	0.304	0.605	1.005	0.457	0.260
材料	保温钉及端板		个	(105.000)	(105.000)	(105.000)	(105.000)	(105.000)	(1 100.000)	(105.000)	(105.000)
	不锈钢焊条(综合)		kg	1.988	1.202	2.138	2.861	5.633	2.401	5.723	1.988
	其他材料费		%	5.00	5.00	5.00	5.00	5.00	5.00	5.00	5.00
机械	弧焊机 32kV·A		台班	0.443	0.244	0.459	1.417	1.224	1.990	2.126	0.443
	轴流通风机 7.5kW		台班	0.041	0.048	0.064	0.048	0.064	0.202	0.073	0.041
	电焊条烘干箱 80×80×100(cm^3)		台班	0.044	0.025	0.046	0.142	0.122	0.199	0.213	0.044
	电焊条恒温箱		台班	0.044	0.025	0.046	0.142	0.122	0.199	0.213	0.044

5. 龟甲网安装

工作内容：施工准备，场内运输、放样下料、剪裁切割、滚圆、组对安装、调整、焊接、配合检查验收等。

计量单位：m^2

编　号				3-2-207	3-2-208
项　目				碳钢龟甲网	不锈钢龟甲网
名　称			单位	消　耗　量	
人工	合计工日		工日	1.593	1.765
	其中	普工	工日	0.319	0.353
		一般技工	工日	0.557	0.618
		高级技工	工日	0.717	0.794
材料	碳钢龟甲网		m^2	（1.085）	—
	不锈钢龟甲板		m^2	—	（1.085）
	乙炔气		kg	0.149	0.176
	氧气		m^3	0.388	0.457
	低碳钢焊条 J427		kg	0.381	—
	不锈钢焊条（综合）		kg	—	0.419
	其他材料费		%	5.00	5.00
机械	卷板机 20×2 500（安装用）		台班	0.016	0.016
	弧焊机 32kV·A		台班	0.564	0.580
	轴流通风机 7.5kW		台班	0.547	0.672
	电焊条烘干箱 80×80×100（cm^3）		台班	0.057	0.058
	电焊条恒温箱		台班	0.057	0.058

6. 塔内衬合金板

工作内容：施工准备，场内运输、放样下料、剪裁切割、滚圆、组对安装、调整、焊接、配合检查验收等。

计量单位：t

编号				3-2-209	3-2-210
项目				头盖	筒体
名称			单位	消耗量	
人工	合计工日		工日	122.566	77.207
	其中	普工	工日	24.512	15.441
		一般技工	工日	42.899	27.023
		高级技工	工日	55.155	34.743
材料	合金钢板		t	（1.120）	（1.080）
	合金钢焊条		kg	50.987	40.013
	氮气		m^3	20.479	5.114
	其他材料费		%	5.00	5.00
机械	载货汽车－普通货车 5t		台班	0.564	0.403
	剪板机 20×2 000（安装用）		台班	0.081	0.403
	卷板机 20×2 500（安装用）		台班	0.113	0.548
	弧焊机 32kV·A		台班	26.978	16.936
	等离子切割机 400A		台班	7.224	1.804
	电动空气压缩机 $6m^3/min$		台班	2.521	2.271
	电焊条烘干箱 80×80×100（cm^3）		台班	2.698	1.694
	电焊条恒温箱		台班	2.698	1.694

四、整体塔器安装

1. 碳钢、不锈钢塔(立式容器)

(1)基础标高10m以内

工作内容:施工准备,基础处理、垫铁设置、吊装就位、安装找正、垫铁点焊、配合检查验收等。

计量单位:台

编号				3-2-211	3-2-212	3-2-213	3-2-214	3-2-215	3-2-216	3-2-217	3-2-218
项目				设备质量(t以内)							
				2	5	10	20	40	60	80	100
名称			单位	消耗量							
人工	合计工日		工日	6.578	13.656	18.023	24.549	43.202	57.985	64.688	66.067
	其中	普工	工日	2.631	5.462	7.209	9.819	17.280	23.194	25.875	26.427
		一般技工	工日	2.631	5.463	7.209	9.820	17.281	23.194	25.875	26.427
		高级技工	工日	1.316	2.731	3.605	4.910	8.641	11.597	12.938	13.213
材料	镀锌铁丝(综合)		kg	4.566	9.132	12.176	13.698	15.220	16.742	18.264	21.308
	热轧薄钢板 δ3.5~4.0		kg	—	—	—	—	—	—	—	5.403
	乙炔气		kg	0.196	0.439	0.553	0.764	1.616	1.905	2.186	2.397
	氧气		m^3	0.509	1.142	1.438	1.986	4.201	4.954	5.685	6.233
	平垫铁(综合)		kg	7.085	12.359	14.352	39.389	54.427	65.659	148.304	204.838
	低碳钢焊条 J427		kg	0.921	1.393	2.024	3.257	5.418	7.100	9.535	10.372
	斜垫铁(综合)		kg	10.578	18.538	21.057	58.232	82.652	96.297	217.539	300.428
	二硫化钼		kg	0.228	0.381	0.457	0.533	0.609	0.685	0.913	1.979
	道木		m^3	0.053	0.099	0.152	0.236	0.358	0.632	0.784	1.134
	木方		m^3	0.038	0.061	0.091	0.114	0.145	0.190	0.213	0.244
	尼龙砂轮片 φ150		片	0.304	0.457	0.609	0.761	1.218	1.370	1.826	1.979
	滚杠		kg	—	—	—	—	—	33.606	76.130	84.014
	其他材料费		%	3.00	3.00	3.00	3.00	3.00	3.00	3.00	3.00
机械	履带式起重机 150t		台班	—	—	—	—	1.369	1.700	—	—
	汽车式起重机 16t		台班	0.081	0.161	0.242	0.322	0.419	0.483	—	—
	汽车式起重机 25t		台班	0.242	0.274	0.202	0.363	0.467	—	—	—
	汽车式起重机 40t		台班	—	—	0.290	0.443	0.685	0.564	—	—
	汽车式起重机 75t		台班	—	—	—	0.387	—	0.500	—	—
	载货汽车－普通货车 10t		台班	0.081	0.161	0.242	—	—	—	—	—
	载货汽车－平板拖车组 40t		台班	—	—	—	0.347	0.419	—	—	—
	弧焊机 20kV·A		台班	0.403	0.588	0.870	1.394	2.312	3.020	4.123	4.479
	电焊条烘干箱 80×80×100(cm^3)		台班	0.041	0.058	0.087	0.139	0.231	0.302	0.411	0.448
	电焊条恒温箱		台班	0.041	0.058	0.087	0.139	0.231	0.302	0.411	0.448

计量单位：台

编号				3-2-219	3-2-220	3-2-221	3-2-222	3-2-223	3-2-224
项目				设备质量（t 以内）					
				150	200	300	400	500	600
名称			单位	消耗量					
人工	合计工日		工日	85.955	108.886	125.645	164.410	178.660	230.272
	其中	普工	工日	34.382	43.554	50.258	65.764	71.464	92.109
		一般技工	工日	34.382	43.555	50.258	65.764	71.464	92.109
		高级技工	工日	17.191	21.777	25.129	32.882	35.732	46.054
材料	镀锌铁丝（综合）		kg	25.113	33.484	35.006	36.528	57.075	70.012
	工字钢（综合）		kg	89.237	135.945	162.983	199.656	244.646	299.895
	热轧薄钢板 δ3.5～4.0		kg	6.012	6.469	7.230	8.858	10.852	13.302
	乙炔气		kg	2.634	7.955	9.150	11.582	13.724	16.692
	氧气		m^3	6.849	20.684	23.789	30.113	35.683	43.400
	低碳钢焊条 J427		kg	11.834	13.013	15.601	18.530	21.460	25.570
	平垫铁（综合）		kg	250.841	418.063	511.696	722.417	1 008.355	1 599.378
	斜垫铁（综合）		kg	367.898	613.161	750.498	1 060.347	1 478.456	2 345.752
	二硫化钼		kg	2.740	3.653	4.338	5.784	7.230	8.675
	道木		m^3	1.427	1.522	1.617	1.712	1.807	1.903
	木方		m^3	0.289	0.342	0.525	0.693	0.951	1.126
	尼龙砂轮片 ϕ150		片	2.283	3.044	4.109	4.718	5.708	6.316
	滚杠		kg	96.495	122.194	134.012	173.432	256.335	378.948
	其他材料费		%	3.00	3.00	3.00	3.00	3.00	3.00
机械	弧焊机 20kV·A		台班	5.111	6.245	7.313	9.449	10.517	11.503
	电焊条烘干箱 80×80×100（cm^3）		台班	0.509	0.624	0.731	0.944	1.052	1.150
	电焊条恒温箱		台班	0.509	0.624	0.731	0.944	1.052	1.150

(2)10m< 基础标高≤ 20m

工作内容：施工准备，基础处理、垫铁设置、吊装就位、安装找正、垫铁点焊、配合检查验收等。

计量单位：台

编号				3-2-225	3-2-226	3-2-227	3-2-228	3-2-229	3-2-230	3-2-231
项目				设备质量（t 以内）						
				2	5	10	20	40	60	80
名称			单位	消耗量						
人工	合计工日		工日	7.275	14.722	20.093	29.140	62.089	64.268	71.850
	其中	普工	工日	2.910	5.889	8.037	11.656	24.835	25.707	28.740
		一般技工	工日	2.910	5.889	8.037	11.656	24.836	25.707	28.740
		高级技工	工日	1.455	2.944	4.019	5.828	12.418	12.854	14.370
材料	镀锌铁丝（综合）		kg	4.566	9.132	12.176	13.698	15.220	16.742	18.264
	乙炔气		kg	0.193	0.439	0.553	0.764	1.616	1.905	2.186
	氧气		m^3	0.502	1.142	1.438	1.986	4.201	4.954	5.685
	低碳钢焊条 J427		kg	0.921	1.393	2.024	3.257	5.418	7.100	9.535
	平垫铁（综合）		kg	7.085	12.359	14.352	25.189	37.989	65.659	148.304
	斜垫铁（综合）		kg	10.578	18.538	21.057	36.855	55.713	96.297	217.539
	二硫化钼		kg	0.228	0.381	0.457	0.533	0.609	0.685	0.913
	道木		m^3	0.053	0.099	0.152	0.236	0.358	0.632	0.784
	木方		m^3	0.038	0.061	0.091	0.114	0.145	0.190	0.213
	尼龙砂轮片 ϕ150		片	0.304	0.457	0.609	0.761	1.218	1.370	1.826
	滚杠		kg	—	—	—	—	—	33.606	76.130
	其他材料费		%	3.00	3.00	3.00	3.00	3.00	3.00	3.00
机械	履带式起重机 150t		台班	—	—	—	—	1.152	—	—
	汽车式起重机 16t		台班	0.081	0.161	0.242	0.322	0.403	—	—
	汽车式起重机 25t		台班	0.242	0.274	0.282	0.564	—	—	—
	汽车式起重机 40t		台班	0.347	0.435	—	—	0.628	—	—
	汽车式起重机 75t		台班	—	—	0.580	—	—	—	—
	汽车式起重机 100t		台班	—	—	—	0.773	—	—	—
	载货汽车－普通货车 10t		台班	0.081	0.161	0.242	—	—	—	—
	载货汽车－平板拖车组 40t		台班	—	—	—	0.347	0.419	—	—
	载货汽车－平板拖车组 60t		台班	—	—	—	—	—	0.453	—
	弧焊机 20kV·A		台班	0.403	0.588	0.870	1.394	2.312	3.081	4.123
	电焊条烘干箱 80×80×100（cm^3）		台班	0.041	0.058	0.087	0.139	0.231	0.312	0.411
	电焊条恒温箱		台班	0.041	0.058	0.087	0.139	0.231	0.312	0.411

2. 塔盘安装

(1)筛板塔盘安装

工作内容: 施工准备,塔盘部件清点、矫正、编号、吊装就位、组对装配、调整、连接螺栓紧固及点焊、配合检查验收等。

计量单位:层

编号				3-2-232	3-2-233	3-2-234	3-2-235	3-2-236	3-2-237	3-2-238	3-2-239
项目				设备直径(mm 以内)							
				1 400	1 800	2 400	2 800	3 200	3 800	4 500	5 200
名称			单位	消耗量							
人工	合计工日		工日	3.033	3.495	4.328	5.025	5.413	6.763	8.706	9.575
	其中	普工	工日	1.213	1.398	1.731	2.010	2.165	2.705	3.483	3.830
		一般技工	工日	1.213	1.398	1.731	2.010	2.165	2.705	3.482	3.830
		高级技工	工日	0.607	0.699	0.866	1.005	1.083	1.353	1.741	1.915
材料	乙炔气		kg	0.263	0.307	0.369	0.424	0.465	0.580	0.744	0.825
	氧气		m^3	0.685	0.799	0.959	1.103	1.210	1.507	1.934	2.146
	低碳钢焊条 J427		kg	0.761	0.883	1.096	1.263	1.355	1.667	2.131	2.359
	煤油		kg	0.198	0.228	0.342	0.388	0.396	0.449	0.533	0.556
	机油		kg	0.198	0.228	0.274	0.312	0.320	0.373	0.441	0.479
	铅油(厚漆)		kg	0.122	0.145	0.152	0.160	0.167	0.213	0.228	0.251
	二硫化钼		kg	0.175	0.190	0.228	0.251	0.282	0.335	0.396	0.441
	无石棉编绳(综合)		kg	1.492	1.522	2.664	3.234	3.425	4.475	5.175	5.555
	其他材料费		%	5.00	5.00	5.00	5.00	5.00	5.00	5.00	5.00
机械	汽车式起重机 16t		台班	0.008	0.016	0.016	0.016	0.016	0.025	0.041	0.048
	载货汽车 - 普通货车 5t		台班	0.008	0.016	0.016	0.016	0.016	0.025	0.041	0.048
	电动单筒慢速卷扬机 30kN		台班	0.025	0.081	0.089	0.129	0.161	0.177	0.209	0.225
	弧焊机 20kV·A		台班	0.403	0.467	0.572	0.669	0.717	0.805	1.111	1.249
	轴流通风机 7.5kW		台班	0.081	0.121	0.161	0.193	0.225	0.258	0.274	0.322
	电焊条烘干箱 80×80×100(cm^3)		台班	0.041	0.047	0.058	0.067	0.072	0.081	0.111	0.125
	电焊条恒温箱		台班	0.041	0.047	0.058	0.067	0.072	0.081	0.111	0.125

计量单位：层

编号				3-2-240	3-2-241	3-2-242	3-2-243	3-2-244	3-2-245
项目				设备直径（mm）					
				5 800以内	6 400以内	8 000以内	9 200以内	10 000以内	10 000以外
名称			单位	消耗量					
人工	合计工日		工日	11.044	12.691	14.402	16.779	19.295	22.190
	其中	普工	工日	4.418	5.076	5.761	6.711	7.718	8.876
		一般技工	工日	4.418	5.077	5.761	6.712	7.718	8.876
		高级技工	工日	2.208	2.538	2.880	3.356	3.859	4.438
材料	乙炔气		kg	0.948	1.089	1.264	1.440	1.583	1.821
	氧气		m^3	2.466	2.831	3.288	3.744	4.116	4.735
	低碳钢焊条 J427		kg	2.709	3.120	3.615	4.109	4.467	5.175
	煤油		kg	0.578	0.609	0.685	0.761	0.875	0.989
	机油		kg	0.510	0.533	0.571	0.594	0.632	0.662
	铅油（厚漆）		kg	0.274	0.304	0.342	0.358	0.396	0.426
	二硫化钼		kg	0.464	0.647	0.685	0.723	0.807	0.852
	无石棉编绳（综合）		kg	5.784	6.088	6.514	6.849	7.191	7.701
	其他材料费		%	5.00	5.00	5.00	5.00	5.00	5.00
机械	汽车式起重机 16t		台班	0.064	0.064	0.073	0.081	0.097	0.113
	载货汽车－普通货车 5t		台班	0.064	0.064	0.073	0.081	0.097	0.113
	电动单筒慢速卷扬机 30kN		台班	0.242	0.274	0.298	0.314	0.338	0.370
	弧焊机 20kV·A		台班	1.433	1.651	1.877	2.174	2.368	2.738
	轴流通风机 7.5kW		台班	0.403	0.443	0.467	0.499	0.572	0.628
	电焊条烘干箱 80×80×100（cm^3）		台班	0.143	0.165	0.187	0.218	0.237	0.274
	电焊条恒温箱		台班	0.143	0.165	0.187	0.218	0.237	0.274

(2)浮阀塔盘安装

工作内容:施工准备,塔盘部件清点、矫正、编号、吊装就位、组对装配、调整、连接螺栓紧固及点焊、配合检查验收等。

计量单位:层

编号				3-2-246	3-2-247	3-2-248	3-2-249	3-2-250	3-2-251	3-2-252	3-2-253
项目				设备直径(mm 以内)							
				1 400	1 800	2 400	2 800	3 200	3 800	4 500	5 200
名称			单位	消耗量							
人工	合计工日		工日	3.915	4.501	5.597	6.439	7.349	8.533	10.478	12.071
	其中	普工	工日	1.566	1.801	2.239	2.575	2.940	3.413	4.191	4.828
		一般技工	工日	1.566	1.800	2.239	2.576	2.939	3.413	4.191	4.829
		高级技工	工日	0.783	0.900	1.119	1.288	1.470	1.707	2.096	2.414
材料	乙炔气		kg	0.263	0.307	0.395	0.439	0.483	0.597	0.709	0.852
	氧气		m^3	0.685	0.799	1.027	1.142	1.256	1.552	1.842	2.215
	低碳钢焊条 J427		kg	0.761	0.883	1.073	1.278	1.370	1.705	2.017	2.420
	煤油		kg	0.198	0.266	0.335	0.365	0.381	0.441	0.487	0.556
	机油		kg	0.167	0.205	0.259	0.282	0.304	0.358	0.411	0.479
	铅油(厚漆)		kg	0.129	0.145	0.183	0.205	0.228	0.274	0.320	0.403
	二硫化钼		kg	0.152	0.183	0.228	0.251	0.266	0.327	0.381	0.434
	无石棉编绳(综合)		kg	1.674	2.435	3.463	4.186	4.566	5.251	6.392	6.773
	其他材料费		%	5.00	5.00	5.00	5.00	5.00	5.00	5.00	5.00
机械	汽车式起重机 16t		台班	0.008	0.016	0.016	0.016	0.016	0.025	0.041	0.048
	载货汽车 – 普通货车 5t		台班	0.008	0.016	0.016	0.016	0.016	0.025	0.041	0.048
	电动单筒慢速卷扬机 30kN		台班	0.097	0.129	0.137	0.161	0.193	0.218	0.266	0.290
	弧焊机 20kV·A		台班	0.403	0.467	0.572	0.676	0.725	0.902	1.111	1.281
	轴流通风机 7.5kW		台班	0.089	0.129	0.177	0.209	0.242	0.274	0.290	0.347
	电焊条烘干箱 80×80×100(cm^3)		台班	0.041	0.047	0.058	0.068	0.073	0.090	0.111	0.128
	电焊条恒温箱		台班	0.041	0.042	0.058	0.068	0.073	0.090	0.111	0.128

计量单位：层

编　号				3-2-254	3-2-255	3-2-256	3-2-257	3-2-258	3-2-259
项　目				设备直径（mm）					
				5 800 以内	6 400 以内	8 000 以内	9 200 以内	10 000 以内	10 000 以外
名　称			单位	消　耗　量					
人工	合计工日		工日	13.800	16.083	18.516	21.295	24.485	27.587
	其中	普工	工日	5.520	6.434	7.407	8.518	9.794	11.035
		一般技工	工日	5.520	6.433	7.406	8.518	9.794	11.035
		高级技工	工日	2.760	3.216	3.703	4.259	4.897	5.517
材料	乙炔气		kg	0.983	1.142	1.332	1.519	1.671	1.839
	氧气		m^3	2.557	2.968	3.463	3.950	4.345	4.781
	低碳钢焊条 J427		kg	2.770	3.196	4.087	4.977	5.472	6.096
	煤油		kg	0.578	0.685	0.723	0.761	0.913	1.065
	机油		kg	0.502	0.609	0.685	0.700	0.761	0.913
	铅油（厚漆）		kg	0.426	0.457	0.495	0.533	0.723	0.837
	二硫化钼		kg	0.464	0.495	0.533	0.594	0.654	0.715
	无石棉编绳（综合）		kg	7.153	7.610	7.991	8.371	9.208	10.167
	其他材料费		%	5.00	5.00	5.00	5.00	5.00	5.00
机械	汽车式起重机 16t		台班	0.057	0.064	0.073	0.081	0.113	0.145
	载货汽车－普通货车 5t		台班	0.057	0.064	0.073	0.081	0.113	0.145
	电动单筒慢速卷扬机 30kN		台班	0.306	0.314	0.331	0.483	0.669	0.928
	弧焊机 20kV·A		台班	1.466	1.691	2.167	2.239	2.899	3.230
	轴流通风机 7.5kW		台班	0.435	0.467	0.499	0.588	0.644	0.733
	电焊条烘干箱 80×80×100（cm^3）		台班	0.147	0.170	0.217	0.224	0.290	0.323
	电焊条恒温箱		台班	0.147	0.170	0.217	0.224	0.290	0.323

(3)泡罩塔盘安装

工作内容:施工准备,塔盘部件清点、矫正、编号、吊装就位、组对装配、调整、连接螺栓紧固及点焊、配合检查验收等。

计量单位:层

编号				3-2-260	3-2-261	3-2-262	3-2-263	3-2-264	3-2-265	3-2-266	3-2-267
项目				设备直径(mm 以内)							
				1 400	1 800	2 400	2 800	3 200	3 800	4 500	5 200
名称			单位	消耗量							
人工	合计工日		工日	6.226	7.155	8.845	10.168	10.872	13.435	16.365	18.999
	其中	普工	工日	2.491	2.862	3.538	4.067	4.349	5.374	6.546	7.600
		一般技工	工日	2.490	2.862	3.538	4.067	4.349	5.374	6.546	7.599
		高级技工	工日	1.245	1.431	1.769	2.034	2.174	2.687	3.273	3.800
材料	乙炔气		kg	0.351	0.404	0.507	0.577	0.615	0.770	0.936	1.080
	氧气		m^3	0.913	1.050	1.317	1.500	1.598	2.002	2.434	2.808
	煤油		kg	0.533	0.685	0.738	0.776	0.799	0.921	1.370	1.560
	低碳钢焊条 J427		kg	1.065	1.233	1.499	1.697	1.903	2.306	2.679	3.257
	机油		kg	0.167	0.228	0.274	0.312	0.320	0.365	0.426	0.502
	铅油(厚漆)		kg	0.099	0.114	0.137	0.160	0.167	0.213	0.266	0.327
	二硫化钼		kg	0.122	0.152	0.205	0.236	0.244	0.289	0.342	0.403
	无石棉编绳(综合)		kg	0.571	0.647	0.738	0.776	0.799	0.951	1.065	1.370
	水		t	0.015	0.023	0.411	0.563	0.731	1.035	1.454	1.933
	其他材料费		%	5.00	5.00	5.00	5.00	5.00	5.00	5.00	5.00
机械	汽车式起重机 16t		台班	0.008	0.008	0.016	0.032	0.041	0.048	0.081	0.105
	载货汽车－普通货车 5t		台班	0.008	0.008	0.016	0.032	0.041	0.048	0.081	0.105
	电动单筒慢速卷扬机 30kN		台班	0.113	0.161	0.202	0.218	0.234	0.266	0.282	0.298
	电动单级离心清水泵 50mm		台班	0.008	0.008	0.008	0.008	0.008	0.008	0.016	0.016
	弧焊机 20kV·A		台班	0.564	0.653	0.798	0.902	0.991	1.224	1.417	1.723
	轴流通风机 7.5kW		台班	0.081	0.121	0.161	0.193	0.225	0.258	0.274	0.322
	电焊条烘干箱 80×80×100(cm^3)		台班	0.057	0.065	0.080	0.090	0.099	0.122	0.142	0.172
	电焊条恒温箱		台班	0.057	0.065	0.080	0.090	0.099	0.122	0.142	0.172

计量单位：层

编号				3-2-268	3-2-269	3-2-270	3-2-271	3-2-272	3-2-273
项目				设备直径（mm）					
				5 800 以内	6 400 以内	8 000 以内	9 200 以内	10 000 以内	10 000 以外
名称			单位	消耗量					
人工	合计工日		工日	21.838	24.025	25.230	29.090	31.994	36.798
	其中	普工	工日	8.735	9.610	10.092	11.636	12.797	14.719
		一般技工	工日	8.735	9.610	10.092	11.636	12.798	14.719
		高级技工	工日	4.368	4.805	5.046	5.818	6.399	7.360
材料	乙炔气		kg	1.238	1.361	1.499	1.651	1.826	2.062
	氧气		m^3	3.219	3.539	3.897	4.292	4.749	5.360
	低碳钢焊条 J427		kg	3.775	4.117	4.581	4.992	5.418	5.844
	煤油		kg	1.598	1.689	1.826	1.903	2.131	2.443
	机油		kg	0.548	0.609	0.700	0.761	0.852	0.944
	铅油（厚漆）		kg	0.350	0.381	0.426	0.457	0.556	0.654
	二硫化钼		kg	0.457	0.487	0.533	0.571	0.708	0.776
	无石棉编绳（综合）		kg	1.674	1.903	2.435	3.044	3.889	4.718
	水		t	2.412	2.937	4.589	6.065	7.169	8.470
	其他材料费		%	5.00	5.00	5.00	5.00	5.00	5.00
机械	汽车式起重机 16t		台班	0.137	0.177	0.250	0.306	0.419	0.492
	载货汽车－普通货车 5t		台班	0.137	0.177	0.250	0.306	0.419	0.492
	电动单筒慢速卷扬机 30kN		台班	0.306	0.387	0.451	0.588	0.693	0.733
	电动单级离心清水泵 50mm		台班	0.025	0.032	0.057	0.073	0.081	0.089
	弧焊机 20kV·A		台班	1.981	2.174	2.424	2.641	2.867	3.092
	轴流通风机 7.5kW		台班	0.435	0.467	0.499	0.588	0.644	0.733
	电焊条烘干箱 80×80×100（cm^3）		台班	0.198	0.218	0.242	0.264	0.287	0.309
	电焊条恒温箱		台班	0.198	0.218	0.242	0.264	0.287	0.309

(4)舌型塔盘安装

工作内容：施工准备，塔盘部件清点、矫正、编号、吊装就位、组对装配、调整、连接螺栓紧固及点焊、配合检查验收等。

计量单位：层

编号				3-2-274	3-2-275	3-2-276	3-2-277	3-2-278	3-2-279	3-2-280	3-2-281
项目				设备直径（mm 以内）							
				1 400	1 800	2 400	2 800	3 200	3 800	4 500	5 200
名称			单位	消耗量							
人工	合计工日		工日	3.460	3.985	4.930	5.667	6.232	7.486	9.127	10.589
	其中	普工	工日	1.384	1.594	1.972	2.267	2.492	2.995	3.650	4.236
		一般技工	工日	1.384	1.594	1.972	2.267	2.493	2.994	3.651	4.235
		高级技工	工日	0.692	0.797	0.986	1.133	1.247	1.497	1.826	2.118
材料	乙炔气		kg	0.263	0.307	0.378	0.434	0.465	0.577	0.709	0.817
	氧气		m^3	0.685	0.799	0.982	1.128	1.210	1.500	1.842	2.123
	低碳钢焊条 J427		kg	0.685	0.791	0.989	1.210	1.385	1.522	1.872	2.146
	煤油		kg	0.190	0.297	0.342	0.396	0.411	0.457	0.502	0.563
	机油		kg	0.160	0.228	0.282	0.320	0.342	0.396	0.434	0.502
	铅油（厚漆）		kg	0.107	0.152	0.152	0.152	0.152	0.152	0.152	0.228
	二硫化钼		kg	0.091	0.152	0.228	0.244	0.266	0.312	0.358	0.381
	无石棉编绳（综合）		kg	0.761	1.370	2.428	3.097	3.425	3.866	4.947	5.555
	其他材料费		%	5.00	5.00	5.00	5.00	5.00	5.00	5.00	5.00
机械	汽车式起重机 16t		台班	0.008	0.008	0.016	0.016	0.016	0.020	0.041	0.048
	载货汽车－普通货车 5t		台班	0.008	0.008	0.016	0.016	0.016	0.020	0.041	0.048
	电动单筒慢速卷扬机 30kN		台班	0.097	0.105	0.121	0.153	0.186	0.218	0.242	0.274
	弧焊机 20kV·A		台班	0.363	0.419	0.524	0.644	0.653	0.805	0.991	1.136
	轴流通风机 7.5kW		台班	0.081	0.121	0.161	0.193	0.225	0.258	0.274	0.322
	电焊条烘干箱 80×80×100（cm^3）		台班	0.036	0.042	0.053	0.064	0.065	0.081	0.099	0.114
	电焊条恒温箱		台班	0.036	0.042	0.053	0.064	0.065	0.081	0.099	0.114

计量单位：层

编号				3-2-282	3-2-283	3-2-284	3-2-285	3-2-286	3-2-287
项目				设备直径（mm）					
				5 800 以内	6 400 以内	8 000 以内	9 200 以内	10 000 以内	10 000 以外
名称			单位	消耗量					
人工	合计工日		工日	12.139	14.007	15.621	18.523	20.377	23.432
	其中	普工	工日	4.855	5.603	6.249	7.409	8.151	9.373
		一般技工	工日	4.856	5.603	6.248	7.409	8.151	9.373
		高级技工	工日	2.428	2.801	3.124	3.705	4.075	4.686
材料	乙炔气		kg	0.940	1.080	1.165	1.422	1.681	2.002
	氧气		m^3	2.443	2.808	3.030	3.698	4.370	5.205
	低碳钢焊条 J427		kg	2.466	2.831	3.059	3.744	4.300	4.893
	煤油		kg	0.578	0.609	0.685	0.761	0.852	0.944
	机油		kg	0.510	0.533	0.571	0.609	0.685	0.837
	铅油（厚漆）		kg	0.228	0.304	0.342	0.381	0.457	0.533
	二硫化钼		kg	0.434	0.457	0.495	0.533	0.624	0.761
	无石棉编绳（综合）		kg	5.784	6.088	6.545	6.849	8.523	9.208
	其他材料费		%	5.00	5.00	5.00	5.00	5.00	5.00
机械	汽车式起重机 16t		台班	0.057	0.064	0.073	0.081	0.097	0.113
	载货汽车－普通货车 5t		台班	0.057	0.064	0.073	0.081	0.097	0.113
	电动单筒慢速卷扬机 30kN		台班	0.282	0.298	0.370	0.499	0.676	0.821
	弧焊机 20kV·A		台班	1.305	1.498	1.619	1.981	2.279	2.585
	轴流通风机 7.5kW		台班	0.403	0.443	0.467	0.499	0.572	0.628
	电焊条烘干箱 80×80×100（cm^3）		台班	0.131	0.150	0.162	0.198	0.228	0.259
	电焊条恒温箱		台班	0.131	0.150	0.162	0.198	0.228	0.259

(5)浮动喷射式塔盘安装

工作内容:施工准备,塔盘部件清点、矫正、编号、吊装就位、组对装配、调整、连接螺栓紧固及点焊、配合检查验收等。

计量单位:层

编号				3-2-288	3-2-289	3-2-290	3-2-291	3-2-292	3-2-293	3-2-294	3-2-295
项目				设备直径(mm 以内)							
				1 400	1 800	2 800	3 800	4 800	6 400	8 600	10 000
名称			单位	消耗量							
人工	合计工日		工日	5.819	7.907	9.548	11.967	16.296	19.557	24.017	29.608
	其中	普工	工日	2.327	3.163	3.819	4.787	6.518	7.823	9.606	11.843
		一般技工	工日	2.328	3.163	3.819	4.787	6.519	7.823	9.607	11.843
		高级技工	工日	1.164	1.581	1.910	2.393	3.259	3.911	4.804	5.922
材料	乙炔气		kg	0.439	0.571	0.746	0.975	1.264	1.519	1.897	2.699
	氧气		m^3	1.142	1.484	1.941	2.534	3.288	3.950	4.931	7.018
	低碳钢焊条 J427		kg	1.218	1.583	1.903	2.374	3.211	3.851	4.429	4.657
	煤油		kg	0.152	0.228	0.381	0.457	0.533	0.609	0.761	0.913
	机油		kg	0.152	0.228	0.304	0.381	0.457	0.533	0.609	0.685
	铅油(厚漆)		kg	0.152	0.152	0.152	0.152	0.152	0.228	0.304	0.381
	二硫化钼		kg	0.152	0.228	0.304	0.381	0.457	0.457	0.533	0.609
	无石棉编绳(综合)		kg	0.761	1.522	3.044	4.566	5.327	6.088	6.849	7.610
	其他材料费		%	5.00	5.00	5.00	5.00	5.00	5.00	5.00	5.00
机械	汽车式起重机 16t		台班	0.008	0.016	0.016	0.016	0.025	0.032	0.048	0.064
	载货汽车－普通货车 5t		台班	0.008	0.016	0.016	0.016	0.025	0.032	0.048	0.064
	电动单筒慢速卷扬机 30kN		台班	0.081	0.081	0.081	0.161	0.242	0.242	0.322	0.403
	弧焊机 20kV·A		台班	0.644	0.838	1.007	1.256	1.700	2.038	2.344	2.738
	轴流通风机 7.5kW		台班	0.081	0.121	0.193	0.258	0.282	0.443	0.499	0.572
	电焊条烘干箱 80×80×100(cm^3)		台班	0.064	0.084	0.101	0.125	0.170	0.173	0.235	0.274
	电焊条恒温箱		台班	0.064	0.084	0.101	0.125	0.170	0.173	0.235	0.274

（6）混合型塔盘安装

工作内容： 施工准备，塔盘部件清点、矫正、编号、吊装就位、组对装配、调整、连接螺栓紧固及点焊、配合检查验收等。

计量单位： 层

编　号				3-2-296	3-2-297	3-2-298	3-2-299	3-2-300	3-2-301	3-2-302	3-2-303
项　目				设备直径（mm 以内）							
				1 400	1 800	2 800	3 800	4 800	6 400	8 600	10 000
名　称			单位	消　耗　量							
人工	合计工日		工日	3.922	4.715	5.901	8.555	10.692	13.884	18.171	22.487
	其中	普工	工日	1.569	1.886	2.361	3.422	4.276	5.553	7.269	8.995
		一般技工	工日	1.569	1.886	2.360	3.422	4.277	5.554	7.268	8.995
		高级技工	工日	0.784	0.943	1.180	1.711	2.139	2.777	3.634	4.497
材料	乙炔气		kg	0.220	0.263	0.334	0.483	0.606	0.817	1.098	1.379
	氧气		m^3	0.571	0.685	0.868	1.256	1.575	2.123	2.854	3.584
	低碳钢焊条 J427		kg	0.609	0.731	0.913	1.324	1.659	2.298	3.074	3.835
	煤油		kg	0.152	0.228	0.304	0.381	0.457	0.609	0.761	0.913
	机油		kg	0.152	0.228	0.304	0.381	0.457	0.457	0.533	0.609
	铅油（厚漆）		kg	0.152	0.152	0.152	0.152	0.152	0.152	0.228	0.304
	二硫化钼		kg	0.152	0.228	0.304	0.381	0.381	0.457	0.457	0.533
	无石棉编绳（综合）		kg	1.142	1.522	3.044	4.566	5.327	6.088	6.849	7.610
	其他材料费		%	5.00	5.00	5.00	5.00	5.00	5.00	5.00	5.00
机械	汽车式起重机 16t		台班	0.008	0.016	0.016	0.025	0.025	0.032	0.048	0.064
	载货汽车－普通货车 5t		台班	0.008	0.016	0.016	0.025	0.025	0.032	0.048	0.064
	电动单筒慢速卷扬机 30kN		台班	0.113	0.177	0.209	0.258	0.282	0.387	0.515	0.564
	弧焊机 20kV·A		台班	0.322	0.580	0.725	1.055	1.321	1.458	1.627	2.029
	轴流通风机 7.5kW		台班	0.081	0.121	0.193	0.258	0.282	0.443	0.499	0.572
	电焊条烘干箱 80×80×100（cm^3）		台班	0.032	0.058	0.073	0.106	0.132	0.146	0.163	0.203
	电焊条恒温箱		台班	0.032	0.058	0.073	0.106	0.132	0.146	0.163	0.203

(7)S型塔盘安装

工作内容：施工准备，塔盘部件清点、矫正、编号、吊装就位、组对装配、调整、连接螺栓紧固及点焊、配合检查验收等。

计量单位：层

编号				3-2-304	3-2-305	3-2-306	3-2-307	3-2-308	3-2-309	3-2-310	3-2-311
项目				设备直径(mm以内)							
				1 400	1 800	2 400	2 800	3 200	3 800	4 500	5 200
名称			单位	消耗量							
人工	合计工日		工日	2.117	2.440	2.936	3.675	3.875	4.448	5.080	5.831
	其中	普工	工日	0.847	0.976	1.175	1.470	1.550	1.779	2.032	2.333
		一般技工	工日	0.847	0.976	1.174	1.470	1.550	1.779	2.032	2.332
		高级技工	工日	0.423	0.488	0.587	0.735	0.775	0.890	1.016	1.166
材料	乙炔气		kg	0.263	0.299	0.363	0.457	0.474	0.544	0.644	0.720
	氧气		m^3	0.685	0.776	0.943	1.187	1.233	1.415	1.673	1.872
	低碳钢焊条 J427		kg	0.685	0.791	0.951	1.149	1.309	1.469	1.735	2.009
	煤油		kg	0.198	0.228	0.342	0.388	0.403	0.449	0.517	0.540
	机油		kg	0.152	0.236	0.274	0.320	0.327	0.365	0.434	0.479
	二硫化钼		kg	0.175	0.190	0.228	0.251	0.282	0.335	0.396	0.441
	木方		m^3	0.002	0.002	0.003	0.004	0.004	0.005	0.005	0.006
	其他材料费		%	1.50	1.50	1.50	1.50	1.50	1.50	1.50	1.50
机械	汽车式起重机 16t		台班	0.008	0.016	0.016	0.016	0.016	0.025	0.041	0.048
	载货汽车－普通货车 5t		台班	0.008	0.016	0.016	0.016	0.016	0.025	0.041	0.048
	电动单筒慢速卷扬机 50kN		台班	0.161	0.161	0.161	0.161	0.161	0.242	0.242	0.282
	弧焊机 20kV·A		台班	0.242	0.282	0.338	0.427	0.483	0.515	0.596	0.685
	轴流通风机 7.5kW		台班	0.121	0.161	0.161	0.161	0.161	0.242	0.266	0.306
	电焊条烘干箱 80×80×100(cm^3)		台班	0.025	0.028	0.034	0.042	0.048	0.052	0.059	0.069
	电焊条恒温箱		台班	0.025	0.028	0.034	0.042	0.048	0.052	0.059	0.069

计量单位：层

编号				3-2-312	3-2-313	3-2-314	3-2-315	3-2-316
项目				设备直径（mm 以内）				
				5 800	6 400	8 000	9 000	10 000
名称			单位	消耗量				
人工	合计工日		工日	6.708	7.762	8.776	10.395	11.443
	其中	普工	工日	2.684	3.105	3.511	4.158	4.577
		一般技工	工日	2.683	3.105	3.510	4.158	4.577
		高级技工	工日	1.341	1.552	1.755	2.079	2.289
材料	乙炔气		kg	0.861	0.902	0.931	0.966	1.001
	氧气		m^3	2.237	2.345	2.420	2.511	2.603
	低碳钢焊条 J427		kg	2.382	2.816	2.968	3.333	3.919
	煤油		kg	0.571	0.616	0.670	0.723	0.875
	机油		kg	0.510	0.533	0.563	0.586	0.654
	二硫化钼		kg	0.464	0.632	0.647	0.715	0.807
	木方		m^3	0.007	0.008	0.009	0.011	0.012
	其他材料费		%	1.50	1.50	1.50	1.50	1.50
机械	汽车式起重机 16t		台班	0.064	0.064	0.073	0.081	0.097
	载货汽车－普通货车 5t		台班	0.064	0.064	0.073	0.081	0.097
	电动单筒慢速卷扬机 50kN		台班	0.322	0.338	0.348	0.361	0.370
	弧焊机 20kV·A		台班	0.805	0.846	0.870	0.902	1.047
	轴流通风机 7.5kW		台班	0.322	0.338	0.348	0.361	0.387
	电焊条烘干箱 80×80×100（cm^3）		台班	0.081	0.085	0.087	0.090	0.105
	电焊条恒温箱		台班	0.081	0.085	0.087	0.090	0.105

3. 设 备 填 料

(1)乱　　堆

工作内容：施工准备，场内运输、挑选、冲洗、运输、填充、配合检查验收等。

编　　号			3-2-317	3-2-318	3-2-319	3-2-320	3-2-321	3-2-322
项　　目			瓷质材料	金属材料	塑料	石质材料	木质材料	冷箱珠冷光砂
			t					$10m^3$
名　　称		单位	消　耗　量					
人工	合计工日	工日	6.165	4.005	6.718	2.315	4.845	3.405
人工	其中 普工	工日	2.466	1.602	2.687	0.926	1.938	1.362
人工	其中 一般技工	工日	2.466	1.602	2.687	0.926	1.938	1.362
人工	其中 高级技工	工日	1.233	0.801	1.344	0.463	0.969	0.681
材料	木材	m^3	0.005	0.003	0.005	0.002	0.005	0.019
材料	水	t	2.664	2.664	2.664	2.664	—	—
材料	乙炔气	kg	—	—	—	—	—	0.018
材料	氧气	m^3	—	—	—	—	—	0.046
材料	钢板(综合)	kg	—	—	—	—	—	14.687
材料	其他材料费	%	5.00	5.00	5.00	5.00	5.00	5.00
机械	载货汽车－普通货车 5t	台班	0.139	0.122	0.132	0.132	0.132	0.264
机械	电动单筒快速卷扬机 20kN	台班	0.287	0.246	0.369	0.287	0.287	—
机械	汽车式起重机 8t	台班	—	—	—	—	—	0.082
机械	汽车式起重机 25t	台班	—	—	—	—	—	0.280

(2)排　　列

工作内容：施工准备，场内运输、挑选、冲洗、运输、填充、配合检查验收等。　　　**计量单位：**t

编　　号				3-2-323	3-2-324	3-2-325
项　　目				瓷质材料	金属材料	塑料
名　　称			单位	消　耗　量		
人工	合计工日		工日	11.742	7.628	12.793
	其中	普工	工日	4.697	3.051	5.117
		一般技工	工日	4.697	3.051	5.117
		高级技工	工日	2.348	1.526	2.559
材料	木材		m^3	0.008	0.008	0.008
	水		t	2.664	2.664	2.664
	其他材料费		%	5.00	5.00	5.00
机械	载货汽车－普通货车 5t		台班	0.148	0.132	0.139
	电动单筒快速卷扬机 20kN		台班	0.369	0.321	0.476

五、热交换器类安装

1. 热交换器安装

(1)基础标高10m以内

工作内容:施工准备,基础处理、垫铁设置、吊装就位、安装找正、垫铁点焊、配合检查验收等。

计量单位:台

编号				3-2-326	3-2-327	3-2-328	3-2-329	3-2-330	3-2-331	3-2-332	3-2-333	3-2-334
项目				设备质量(t以内)								
				2	5	10	20	30	40	50	60	80
名称			单位	消耗量								
人工	合计工日		工日	5.563	10.755	16.979	25.616	33.530	45.242	64.178	72.073	74.766
	其中	普工	工日	2.225	4.302	6.792	10.247	13.412	18.097	25.671	28.829	29.907
		一般技工	工日	2.225	4.302	6.791	10.246	13.412	18.097	25.671	28.829	29.906
		高级技工	工日	1.113	2.151	3.396	5.123	6.706	9.048	12.836	14.415	14.953
材料	镀锌铁丝(综合)		kg	4.566	9.132	12.176	13.698	14.459	15.220	15.981	16.742	18.264
	乙炔气		kg	0.070	0.167	0.193	0.334	0.685	0.852	1.449	1.739	2.037
	氧气		m^3	0.183	0.434	0.502	0.868	1.781	2.215	3.767	4.520	5.297
	低碳钢焊条 J427		kg	0.654	1.256	1.903	2.450	3.196	4.307	5.723	5.997	7.062
	平垫铁(综合)		kg	9.269	10.771	18.479	28.452	31.355	56.242	65.341	74.978	84.358
	斜垫铁(综合)		kg	21.633	25.138	43.117	66.385	73.161	98.416	114.818	131.220	147.622
	黄油		kg	0.038	0.091	0.266	0.533	0.799	1.218	1.522	1.826	3.044
	二硫化钼		kg	0.244	0.434	0.761	1.385	1.758	2.070	2.359	2.648	3.044
	道木		m^3	0.068	0.091	0.137	0.228	0.304	0.419	0.624	0.845	1.012
	尼龙砂轮片 $\phi150$		片	0.122	0.221	0.289	0.411	0.632	0.700	1.065	1.393	1.606
	滚杠		kg	—	—	—	—	—	—	100.817	138.867	228.391
	其他材料费		%	3.00	3.00	3.00	3.00	3.00	3.00	3.00	3.00	3.00
机械	履带式起重机 150t		台班	—	—	—	—	—	—	0.886	—	—
	汽车式起重机 16t		台班	0.404	0.515	0.290	—	—	—	—	—	—
	汽车式起重机 25t		台班	—	—	0.354	0.354	—	—	—	—	—
	汽车式起重机 40t		台班	—	—	—	—	0.387	—	0.773	0.950	—
	汽车式起重机 50t		台班	—	—	—	0.467	—	0.451	—	—	1.176
	汽车式起重机 75t		台班	—	—	—	—	0.637	0.733	—	—	—
	叉式起重机 5t		台班	—	—	—	—	—	—	—	—	0.588
	载货汽车 - 普通货车 5t		台班	0.161	0.242	—	—	—	—	—	—	—
	载货汽车 - 普通货车 8t		台班	—	—	0.290	—	—	—	—	—	—
	载货汽车 - 平板拖车组 20t		台班	—	—	—	0.347	—	—	—	—	—
	载货汽车 - 平板拖车组 40t		台班	—	—	—	—	0.387	0.419	—	—	—
	电动单筒慢速卷扬机 50kN		台班	—	—	—	—	—	—	2.496	2.899	3.205
	电动单筒慢速卷扬机 80kN		台班	—	—	—	—	—	—	1.047	1.249	4.003
	弧焊机 20kV·A		台班	0.411	0.757	1.160	1.490	2.135	2.802	3.382	3.592	4.639
	电焊条烘干箱 80×80×100(cm^3)		台班	0.042	0.075	0.116	0.149	0.214	0.281	0.338	0.359	0.464
	电焊条恒温箱		台班	0.042	0.075	0.116	0.149	0.214	0.281	0.338	0.359	0.464

（2）10m< 基础标高≤ 20m

工作内容：施工准备，基础处理、垫铁设置、吊装就位、安装找正、垫铁点焊、配合检查验收等。

计量单位：台

编号				3-2-335	3-2-336	3-2-337	3-2-338	3-2-339	3-2-340	3-2-341	3-2-342	3-2-343
项目				设备质量（t 以内）								
				2	5	10	20	30	40	50	60	80
名称			单位	消耗量								
人工	合计工日		工日	6.328	12.361	19.150	30.491	42.023	50.764	71.540	79.910	83.659
	其中	普工	工日	2.531	4.945	7.660	12.197	16.810	20.305	28.616	31.964	33.464
		一般技工	工日	2.531	4.944	7.660	12.196	16.809	20.306	28.616	31.964	33.463
		高级技工	工日	1.266	2.472	3.830	6.098	8.404	10.153	14.308	15.982	16.732
材料	镀锌铁丝（综合）		kg	4.566	9.132	12.176	13.698	14.459	15.220	15.981	16.742	18.264
	乙炔气		kg	0.070	0.167	0.193	0.334	0.685	0.852	1.449	1.739	2.037
	氧气		m^3	0.183	0.434	0.502	0.868	1.781	2.215	3.767	4.520	5.297
	低碳钢焊条 J427		kg	0.654	1.256	1.903	2.450	3.196	4.307	5.723	5.997	7.062
	平垫铁（综合）		kg	9.269	10.771	18.479	28.452	31.355	56.242	65.341	74.978	84.358
	斜垫铁（综合）		kg	21.633	25.138	43.117	66.385	73.161	98.416	114.818	131.220	147.622
	黄油		kg	0.038	0.091	0.266	0.533	0.799	1.218	1.522	1.826	3.044
	二硫化钼		kg	0.244	0.434	0.761	1.385	1.758	2.070	2.359	2.648	3.044
	道木		m^3	0.068	0.091	0.137	0.228	0.304	0.419	0.624	0.845	1.012
	尼龙砂轮片 $\phi150$		片	0.122	0.221	0.289	0.411	0.632	0.700	1.065	1.393	1.606
	滚杠		kg	—	—	—	—	—	—	100.817	138.867	228.391
	其他材料费		%	3.00	3.00	3.00	3.00	3.00	3.00	3.00	3.00	3.00
机械	履带式起重机 150t		台班	—	—	—	—	0.676	0.773	—	—	—
	汽车式起重机 16t		台班	0.202	0.242	0.290	—	—	—	0.773	0.950	1.176
	汽车式起重机 25t		台班	0.322	—	—	0.354	—	—	—	—	—
	汽车式起重机 40t		台班	—	0.403	—	—	0.387	—	—	—	—
	汽车式起重机 50t		台班	—	—	0.435	—	—	0.451	—	—	—
	汽车式起重机 75t		台班	—	—	—	0.596	—	—	—	—	—
	载货汽车－普通货车 5t		台班	0.202	0.274	—	—	—	—	—	—	—
	载货汽车－普通货车 10t		台班	—	—	0.290	—	—	—	—	—	—
	载货汽车－平板拖车组 20t		台班	—	—	—	0.347	—	—	—	—	—
	载货汽车－平板拖车组 40t		台班	—	—	—	—	0.387	0.419	—	—	—
	电动单筒慢速卷扬机 50kN		台班	—	—	—	—	—	—	2.738	3.262	4.478
	电动单筒慢速卷扬机 80kN		台班	—	—	—	—	—	—	1.168	1.619	2.170
	弧焊机 20kV·A		台班	0.411	0.757	1.160	1.490	2.135	2.802	3.382	3.592	4.639
	电焊条烘干箱 80×80×100（cm^3）		台班	0.042	0.075	0.116	0.149	0.214	0.281	0.338	0.359	0.464
	电焊条恒温箱		台班	0.042	0.075	0.116	0.149	0.214	0.281	0.338	0.359	0.464

(3)基础标高 20m 以上

工作内容：施工准备，基础处理、垫铁设置、吊装就位、安装找正、垫铁点焊、配合检查验收等。

计量单位：台

编号				3-2-344	3-2-345	3-2-346	3-2-347	3-2-348	3-2-349	3-2-350	3-2-351
项目				设备质量(t 以内)							
				2	5	10	20	30	40	50	60
名称			单位	消耗量							
人工	合计工日		工日	7.039	12.829	20.156	35.558	48.206	57.651	80.102	86.416
	其中	普工	工日	2.815	5.131	8.062	14.223	19.283	23.061	32.041	34.567
		一般技工	工日	2.816	5.132	8.063	14.223	19.282	23.060	32.041	34.566
		高级技工	工日	1.408	2.566	4.031	7.112	9.641	11.530	16.020	17.283
材料	镀锌铁丝(综合)		kg	4.566	9.132	12.176	13.698	14.459	15.220	15.981	16.742
	乙炔气		kg	0.070	0.167	0.193	0.334	0.685	0.852	1.449	1.739
	氧气		m^3	0.183	0.434	0.502	0.868	1.781	2.215	3.767	4.520
	低碳钢焊条 J427		kg	0.654	1.256	1.903	2.450	3.196	4.307	5.723	5.997
	平垫铁(综合)		kg	12.359	13.573	23.284	35.851	39.505	56.242	65.128	74.978
	斜垫铁(综合)		kg	18.543	23.753	40.746	62.416	69.139	98.416	114.818	131.220
	黄油		kg	0.038	0.091	0.266	0.533	0.799	1.218	1.522	1.826
	二硫化钼		kg	0.244	0.434	0.761	1.385	1.758	2.070	2.359	2.648
	道木		m^3	0.068	0.091	0.137	0.228	0.304	0.419	0.624	0.845
	尼龙砂轮片 ϕ150		片	0.122	0.221	0.289	0.411	0.632	0.700	1.065	1.393
	滚杠		kg	—	—	—	—	—	—	100.817	138.867
	其他材料费		%	3.00	3.00	3.00	3.00	3.00	3.00	3.00	3.00
机械	履带式起重机 150t		台班	—	—	—	0.660	0.717	—	—	—
	汽车式起重机 16t		台班	0.202	0.242	0.290	—	—	0.451	0.854	1.031
	汽车式起重机 25t		台班	—	—	—	0.354	—	—	—	—
	汽车式起重机 40t		台班	0.331	—	—	—	0.387	—	—	—
	汽车式起重机 50t		台班	—	0.370	—	—	—	—	—	—
	汽车式起重机 75t		台班	—	—	0.515	—	—	—	—	—
	载货汽车 - 普通货车 5t		台班	0.202	0.274	—	—	—	—	—	—
	载货汽车 - 普通货车 10t		台班	—	—	0.290	—	—	—	—	—
	载货汽车 - 平板拖车组 20t		台班	—	—	—	0.347	—	—	—	—
	载货汽车 - 平板拖车组 40t		台班	—	—	—	—	0.387	0.419	—	—
	电动单筒慢速卷扬机 50kN		台班	—	—	—	—	—	—	3.624	4.107
	电动单筒慢速卷扬机 80kN		台班	—	—	—	—	—	—	2.457	2.738
	弧焊机 20kV·A		台班	0.411	0.757	1.160	1.490	2.135	2.802	3.382	3.592
	电焊条烘干箱 80×80×100(cm^3)		台班	0.042	0.075	0.116	0.149	0.214	0.281	0.338	0.359
	电焊条恒温箱		台班	0.042	0.075	0.116	0.149	0.214	0.281	0.338	0.359

2. 热交换器类设备地面抽芯检查

工作内容：施工准备，各相关部位螺栓拆卸、地面上抽芯检查、回装把紧、配合检查验收等。

计量单位：台

编号				3-2-352	3-2-353	3-2-354	3-2-355	3-2-356	3-2-357	3-2-358	3-2-359	3-2-360
项目				设备质量（t 以内）								
				2	5	10	20	30	40	50	60	80
名称			单位	消耗量								
人工	合计工日		工日	6.067	11.498	18.124	29.063	34.930	36.617	38.948	40.989	44.781
	其中	普工	工日	2.427	4.599	7.250	11.626	13.972	14.647	15.579	16.396	17.913
		一般技工	工日	2.427	4.599	7.250	11.625	13.972	14.647	15.579	16.395	17.912
		高级技工	工日	1.213	2.300	3.624	5.812	6.986	7.323	7.790	8.198	8.956
材料	乙炔气		kg	0.158	0.316	0.509	0.746	0.852	1.124	1.256	1.414	1.545
	氧气		m^3	0.411	0.822	1.324	1.941	2.215	2.922	3.265	3.676	4.018
	低碳钢焊条 J427		kg	0.167	0.297	0.479	0.791	0.921	0.989	1.027	1.233	1.476
	耐油橡胶板		kg	0.761	1.415	2.176	2.641	3.866	5.167	5.806	6.666	8.554
	二硫化钼		kg	0.342	0.434	0.715	1.035	1.408	1.659	1.903	2.260	2.382
	道木		m^3	0.030	0.076	0.099	0.137	0.167	0.221	0.244	0.266	0.312
	其他材料费		%	3.00	3.00	3.00	3.00	3.00	3.00	3.00	3.00	3.00
机械	汽车式起重机 16t		台班	0.171	0.233	0.314	—	—	—	—	—	—
	汽车式起重机 25t		台班	—	—	—	0.342	—	—	—	—	0.338
	汽车式起重机 40t		台班	—	—	—	—	0.383	—	—	—	—
	汽车式起重机 50t		台班	—	—	—	—	—	0.438	0.534	—	—
	汽车式起重机 75t		台班	—	—	—	—	—	—	—	0.397	0.338
	电动单筒慢速卷扬机 50kN		台班	0.457	1.066	1.123	1.768	2.058	2.377	2.652	2.928	3.608
	弧焊机 20kV·A		台班	0.113	0.202	0.322	0.532	0.725	0.773	0.805	0.966	1.160
	电焊条烘干箱 80×80×100（cm^3）		台班	0.011	0.020	0.032	0.053	0.073	0.077	0.081	0.097	0.116
	电焊条恒温箱		台班	0.011	0.020	0.032	0.053	0.073	0.077	0.081	0.097	0.116

六、空气冷却器安装

1. 管束(翅片)安装

工作内容: 施工准备,管束水压试验、空气吹扫、吊装就位、找正找平、紧固固定螺栓、配合检查验收等。

计量单位: 片

编号			3-2-361	3-2-362	3-2-363	3-2-364	3-2-365	3-2-366	3-2-367	3-2-368	3-2-369
项目			设备质量(t 以内)								
			3	5	7	9	11	15	20	25	30
名称		单位	消耗量								
人工	合计工日	工日	21.011	24.844	27.251	30.973	34.515	42.085	53.867	65.652	77.437
人工	其中 普工	工日	8.404	9.937	10.901	12.390	13.806	16.834	21.547	26.261	30.975
人工	其中 一般技工	工日	8.404	9.938	10.900	12.389	13.806	16.834	21.547	26.261	30.975
人工	其中 高级技工	工日	4.203	4.969	5.450	6.194	6.903	8.417	10.773	13.130	15.487
材料	乙炔气	kg	0.105	0.132	0.149	0.158	0.176	0.184	0.236	0.288	0.339
材料	氧气	m^3	0.274	0.342	0.388	0.411	0.457	0.479	0.614	0.749	0.881
材料	低碳钢焊条 J427	kg	0.274	0.335	0.540	0.560	0.680	0.780	0.960	1.190	1.540
材料	平垫铁(综合)	kg	6.400	8.600	9.700	10.130	12.990	15.640	20.020	48.810	28.730
材料	煤油	kg	1.903	2.435	2.968	3.501	4.033	4.726	6.049	7.373	8.695
材料	机油	kg	0.381	0.419	0.441	0.517	0.563	0.616	0.789	0.962	1.134
材料	二硫化钼	kg	0.038	0.076	0.190	0.228	0.342	0.464	0.594	0.724	0.854
材料	耐油无石棉橡胶板 中压	kg	3.805	4.186	4.414	4.947	5.479	7.534	9.643	11.753	13.862
材料	盲板(综合)	kg	3.166	3.288	3.531	4.018	4.262	6.332	8.105	9.877	11.650
材料	道木	m^3	0.023	0.038	0.053	0.068	0.084	0.114	0.146	0.178	0.210
材料	尼龙砂轮片 $\phi100$	片	0.426	0.647	0.875	1.103	1.294	1.903	2.435	2.968	3.501
材料	水	t	2.039	2.770	3.531	4.992	6.849	9.132	11.689	14.246	16.803
材料	其他材料费	%	3.00	3.00	3.00	3.00	3.00	3.00	3.00	3.00	3.00
机械	汽车式起重机 16t	台班	0.171	0.233	0.240	0.253	0.260	0.267	0.342	0.417	0.492
机械	汽车式起重机 40t	台班	0.240	0.342	0.349	0.445	0.493	0.733	—	—	—
机械	汽车式起重机 75t	台班	—	—	—	—	—	—	0.527	—	—
机械	汽车式起重机 125t	台班	—	—	—	—	—	—	—	0.325	0.382
机械	载货汽车 - 普通货车 5t	台班	0.171	0.233	—	—	—	—	—	—	—
机械	载货汽车 - 普通货车 10t	台班	—	—	0.240	0.253	—	—	—	—	—
机械	载货汽车 - 普通货车 15t	台班	—	—	—	—	0.260	0.267	0.342	0.417	0.492
机械	电动单级离心清水泵 100mm	台班	0.041	0.057	0.073	0.097	0.145	0.170	0.217	0.264	0.311
机械	试压泵 60MPa	台班	0.403	0.483	0.564	0.644	0.725	0.805	1.031	1.256	1.482
机械	弧焊机 20kV·A	台班	0.209	0.250	0.266	0.274	0.322	0.370	0.475	0.578	0.682
机械	电动空气压缩机 $9m^3/min$	台班	0.483	0.669	0.805	1.200	1.651	2.199	2.814	3.430	4.045
机械	电焊条烘干箱 $80\times80\times100(cm^3)$	台班	0.021	0.025	0.026	0.027	0.032	0.037	0.047	0.058	0.068
机械	电焊条恒温箱	台班	0.021	0.025	0.026	0.027	0.032	0.037	0.047	0.058	0.068

2. 空冷器构架及风机安装

工作内容： 施工准备，构架检查验收、吊装、组对、螺栓连接（焊接）、配合检查验收等。

编　号				3-2-370	3-2-371	3-2-372	3-2-373	3-2-374	3-2-375
项　目				空冷器构架安装（t）	风机安装：单台设备质量（t以内）	安装：单台设备质量（t以内）			
					1	2	3	5	7
				t	台				
名　称			单位	消　耗　量					
人工	合计工日		工日	2.748	11.189	18.800	26.195	38.762	47.163
	其中	普工	工日	1.176	4.476	7.520	10.478	15.506	18.865
		一般技工	工日	1.176	4.475	7.520	10.478	15.504	18.866
		高级技工	工日	0.396	2.238	3.760	5.239	7.752	9.432
材料	乙炔气		kg	0.351	—	—	—	—	—
	氧气		m^3	0.913	—	—	—	—	—
	镀锌铁丝（综合）		kg	—	0.609	0.761	1.096	1.721	2.334
	低碳钢焊条 J427		kg	0.913	0.213	0.259	0.365	0.574	0.778
	平垫铁（综合）		kg	34.245	26.882	45.051	64.655	101.508	137.714
	道木		m^3	0.015	—	—	—	—	—
	煤油		kg	—	2.359	3.196	4.475	7.026	9.531
	机油		kg	—	0.913	1.370	2.100	3.297	4.474
	黄油钙基脂		kg	—	0.639	0.959	1.469	2.306	3.128
	无石棉橡胶板 低压 δ0.8～6.0		kg	—	0.457	0.654	0.944	1.482	2.010
	其他材料费		%	3.00	3.00	3.00	3.00	3.00	3.00
机械	汽车式起重机 16t		台班	0.171	0.193	0.225	0.258	0.404	0.549
	汽车式起重机 40t		台班	0.397	0.081	0.113	0.193	0.303	0.411
	载货汽车－普通货车 5t		台班	—	0.193	0.225	0.258	0.404	0.549
	载货汽车－普通货车 8t		台班	0.103	—	—	—	—	—
	弧焊机 20kV·A		台班	0.322	0.161	0.242	0.338	0.531	0.721
	电焊条烘干箱 80×80×100（cm^3）		台班	0.032	0.016	0.025	0.034	0.053	0.072
	电焊条恒温箱		台班	0.032	0.016	0.025	0.034	0.053	0.072

七、整体反应器类安装

1. 基础标高 10m 以内

工作内容：施工准备，基础处理、垫铁设置、吊装就位、安装找正、垫铁点焊、配合检查验收等。

计量单位：台

编号			3-2-376	3-2-377	3-2-378	3-2-379	3-2-380	3-2-381	3-2-382	3-2-383
项目			设备质量（t 以内）							
			2	5	10	20	30	40	50	60
名称		单位	消耗量							
人工	合计工日	工日	7.679	13.028	21.915	31.821	42.044	50.165	62.145	76.146
其中	普工	工日	3.071	5.211	8.766	12.729	16.818	20.066	24.858	30.459
	一般技工	工日	3.072	5.211	8.766	12.728	16.818	20.066	24.858	30.458
	高级技工	工日	1.536	2.606	4.383	6.364	8.408	10.033	12.429	15.229
材料	镀锌铁丝（综合）	kg	4.566	9.132	12.176	13.698	14.459	15.220	15.981	16.742
	乙炔气	kg	0.507	0.673	0.983	1.276	1.914	2.107	2.344	2.704
	氧气	m^3	1.317	1.751	2.557	3.317	4.977	5.479	6.096	7.032
	低碳钢焊条 J427	kg	0.921	1.149	1.697	3.288	4.855	5.571	6.446	7.115
	平垫铁（综合）	kg	7.876	12.420	17.982	40.166	58.369	94.265	150.259	166.956
	斜垫铁（综合）	kg	11.818	18.629	26.970	60.256	87.553	141.394	225.393	250.437
	二硫化钼	kg	0.228	0.388	0.495	0.533	0.609	0.761	0.913	1.119
	道木	m^3	0.053	0.091	0.114	0.190	0.221	0.335	0.533	0.715
	木方	m^3	0.023	0.038	0.046	0.061	0.061	0.068	0.068	0.084
	尼龙砂轮片 ϕ150	片	0.837	0.913	0.989	1.065	1.218	1.370	1.522	1.674
	其他材料费	%	1.50	1.50	1.50	1.50	1.50	1.50	1.50	1.50
机械	履带式起重机 150t	台班	—	—	—	—	—	—	0.560	0.598
	汽车式起重机 16t	台班	0.350	0.376	0.520	—	—	—	—	—
	汽车式起重机 25t	台班	0.259	0.306	—	0.686	—	—	—	—
	汽车式起重机 40t	台班	—	—	0.398	—	0.346	—	—	—
	汽车式起重机 50t	台班	—	—	—	—	0.387	0.776	—	—
	汽车式起重机 75t	台班	—	—	—	0.486	—	—	0.862	0.920
	汽车式起重机 125t	台班	—	—	—	—	0.493	0.509	—	—
	叉式起重机 5t	台班	0.218	0.247	0.320	0.391	0.397	0.410	0.451	0.475
	载货汽车－普通货车 10t	台班	0.161	0.161	0.242	—	—	—	—	—
	载货汽车－平板拖车组 20t	台班	—	—	—	0.347	—	—	—	—
	载货汽车－平板拖车组 40t	台班	—	—	—	—	0.387	0.419	—	—
	载货汽车－平板拖车组 60t	台班	—	—	—	—	—	—	0.419	0.508
	弧焊机 20kV·A	台班	0.395	0.508	0.741	1.417	2.078	2.384	2.754	3.036
	电焊条烘干箱 80×80×100（cm^3）	台班	0.040	0.051	0.074	0.142	0.208	0.238	0.276	0.303
	电焊条恒温箱	台班	0.040	0.051	0.074	0.142	0.208	0.238	0.276	0.303

计量单位：台

编　　号				3-2-384	3-2-385	3-2-386	3-2-387
项　　目				设备质量（t 以内）			
				80	100	150	200
名　　称			单位	消　耗　量			
人工	合计工日		工日	80.592	95.282	125.372	161.901
	其中	普工	工日	32.236	38.113	50.149	64.761
		一般技工	工日	32.237	38.113	50.149	64.760
		高级技工	工日	16.119	19.056	25.074	32.380
材料	镀锌铁丝（综合）		kg	18.264	21.308	25.113	33.484
	乙炔气		kg	3.021	3.249	3.688	4.039
	氧气		m^3	7.854	8.447	9.589	10.502
	低碳钢焊条 J427		kg	8.127	8.995	10.852	12.480
	平垫铁（综合）		kg	175.913	196.612	238.977	280.946
	斜垫铁（综合）		kg	263.884	294.918	358.469	421.419
	二硫化钼		kg	1.172	1.218	1.370	1.674
	道木		m^3	0.845	1.012	1.309	1.598
	木方		m^3	0.099	0.107	0.137	0.160
	尼龙砂轮片 $\phi150$		片	1.826	2.435	2.664	3.196
	其他材料费		%	1.50	1.50	1.50	1.50
机械	履带式起重机 150t		台班	0.789	—	—	—
	汽车式起重机 75t		台班	1.007	—	—	—
	叉式起重机 5t		台班	0.525	0.619	0.657	0.775
	弧焊机 20kV·A		台班	3.463	5.476	5.819	6.040
	电焊条烘干箱 80×80×100（cm^3）		台班	0.347	0.548	0.582	0.604
	电焊条恒温箱		台班	0.347	0.548	0.582	0.604

2.10m< 基础标高≤ 20m

工作内容: 施工准备,基础处理、垫铁设置、吊装就位、安装找正、垫铁点焊、配合检查验收等。

计量单位:台

编号				3-2-388	3-2-389	3-2-390	3-2-391	3-2-392
项目				设备质量(t 以内)				
				2	5	10	20	30
名称			单位	消耗量				
人工	合计工日		工日	10.072	17.090	28.561	41.485	54.797
	其中	普工	工日	4.028	6.836	11.425	16.594	21.919
		一般技工	工日	4.029	6.836	11.424	16.594	21.919
		高级技工	工日	2.015	3.418	5.712	8.297	10.959
材料	镀锌铁丝(综合)		kg	4.566	9.132	12.176	13.698	14.459
	乙炔气		kg	0.507	0.673	0.983	1.276	1.914
	氧气		m^3	1.317	1.751	2.557	3.317	4.977
	低碳钢焊条 J427		kg	0.921	1.149	1.697	3.288	4.855
	平垫铁(综合)		kg	7.876	12.420	17.982	40.166	58.369
	斜垫铁(综合)		kg	11.818	18.629	26.970	60.256	87.553
	二硫化钼		kg	0.228	0.388	0.495	0.533	0.609
	道木		m^3	0.053	0.091	0.114	0.190	0.221
	木方		m^3	0.023	0.038	0.046	0.061	0.061
	尼龙砂轮片 ϕ150		片	0.837	0.913	0.989	1.065	1.218
	其他材料费		%	1.50	1.50	1.50	1.50	1.50
机械	履带式起重机 150t		台班	—	—	—	—	0.630
	汽车式起重机 16t		台班	0.397	0.427	0.589	—	—
	汽车式起重机 25t		台班	—	—	—	0.419	—
	汽车式起重机 40t		台班	0.388	—	—	0.347	0.442
	汽车式起重机 50t		台班	—	0.381	—	—	0.387
	汽车式起重机 75t		台班	—	—	0.495	—	—
	汽车式起重机 125t		台班	—	—	—	0.609	—
	叉式起重机 5t		台班	0.218	0.247	0.320	0.391	0.397
	载货汽车 - 普通货车 10t		台班	0.161	0.161	0.242	—	—
	载货汽车 - 平板拖车组 40t		台班	—	—	—	0.347	0.387
	弧焊机 20kV·A		台班	0.395	0.508	0.741	1.417	2.078
	电焊条烘干箱 80×80×100(cm^3)		台班	0.040	0.051	0.074	0.142	0.208
	电焊条恒温箱		台班	0.040	0.051	0.074	0.142	0.208

计量单位：台

<table>
<tr><td colspan="3">编　　号</td><td>3-2-393</td><td>3-2-394</td><td>3-2-395</td><td>3-2-396</td></tr>
<tr><td colspan="3" rowspan="2">项　　目</td><td colspan="4">设备质量（t 以内）</td></tr>
<tr><td>40</td><td>50</td><td>60</td><td>80</td></tr>
<tr><td colspan="2">名　　称</td><td>单位</td><td colspan="4">消　耗　量</td></tr>
<tr><td rowspan="4">人工</td><td>合计工日</td><td>工日</td><td>65.593</td><td>73.454</td><td>81.963</td><td>88.961</td></tr>
<tr><td>其中 普工</td><td>工日</td><td>26.237</td><td>29.381</td><td>32.785</td><td>35.584</td></tr>
<tr><td>其中 一般技工</td><td>工日</td><td>26.237</td><td>29.382</td><td>32.785</td><td>35.584</td></tr>
<tr><td>其中 高级技工</td><td>工日</td><td>13.119</td><td>14.691</td><td>16.393</td><td>17.793</td></tr>
<tr><td rowspan="11">材料</td><td>镀锌铁丝（综合）</td><td>kg</td><td>15.220</td><td>15.981</td><td>16.742</td><td>18.264</td></tr>
<tr><td>乙炔气</td><td>kg</td><td>2.107</td><td>2.344</td><td>2.704</td><td>3.021</td></tr>
<tr><td>氧气</td><td>m³</td><td>5.479</td><td>6.096</td><td>7.032</td><td>7.854</td></tr>
<tr><td>低碳钢焊条 J427</td><td>kg</td><td>5.571</td><td>6.446</td><td>7.115</td><td>8.127</td></tr>
<tr><td>平垫铁（综合）</td><td>kg</td><td>94.265</td><td>150.259</td><td>166.956</td><td>175.913</td></tr>
<tr><td>斜垫铁（综合）</td><td>kg</td><td>141.394</td><td>225.393</td><td>250.437</td><td>263.884</td></tr>
<tr><td>二硫化钼</td><td>kg</td><td>0.761</td><td>0.913</td><td>1.126</td><td>1.172</td></tr>
<tr><td>道木</td><td>m³</td><td>0.335</td><td>0.533</td><td>0.700</td><td>0.845</td></tr>
<tr><td>木方</td><td>m³</td><td>0.068</td><td>0.068</td><td>0.084</td><td>0.099</td></tr>
<tr><td>尼龙砂轮片 ϕ150</td><td>片</td><td>1.370</td><td>1.522</td><td>1.674</td><td>1.705</td></tr>
<tr><td>其他材料费</td><td>%</td><td>1.50</td><td>1.50</td><td>1.50</td><td>1.50</td></tr>
<tr><td rowspan="9">机械</td><td>履带式起重机 150t</td><td>台班</td><td>0.704</td><td>0.838</td><td>1.079</td><td>—</td></tr>
<tr><td>汽车式起重机 50t</td><td>台班</td><td>0.911</td><td>—</td><td>—</td><td>—</td></tr>
<tr><td>汽车式起重机 75t</td><td>台班</td><td>—</td><td>0.483</td><td>0.508</td><td>0.644</td></tr>
<tr><td>叉式起重机 5t</td><td>台班</td><td>0.410</td><td>0.451</td><td>0.475</td><td>0.525</td></tr>
<tr><td>载货汽车－平板拖车组 40t</td><td>台班</td><td>0.419</td><td>—</td><td>—</td><td>—</td></tr>
<tr><td>载货汽车－平板拖车组 60t</td><td>台班</td><td>—</td><td>0.419</td><td>0.508</td><td>0.508</td></tr>
<tr><td>弧焊机 20kV·A</td><td>台班</td><td>2.384</td><td>2.754</td><td>3.036</td><td>3.463</td></tr>
<tr><td>电焊条烘干箱 80×80×100（cm³）</td><td>台班</td><td>0.238</td><td>0.276</td><td>0.303</td><td>0.347</td></tr>
<tr><td>电焊条恒温箱</td><td>台班</td><td>0.238</td><td>0.276</td><td>0.303</td><td>0.347</td></tr>
</table>

八、电解槽、除雾器安装

1. 立式隔膜电解槽安装

(1)钢框架底座、玻璃钢盖

工作内容: 施工准备,绝缘子安装,阴极板、阳极板清点、组对,底框槽架、槽盖、滴流管和其他附件安装、找正、固定及组装夹具的制作、安装、拆除,气密试验、密封充氮、配合检查验收等。

计量单位: 台

编号				3-2-397	3-2-398	3-2-399	3-2-400	3-2-401
项目				设备质量(t以内)				
				2	3	5	7	10
名称			单位	消耗量				
人工	合计工日		工日	7.673	11.001	15.290	19.557	25.961
	其中	普工	工日	3.070	4.401	6.116	7.823	10.385
		一般技工	工日	3.069	4.400	6.116	7.823	10.384
		高级技工	工日	1.534	2.200	3.058	3.911	5.192
材料	型钢(综合)		kg	12.945	14.391	16.004	17.937	19.657
	乙炔气		kg	0.176	0.199	0.263	0.351	0.439
	氧气		m^3	0.457	0.517	0.685	0.913	1.142
	低碳钢焊条 J427		kg	0.761	0.913	1.142	1.598	2.283
	钢垫板(综合)		kg	13.051	14.497	16.110	17.899	19.687
	机油		kg	1.218	1.598	2.283	2.664	3.044
	橡胶板		kg	8.561	9.992	11.415	12.838	14.269
	乙丙烯橡胶黑带		kg	4.262	5.023	5.555	6.164	7.077
	橡胶塞		kg	3.044	4.566	6.088	7.610	9.132
	氮气		m^3	3.044	4.566	7.610	10.654	12.937
	凡士林		kg	0.381	0.381	0.381	0.609	0.761
	硅酸钠(水玻璃)		kg	0.312	0.342	0.381	0.419	0.464
	聚氯乙烯薄膜		kg	3.805	7.610	11.415	15.220	19.025
	塑料带 20mm×40m		卷	4.262	5.023	5.555	6.164	7.077
	普通无石棉布		kg	0.533	0.533	0.609	0.685	0.761
	道木		m^3	0.008	0.008	0.015	0.023	0.030
	密封垫		m^2	0.099	0.107	0.114	0.122	0.145
	其他材料费		%	3.00	3.00	3.00	3.00	3.00
机械	汽车式起重机 16t		台班	0.266	0.387	0.508	0.628	0.765
	载货汽车-普通货车 15t		台班	0.105	0.145	0.186	0.225	0.282
	弧焊机 20kV·A		台班	0.242	0.322	0.403	0.564	0.805
	电焊条烘干箱 80×80×100(cm^3)		台班	0.025	0.032	0.041	0.057	0.081
	电焊条恒温箱		台班	0.025	0.032	0.041	0.057	0.081

(2)混凝土槽底、盖

工作内容: 施工准备,绝缘子安装,阴极板、阳极板清点、组对,底框槽架、槽盖、滴流管和其他附件安装、找正、固定及组装夹具的制作、安装、拆除,气密试验、密封充氮、配合检查验收等。

计量单位: 台

编号				3-2-402	3-2-403	3-2-404	3-2-405	3-2-406
项目				设备质量(t以内)				
				2	3	5	7	10
名称			单位	消耗量				
人工	合计工日		工日	6.135	8.803	12.229	15.648	20.762
	其中	普工	工日	2.454	3.521	4.891	6.259	8.305
		一般技工	工日	2.454	3.521	4.892	6.259	8.305
		高级技工	工日	1.227	1.761	2.446	3.130	4.152
材料	型钢(综合)		kg	7.770	8.637	9.604	10.761	11.841
	乙炔气		kg	0.176	0.176	0.263	0.263	0.439
	氧气		m^3	0.457	0.457	0.685	0.685	1.142
	低碳钢焊条 J427		kg	0.761	0.913	1.142	1.598	2.283
	平垫铁(综合)		kg	13.051	14.497	16.049	16.110	19.687
	钢垫板(综合)		kg	13.051	14.497	16.049	16.110	19.687
	机油		kg	1.218	1.598	2.283	2.664	3.044
	橡胶板		kg	8.561	9.992	11.415	12.838	14.269
	橡胶塞		kg	3.044	3.805	4.566	6.088	9.132
	氮气		m^3	1.903	2.055	2.283	2.664	3.044
	凡士林		kg	0.381	0.381	0.381	0.609	0.761
	硅酸钠(水玻璃)		kg	0.312	0.342	0.381	0.419	0.464
	聚氯乙烯薄膜		kg	3.805	7.610	11.415	15.220	19.025
	道木		m^3	0.008	0.008	0.015	0.023	0.030
	密封垫		m^2	6.088	9.132	12.176	15.220	18.264
	其他材料费		%	3.00	3.00	3.00	3.00	3.00
机械	汽车式起重机 16t		台班	0.266	0.387	0.508	0.628	0.765
	载货汽车－普通货车 15t		台班	0.105	0.145	0.186	0.225	0.282
	弧焊机 20kV·A		台班	0.242	0.322	0.403	0.564	0.805
	电焊条烘干箱 80×80×100(cm^3)		台班	0.025	0.032	0.041	0.057	0.081
	电焊条恒温箱		台班	0.025	0.032	0.041	0.057	0.081

2. 箱式玻璃钢电除雾器安装

工作内容：施工准备，金属构架地面组对安装、找正、紧固螺栓、固定焊接、玻璃钢本体废气出口、漏斗地面组对、外构架与本体连接、固定找正，内集酸板、栅板及其他内件安装、找正，配合玻璃钢接缝积层施工、气密试验、系统调试、配合检查验收等。

计量单位：t

编号				3-2-407	3-2-408
项目				壳体金属结构	玻璃钢本体
名称			单位	消耗量	
人工	合计工日		工日	5.466	20.998
	其中	普工	工日	2.187	8.400
		一般技工	工日	2.186	8.399
		高级技工	工日	1.093	4.199
材料	镀锌钢丝网 ϕ（2.5×67×67）～（3×50×50）		m^2	—	3.988
	型钢（综合）		kg	—	35.440
	乙炔气		kg	0.413	1.765
	氧气		m^3	1.073	4.589
	低碳钢焊条 J427		kg	1.318	2.909
	钢垫板（综合）		kg	1.705	—
	无石棉橡胶板 高压 δ1～6		kg	—	0.228
	毛毡 5		m^2	—	1.111
	铜接线端子 DT-16		个	—	5.068
	道木		m^3	0.008	0.008
	胶合板 δ3		m^2	—	0.533
	其他材料费		%	3.00	3.00
机械	汽车式起重机 12t		台班	0.048	0.282
	汽车式起重机 40t		台班	0.177	1.079
	载货汽车－普通货车 15t		台班	0.025	0.014
	弧焊机 32kV·A		台班	0.975	1.716
	电动空气压缩机 9m^3/min		台班	—	0.186
	电焊条烘干箱 80×80×100（cm^3）		台班	0.010	0.171
	电焊条恒温箱		台班	0.010	0.171

3. 电除雾器安装

工作内容：施工准备，壳体安装、沉淀板、电晕板、上下分布板、内框架绝缘箱安装、找正、焊接内框架梁、焊缝严密性试验、配合检查验收等。　　**计量单位：**t

编　号				3-2-409
项　目				壳体金属结构
名　称			单位	消　耗　量
人工	合计工日		工日	21.942
	其中	普工	工日	8.777
		一般技工	工日	8.777
		高级技工	工日	4.388
材料	铅焊丝		kg	14.383
	乙炔气		kg	3.618
	氧气		m^3	9.406
	低碳钢焊条 J427		kg	1.621
	钢垫板（综合）		kg	0.913
	煤油		kg	0.335
	氨气		m^3	16.871
	无石棉橡胶板 高压 δ1～6		kg	0.381
	铜接线端子 DT-16		个	1.507
	道木		m^3	0.015
	其他材料费		%	3.00
机械	汽车式起重机 16t		台班	0.580
	汽车式起重机 40t		台班	0.032
	载货汽车－普通货车 5t		台班	0.209
	载货汽车－平板拖车组 40t		台班	0.016
	弧焊机 32kV·A		台班	0.991
	电动空气压缩机 9m^3/min		台班	0.073
	电焊条烘干箱 80×80×100（cm^3）		台班	0.099
	电焊条恒温箱		台班	0.099

4. 污水处理设备安装

工作内容：设备及附件的清洗、安装、调试和电机安装等。 **计量单位：**台

编　号				3-2-410	3-2-411	3-2-412	3-2-413	3-2-414	3-2-415	3-2-416
项　目				曝气机叶轮直径（mm）		调节堰板（mm）		刮沫机	刮泥机 8.5t	刮泥机 24t
				ϕ1 500	ϕ1 930	3 000	4 500		ϕ20	ϕ37
名　称			单位	消　耗　量						
人工	合计工日		工日	16.566	22.212	6.618	7.997	51.852	157.889	228.126
	其中	普工	工日	6.627	8.885	2.647	3.199	20.741	63.155	91.251
		一般技工	工日	6.626	8.885	2.647	3.199	20.741	63.156	91.250
		高级技工	工日	3.313	4.442	1.324	1.599	10.370	31.578	45.625
材料	斜垫铁（综合）		kg	23.614	24.641	—	—	14.101	15.760	20.174
	平垫铁（综合）		kg	45.203	47.167	—	—	27.921	39.427	43.955
	低碳钢焊条 J427		kg	1.705	1.910	1.301	1.309	2.877	38.050	38.050
	道木		m^3	0.023	0.023	0.008	0.008	0.008	0.236	0.236
	无石棉橡胶板 高压 δ1～6		kg	—	—	—	—	—	3.044	9.132
	热轧薄钢板 δ3.5～4.0		kg	—	—	—	—	—	1.903	4.566
	木板		m^3	0.046	0.053	—	—	0.008	—	—
	镀锌铁丝（综合）		kg	1.218	1.522	2.283	2.283	1.370	3.805	9.132
	黄油钙基脂		kg	1.065	1.370	1.903	2.283	1.142	2.055	3.653
	机油		kg	1.522	2.131	—	—	1.142	2.587	7.306
	煤油		kg	2.055	2.283	4.566	5.327	2.283	9.132	18.264
	汽油（综合）		kg	5.175	8.447	—	—	0.761	3.044	4.566
	橡胶盘根 低压		kg	0.723	0.837	—	—	—	—	—
	氧气		m^3	—	—	2.283	2.306	—	5.936	5.959
	乙炔气		kg	—	—	0.878	0.887	—	2.283	2.292
	其他材料费		%	5.00	5.00	5.00	5.00	5.00	5.00	5.00
机械	弧焊机 20kV·A		台班	1.063	1.120	0.612	0.621	1.780	16.106	16.115
	汽车式起重机 16t		台班	0.271	0.361	0.129	0.218	0.483	1.082	2.255
	履带式起重机 15t		台班	—	—	—	—	—	7.208	12.563
	载货汽车－普通货车 5t		台班	—	—	—	—	—	1.611	1.619
	载货汽车－普通货车 8t		台班	0.322	0.483	0.331	0.411	0.805	1.611	1.611
	电焊条烘干箱 80×80×100（cm^3）		台班	0.106	0.112	0.061	0.062	0.170	1.611	1.611
	电焊条恒温箱		台班	0.106	0.112	0.061	0.062	0.170	1.611	1.611

九、设备压力试验与设备清洗、钝化、脱脂

1. 设备水压试验

（1）容器、反应器类设备水压试验（设计压力2.5MPa以内）

工作内容：施工准备、临时输水管线、阀门、盲板及压力表安装与拆除、充水升压、稳压检查、消漏、记录、放水、压缩空气吹扫、配合检查验收等。

编　号				3-2-417	3-2-418	3-2-419
项　目				水压试验基础（准备）工作		水压试验
				$20m^3$以内	$20m^3$以外	设备容积
				台		m^3
名　称			单位	消　耗　量		
人工	合计工日		工日	4.050	4.860	0.041
	其中	普工	工日	1.620	1.944	0.016
		一般技工	工日	1.620	1.944	0.016
		高级技工	工日	0.810	0.972	0.009
材料	无缝钢管 $D57 \times 3.5$		m	3.044	—	—
	无缝钢管 $D108 \times 4$		m	—	3.044	—
	乙炔气		kg	0.316	0.474	0.002
	氧气		m^3	0.822	1.233	0.005
	低碳钢焊条 J427		kg	0.601	0.902	0.003
	无石棉橡胶板 高压 $\delta 1 \sim 6$		kg	1.370	2.055	0.015
	平焊法兰 1.6MPa *DN*50		副	0.076	—	—
	平焊法兰 1.6MPa *DN*100		副	—	0.076	—
	压制弯头 90°*R*=1.5*D* *DN*50		个	0.076	—	—
	压制弯头 90°*R*=1.5*D* *DN*100		个	—	0.076	—
	盲板（综合）		kg	3.805	6.088	0.076
	法兰闸阀 Z41H-16 *DN*50		个	0.038	—	—
	法兰闸阀 Z41H-16 *DN*100		个	—	0.038	—
	水		t	—	—	0.776
	其他材料费		%	2.00	2.00	2.00
机械	电动单级离心清水泵 50mm		台班	0.081	—	0.001
	电动单级离心清水泵 100mm		台班	—	0.081	0.001
	试压泵 60MPa		台班	0.564	0.725	0.004
	弧焊机 32kV·A		台班	0.560	0.960	0.003
	电动空气压缩机 $9m^3/min$		台班	0.041	0.064	0.001

（2）热交换器类设备水压试验（设计压力 2.5MPa 以内）

工作内容：施工准备、临时输水管线、阀门、盲板及压力表安装与拆除、充水升压、稳压检查、消漏、记录、放水、压缩空气吹扫、配合检查验收等。

编号				3-2-420	3-2-421	3-2-422
项目				水压试验基础（准备）工作		水压试验
				20m^3 以内	20m^3 以外	
				台		m^3
名称			单位	消耗量		
人工	合计工日		工日	4.135	4.219	0.070
	其中	普工	工日	1.654	1.688	0.028
		一般技工	工日	1.654	1.688	0.028
		高级技工	工日	0.827	0.843	0.014
材料	无缝钢管 $D57 \times 4$		m	3.044	—	—
	无缝钢管 $D108 \times 6$		m	—	3.044	—
	乙炔气		kg	0.316	0.379	0.002
	氧气		m^3	0.822	0.986	0.005
	低碳钢焊条 J427		kg	0.601	0.902	0.003
	无石棉橡胶板 中压 $\delta 0.8 \sim 6.0$		kg	2.740	3.288	0.061
	对焊法兰 PN4.0MPa DN50		副	0.076	—	—
	对焊法兰 PN4.0MPa DN100		副	—	0.076	—
	压制弯头 90°R=1.5D DN50		个	0.076	—	—
	压制弯头 90°R=1.5D DN100		个	—	0.076	—
	盲板（综合）		kg	4.566	5.479	0.099
	法兰闸阀 Z41H-40 DN50		个	0.038	—	—
	法兰闸阀 Z41H-40 DN100		个	—	0.038	—
	水		t	—	—	1.087
	其他材料费		%	2.00	2.00	—
机械	电动单级离心清水泵 50mm		台班	0.097	—	0.001
	电动单级离心清水泵 100mm		台班	—	0.097	0.001
	试压泵 60MPa		台班	0.676	0.725	0.005
	弧焊机 32kV·A		台班	0.805	1.208	0.002
	电动空气压缩机 9m^3/min		台班	0.041	0.064	0.001
	汽车式起重机 16t		台班	0.081	0.081	0.007

（3）塔类设备水压试验设计压力2.5MPa以内

工作内容：施工准备、临时输水管线、阀门、盲板及压力表安装与拆除、充水升压、稳压检查、消漏、记录、放水、压缩空气吹扫、配合检查验收等。

编　号				3-2-423	3-2-424	3-2-425
项　目				水压试验基础（准备）工作		水压试验
				20m³以内	20m³以外	
				台		m^3
名　称			单位	消　耗　量		
人工	合计工日		工日	9.650	9.843	0.048
	其中	普工	工日	3.860	3.937	0.019
		一般技工	工日	3.860	3.937	0.019
		高级技工	工日	1.930	1.969	0.010
材料	无缝钢管 $D57\times4$		m	3.044	—	—
	无缝钢管 $D108\times6$		m	—	3.044	—
	乙炔气		kg	0.316	0.474	0.002
	氧气		m^3	0.822	1.233	0.005
	低碳钢焊条 J427		kg	0.601	0.902	0.003
	无石棉橡胶板 中压 δ0.8～6.0		kg	3.425	4.109	0.030
	对焊法兰 *PN*4.0MPa *DN*50		副	0.076	—	—
	对焊法兰 *PN*4.0MPa *DN*100		副	—	0.076	—
	压制弯头 90°*R*=1.5*D* *DN*50		个	0.076	—	—
	压制弯头 90°*R*=1.5*D* *DN*100		个	—	0.076	—
	盲板（综合）		kg	7.610	9.132	0.076
	法兰闸阀 Z41H–40 *DN*50		个	0.038	—	—
	法兰闸阀 Z41H–40 *DN*100		个	—	0.038	—
	水		t	—	—	0.776
	其他材料费		%	2.00	2.00	—
机械	电动单级离心清水泵 50mm		台班	0.081	—	0.001
	电动单级离心清水泵 100mm		台班	—	0.081	0.001
	试压泵 60MPa		台班	0.621	0.725	0.004
	弧焊机 32kV·A		台班	0.805	1.208	0.002
	电动空气压缩机 9m³/min		台班	0.048	0.064	0.001

2. 设备气密性试验

(1)容器、反应器类设备气密试验

工作内容: 施工准备、盲板和压力表安装与拆除、充气升压、稳压检查、消漏、记录、放空清理、配合检查验收等。

计量单位:台

编号				3-2-426	3-2-427	3-2-428	3-2-429	3-2-430	3-2-431	3-2-432	3-2-433	3-2-434
项目				设计压力 1MPa 以内(容积 m^3 以内)								
				10	20	40	60	100	200	300	400	500
名称			单位	消耗量								
人工	合计工日		工日	1.640	2.462	3.510	4.798	5.632	7.108	8.665	10.272	11.809
	其中	普工	工日	0.656	0.985	1.404	1.920	2.253	2.843	3.466	4.109	4.724
		一般技工	工日	0.656	0.985	1.404	1.919	2.253	2.843	3.466	4.109	4.723
		高级技工	工日	0.328	0.492	0.702	0.959	1.126	1.422	1.733	2.054	2.362
材料	乙炔气		kg	0.176	0.263	0.378	0.501	0.580	0.729	0.869	1.001	1.142
	氧气		m^3	0.457	0.685	0.982	1.301	1.507	1.895	2.260	2.603	2.968
	低碳钢焊条 J427		kg	0.304	0.457	0.654	0.868	1.005	1.263	1.507	1.735	1.979
	肥皂		条	1.522	1.522	1.522	2.283	2.283	3.044	3.805	3.805	4.566
	无石棉橡胶板 高压 $\delta 1 \sim 6$		kg	1.324	1.552	2.488	2.527	3.196	4.589	5.053	6.666	8.158
	盲板(综合)		kg	2.709	3.843	6.529	11.133	16.400	22.389	26.764	37.205	58.095
	碎布		kg	0.381	0.381	0.381	0.533	0.533	0.761	1.142	1.142	1.522
	其他材料费		%	4.00	4.00	4.00	4.00	4.00	4.00	4.00	4.00	4.00
机械	弧焊机 32kV·A		台班	0.161	0.242	0.347	0.459	0.532	0.669	0.798	0.918	1.047
	电动空气压缩机 $6m^3/min$		台班	0.081	0.105	0.137	—	—	—	—	—	—
	电动空气压缩机 $9m^3/min$		台班	—	—	—	0.145	0.234	—	—	—	—
	电动空气压缩机 $10m^3/min$		台班	—	—	—	—	—	0.347	0.524	—	—
	电动空气压缩机 $20m^3/min$		台班	—	—	—	—	—	—	—	0.499	0.621

计量单位：台

编号				3-2-435	3-2-436	3-2-437	3-2-438	3-2-439	3-2-440	3-2-441	3-2-442	3-2-443
项目				设计压力 2.5MPa 以内（容积 m^3 以内）								
				10	20	40	60	100	200	300	400	500
名称			单位	消耗量								
人工	合计工日		工日	1.930	2.895	4.109	5.390	6.246	7.720	9.285	10.808	12.160
	其中	普工	工日	0.772	1.158	1.644	2.156	2.499	3.088	3.714	4.323	4.864
		一般技工	工日	0.772	1.158	1.643	2.156	2.498	3.088	3.714	4.323	4.864
		高级技工	工日	0.386	0.579	0.822	1.078	1.249	1.544	1.857	2.162	2.432
材料	乙炔气		kg	0.184	0.272	0.395	0.518	0.588	0.729	0.869	1.019	1.159
	氧气		m^3	0.479	0.708	1.027	1.347	1.530	1.895	2.260	2.648	3.014
	低碳钢焊条 J427		kg	0.320	0.472	0.685	0.898	1.020	1.263	1.507	1.766	2.009
	肥皂		条	1.522	1.522	1.522	2.283	2.283	3.044	3.805	3.805	4.566
	无石棉橡胶板 中压 δ0.8～6.0		kg	1.484	1.766	2.854	3.440	4.482	6.354	7.313	9.961	13.196
	盲板（综合）		kg	4.711	6.978	12.252	20.874	32.495	44.404	53.856	73.596	115.200
	碎布		kg	0.381	0.381	0.381	0.533	0.533	0.761	1.142	1.142	1.522
	其他材料费		%	4.00	4.00	4.00	4.00	4.00	4.00	4.00	4.00	4.00
机械	弧焊机 32kV·A		台班	0.170	0.250	0.363	0.476	0.540	0.669	0.798	0.934	1.063
	电动空气压缩机 6m^3/min		台班	0.177	0.242	0.347	—	—	—	—	—	—
	电动空气压缩机 9m^3/min		台班	—	—	—	0.347	0.580	—	—	—	—
	电动空气压缩机 10m^3/min		台班	—	—	—	—	—	0.878	1.313	—	—
	电动空气压缩机 20m^3/min		台班	—	—	—	—	—	—	—	1.233	1.539

计量单位：台

编号			3-2-444	3-2-445	3-2-446	3-2-447	3-2-448	3-2-449	3-2-450	3-2-451	3-2-452
项目			设计压力 4MPa 以内（容积 m^3 以内）								
			10	20	40	60	100	200	300	400	500
名称		单位	消耗量								
人工	合计工日	工日	2.033	3.047	4.343	5.667	6.410	7.942	9.451	11.691	12.470
	其中 普工	工日	0.813	1.219	1.737	2.267	2.564	3.177	3.780	4.677	4.988
	其中 一般技工	工日	0.813	1.219	1.737	2.267	2.564	3.177	3.781	4.676	4.988
	其中 高级技工	工日	0.407	0.609	0.869	1.133	1.282	1.588	1.890	2.338	2.494
材料	乙炔气	kg	0.193	0.290	0.413	0.536	0.606	0.746	0.887	1.027	1.168
	氧气	m^3	0.502	0.753	1.073	1.393	1.575	1.941	2.306	2.671	3.036
	低碳钢焊条 J427	kg	0.335	0.502	0.715	0.928	1.050	1.294	1.537	1.781	2.024
	肥皂	条	1.522	1.522	1.522	2.283	2.283	3.044	3.805	3.805	4.566
	无石棉橡胶板 中压 $\delta 0.8 \sim 6.0$	kg	1.819	2.732	4.269	4.711	5.312	7.351	8.074	10.228	14.246
	盲板（综合）	kg	7.260	11.133	22.107	36.300	44.458	62.881	76.701	106.403	152.413
	碎布	kg	1.142	1.142	1.142	1.294	1.294	1.552	1.842	2.146	2.420
	其他材料费	%	4.00	4.00	4.00	4.00	4.00	4.00	4.00	4.00	4.00
机械	弧焊机 32kV·A	台班	0.177	0.266	0.379	0.492	0.556	0.685	0.814	0.943	1.071
	电动空气压缩机 $6m^3/min$	台班	0.282	0.403	0.556	—	—	—	—	—	—
	电动空气压缩机 $9m^3/min$	台班	—	—	—	0.556	0.934	—	—	—	—
	电动空气压缩机 $10m^3/min$	台班	—	—	—	—	—	1.401	2.094	—	—
	电动空气压缩机 $20m^3/min$	台班	—	—	—	—	—	—	—	1.973	2.464

计量单位：台

编　号				3-2-453	3-2-454	3-2-455	3-2-456	3-2-457	3-2-458	3-2-459	3-2-460	3-2-461
项　目				设计压力 10MPa 以内（容积 m^3 以内）								
				10	20	40	60	100	200	300	400	500
名　称			单位	消　耗　量								
人工	合计工日		工日	2.130	3.170	4.480	5.798	6.562	8.094	9.624	11.051	12.656
	其中	普工	工日	0.852	1.268	1.792	2.319	2.625	3.237	3.850	4.421	5.063
		一般技工	工日	0.852	1.268	1.792	2.319	2.625	3.238	3.849	4.420	5.062
		高级技工	工日	0.426	0.634	0.896	1.160	1.312	1.619	1.925	2.210	2.531
材料	乙炔气		kg	0.202	0.299	0.421	0.544	0.615	0.764	0.904	1.045	1.185
	氧气		m^3	0.525	0.776	1.096	1.415	1.598	1.986	2.351	2.717	3.082
	低碳钢焊条 J427		kg	0.350	0.517	0.731	0.944	1.065	1.324	1.568	1.811	2.055
	肥皂		条	1.522	1.522	1.522	2.283	2.283	3.044	3.805	3.805	4.566
	无石棉橡胶板 中压 δ0.8～6.0		kg	1.918	2.390	3.965	4.284	5.213	7.557	7.914	11.362	15.319
	盲板（综合）		kg	12.199	18.097	23.393	40.257	57.045	82.104	96.274	127.262	188.005
	碎布		kg	0.381	0.381	0.381	0.533	0.533	0.761	1.142	1.142	1.522
	其他材料费		%	4.00	4.00	4.00	4.00	4.00	4.00	4.00	4.00	4.00
机械	弧焊机 32kV·A		台班	0.186	0.274	0.387	0.499	0.564	0.701	0.830	0.959	1.088
	电动空气压缩机 10m^3/min		台班	0.081	0.113	0.177	0.209	0.298	0.368	0.496	0.628	0.789
	电动空气压缩机 20m^3/min		台班	0.019	0.027	0.039	0.050	0.057	0.070	0.083	1.826	1.838

(2)热交换器类设备气密试验

工作内容:施工准备、盲板和压力表安装与拆除、充气升压、稳压检查、消漏、记录、放空清理、配合检查验收等。

计量单位:台

编号				3-2-462	3-2-463	3-2-464	3-2-465	3-2-466	3-2-467	3-2-468	3-2-469
项目				设计压力 1MPa 以内(容积 m^3 以内)							
				5	10	15	20	30	40	60	100
名称			单位	消耗量							
人工	合计工日		工日	1.744	2.012	2.523	3.054	3.770	4.460	5.867	6.700
	其中	普工	工日	0.698	0.805	1.010	1.222	1.508	1.784	2.346	2.680
		一般技工	工日	0.697	0.805	1.009	1.221	1.508	1.784	2.347	2.680
		高级技工	工日	0.349	0.402	0.504	0.611	0.754	0.892	1.174	1.340
材料	乙炔气		kg	0.105	0.149	0.193	0.237	0.290	0.342	0.457	0.518
	氧气		m^3	0.274	0.388	0.502	0.616	0.753	0.890	1.187	1.347
	低碳钢焊条 J427		kg	0.183	0.266	0.335	0.411	0.510	0.594	0.791	0.898
	肥皂		条	1.522	1.522	1.522	1.522	1.522	1.522	2.283	2.283
	无石棉橡胶板 高压 δ1~6		kg	1.857	2.747	2.976	3.782	4.505	6.004	6.742	7.732
	盲板(综合)		kg	2.861	4.208	4.695	6.803	10.312	13.766	18.142	23.766
	碎布		kg	0.381	0.381	0.381	0.381	0.381	0.381	0.533	0.533
	其他材料费		%	4.00	4.00	4.00	4.00	4.00	4.00	4.00	4.00
机械	弧焊机 32kV·A		台班	0.097	0.137	0.177	0.218	0.266	0.314	0.419	0.476
	电动空气压缩机 6m^3/min		台班	0.081	0.081	0.081	0.097	0.113	—	—	—
	电动空气压缩机 9m^3/min		台班	—	—	—	—	—	0.137	0.145	0.234

计量单位：台

编号			3-2-470	3-2-471	3-2-472	3-2-473	3-2-474	3-2-475	3-2-476	3-2-477
项目			设计压力 2.5MPa 以内（容积 m^3 以内）							
			5	10	15	20	30	40	60	100
名称		单位	消耗量							
人工	合计工日	工日	1.958	2.164	2.709	3.247	3.819	4.743	6.156	7.045
	其中 普工	工日	0.783	0.865	1.084	1.298	1.527	1.897	2.463	2.818
	其中 一般技工	工日	0.783	0.866	1.083	1.299	1.528	1.897	2.462	2.818
	其中 高级技工	工日	0.392	0.433	0.542	0.650	0.764	0.949	1.231	1.409
材料	乙炔气	kg	0.140	0.158	0.193	0.228	0.290	0.351	0.457	0.527
	氧气	m^3	0.365	0.411	0.502	0.594	0.753	0.913	1.187	1.370
	低碳钢焊条 J427	kg	0.244	0.274	0.335	0.403	0.510	0.616	0.799	0.913
	肥皂	条	1.522	1.522	1.522	1.522	1.522	1.522	2.283	2.283
	无石棉橡胶板 高压 $\delta1\sim6$	kg	2.055	2.740	3.478	4.627	5.472	7.138	7.564	9.642
	盲板（综合）	kg	5.099	7.861	8.645	12.792	17.990	26.224	35.097	51.398
	碎布	kg	0.381	0.381	0.381	0.381	0.381	0.381	0.533	0.533
	其他材料费	%	4.00	4.00	4.00	4.00	4.00	4.00	4.00	4.00
机械	弧焊机 32kV·A	台班	0.129	0.145	0.177	0.209	0.266	0.322	0.419	0.483
	电动空气压缩机 $6m^3/min$	台班	0.177	0.177	0.202	0.202	0.282	0.338	—	—
	电动空气压缩机 $9m^3/min$	台班	—	—	—	—	—	—	0.363	0.580

计量单位：台

编号				3-2-478	3-2-479	3-2-480	3-2-481	3-2-482	3-2-483	3-2-484	3-2-485
项目				设计压力 4MPa 以内（容积 m^3 以内）							
				5	10	15	20	30	40	60	100
名称			单位	消耗量							
人工	合计工日		工日	2.096	2.310	2.889	3.460	4.199	4.916	6.431	7.287
	其中	普工	工日	0.838	0.924	1.156	1.384	1.680	1.967	2.573	2.915
		一般技工	工日	0.839	0.924	1.156	1.384	1.680	1.966	2.572	2.915
		高级技工	工日	0.419	0.462	0.577	0.692	0.839	0.983	1.286	1.457
材料	乙炔气		kg	0.149	0.176	0.220	0.255	0.316	0.360	0.474	0.536
	氧气		m^3	0.388	0.457	0.571	0.662	0.822	0.936	1.233	1.393
	低碳钢焊条 J427		kg	0.251	0.304	0.373	0.449	0.548	0.632	0.822	0.936
	肥皂		条	1.522	1.522	1.522	1.522	1.522	1.522	2.283	2.283
	无石棉橡胶板 中压 $\delta 0.8 \sim 6.0$		kg	2.595	4.186	4.520	5.152	5.350	7.937	9.056	11.141
	盲板（综合）		kg	8.021	13.371	13.980	24.428	30.524	43.849	57.631	78.992
	碎布		kg	0.381	0.381	0.381	0.381	0.381	0.381	0.533	0.533
	其他材料费		%	4.00	4.00	4.00	4.00	4.00	4.00	4.00	4.00
机械	弧焊机 32kV·A		台班	0.129	0.161	0.193	0.234	0.290	0.331	0.403	0.492
	电动空气压缩机 $6m^3/min$		台班	0.282	0.282	0.282	0.322	0.419	0.548	—	—
	电动空气压缩机 $9m^3/min$		台班	—	—	—	—	—	—	0.556	0.934

计量单位：台

编　号				3-2-486	3-2-487	3-2-488	3-2-489	3-2-490	3-2-491	3-2-492	3-2-493
项　目				设计压力 10MPa 以内（容积 m^3 以内）							
				5	10	15	20	30	40	60	100
名　称			单位	消　耗　量							
人工	合计工日		工日	2.164	2.440	3.027	3.633	4.378	5.150	6.659	7.527
	其中	普工	工日	0.865	0.976	1.211	1.453	1.751	2.060	2.664	3.011
		一般技工	工日	0.866	0.976	1.211	1.453	1.751	2.060	2.663	3.011
		高级技工	工日	0.433	0.488	0.605	0.727	0.876	1.030	1.332	1.505
材料	乙炔气		kg	0.140	0.176	0.220	0.281	0.328	0.378	0.492	0.553
	氧气		m^3	0.365	0.457	0.571	0.731	0.852	0.982	1.278	1.438
	低碳钢焊条 J427		kg	0.244	0.304	0.373	0.457	0.556	0.654	0.852	0.959
	肥皂		条	1.522	1.522	1.522	1.522	1.522	1.522	2.283	2.283
	无石棉橡胶板 中压 $\delta 0.8 \sim 6.0$		kg	2.527	3.729	4.049	5.091	6.111	8.173	9.665	11.126
	盲板（综合）		kg	13.272	20.608	22.594	29.527	38.743	51.223	69.411	91.297
	碎布		kg	0.381	0.381	0.381	0.381	0.381	0.381	0.533	0.533
	其他材料费		%	4.00	4.00	4.00	4.00	4.00	4.00	4.00	4.00
机械	弧焊机 32kV·A		台班	0.129	0.161	0.193	0.258	0.274	0.347	0.451	0.508
	电动空气压缩机 $6m^3/min$		台班	0.177	0.225	0.338	0.451	0.676	0.838	—	—
	电动空气压缩机 $9m^3/min$		台班	—	—	—	—	—	—	0.894	1.490
	电动空气压缩机 $10m^3/min$		台班	0.081	0.081	0.081	0.105	0.129	0.177	0.225	0.298

计量单位：台

编　号			3-2-494	3-2-495	3-2-496	3-2-497	3-2-498	3-2-499	3-2-500	3-2-501
项　目			设计压力 22MPa 以内（容积 m^3 以内）							
			5	10	20	40	60	100	150	200
名　称		单位	消　耗　量							
人工	合计工日	工日	2.261	3.240	4.854	6.880	8.893	10.106	10.637	12.188
人工	其中 普工	工日	0.904	1.296	1.941	2.752	3.557	4.043	4.255	4.875
人工	其中 一般技工	工日	0.904	1.296	1.942	2.752	3.557	4.042	4.255	4.875
人工	其中 高级技工	工日	0.453	0.648	0.971	1.376	1.779	2.021	2.127	2.438
材料	乙炔气	kg	0.211	0.316	0.492	0.702	0.896	1.036	1.071	1.229
材料	氧气	m^3	0.548	0.822	1.278	1.826	2.329	2.694	2.785	3.196
材料	低碳钢焊条 J427	kg	0.373	0.556	0.852	1.218	1.552	1.811	1.857	2.131
材料	高压不锈钢垫	kg	1.225	1.324	1.636	2.047	2.557	2.785	3.067	3.881
材料	肥皂	条	1.522	1.522	1.522	1.522	2.283	2.283	3.044	3.044
材料	盲板（综合）	kg	14.680	16.438	18.645	25.410	34.527	36.733	43.316	50.454
材料	透镜垫	kg	6.925	7.618	8.538	14.307	19.413	21.696	25.577	31.064
材料	碎布	kg	0.381	0.381	0.381	0.381	0.533	0.533	0.761	0.761
材料	其他材料费	%	4.00	4.00	4.00	4.00	4.00	4.00	4.00	4.00
机械	弧焊机 32kV·A	台班	0.193	0.290	0.451	0.644	0.821	0.950	0.982	1.127
机械	电动空气压缩机 $6m^3/min$	台班	0.403	0.564	1.120	2.239	2.086	3.495	—	—
机械	电动空气压缩机 $9m^3/min$	台班	—	—	—	—	0.145	0.234	—	—
机械	电动空气压缩机 $10m^3/min$	台班	0.081	0.113	0.225	0.451	0.580	0.749	5.034	6.700

(3)塔类设备气密试验

工作内容:施工准备、盲板和压力表安装与拆除、充气升压、稳压检查、消漏、记录、放空清理、配合检查验收等。

计量单位:台

编号				3-2-502	3-2-503	3-2-504	3-2-505	3-2-506	3-2-507	3-2-508	3-2-509
项目				设计压力 1MPa 以内(容积 m^3 以内)							
				5	10	30	50	100	200	300	400
名称			单位	消耗量							
人工	合计工日		工日	2.392	3.372	4.337	4.916	7.135	9.196	10.817	12.463
	其中	普工	工日	0.957	1.349	1.735	1.967	2.854	3.678	4.327	4.985
		一般技工	工日	0.957	1.349	1.735	1.966	2.854	3.679	4.327	4.985
		高级技工	工日	0.478	0.674	0.867	0.983	1.427	1.839	2.163	2.493
材料	乙炔气		kg	0.176	0.263	0.378	0.492	0.580	0.720	0.861	1.001
	氧气		m^3	0.457	0.685	0.982	1.278	1.507	1.872	2.237	2.603
	低碳钢焊条 J427		kg	0.304	0.457	0.654	0.883	1.005	1.248	1.301	1.492
	肥皂		条	1.522	1.522	1.522	2.283	2.283	3.044	3.805	3.805
	无石棉橡胶板 高压 $\delta 1\sim6$		kg	4.254	6.689	7.542	7.854	9.436	10.296	13.150	13.706
	盲板(综合)		kg	7.328	10.007	12.237	15.273	23.583	43.126	46.626	49.922
	碎布		kg	0.381	0.381	0.381	0.533	0.533	0.761	1.142	1.142
	其他材料费		%	4.00	4.00	4.00	4.00	4.00	4.00	4.00	4.00
机械	弧焊机 32kV·A		台班	0.161	0.242	0.347	0.467	0.532	0.660	0.789	0.918
	电动空气压缩机 $6m^3/min$		台班	0.081	0.105	0.137	—	—	—	—	—
	电动空气压缩机 $9m^3/min$		台班	—	—	—	0.145	0.234	—	—	—
	电动空气压缩机 $10m^3/min$		台班	—	—	—	—	—	0.347	0.524	—
	电动空气压缩机 $20m^3/min$		台班	—	—	—	—	—	—	—	0.499

计量单位:台

编号				3-2-510	3-2-511	3-2-512	3-2-513	3-2-514	3-2-515	3-2-516	3-2-517	3-2-518
项目				设计压力 1MPa 以内(容积 m^3 以内)								
				500	600	800	1 000	1 200	1 400	1 600	1 800	2 000
名称			单位	消耗量								
人工	合计工日		工日	13.759	16.145	17.620	20.943	21.402	22.797	25.119	28.649	31.640
	其中	普工	工日	5.504	6.458	7.048	8.377	8.561	9.119	10.047	11.460	12.656
		一般技工	工日	5.503	6.458	7.048	8.377	8.561	9.119	10.048	11.459	12.656
		高级技工	工日	2.752	3.229	3.524	4.189	4.280	4.559	5.024	5.730	6.328
材料	乙炔气		kg	1.142	1.203	1.422	1.642	1.782	1.853	2.072	2.388	2.731
	氧气		m^3	2.968	3.128	3.698	4.269	4.634	4.817	5.388	6.210	7.100
	低碳钢焊条 J427		kg	1.735	2.085	2.466	2.846	3.090	3.211	3.592	4.140	4.733
	肥皂		条	4.566	4.566	6.088	7.610	9.132	9.132	10.654	10.654	10.654
	无石棉橡胶板 高压 $\delta 1\sim6$		kg	15.471	15.311	16.004	17.237	19.413	21.080	22.716	23.880	26.468
	盲板(综合)		kg	53.270	55.583	58.886	62.394	66.945	73.619	81.830	91.739	103.298
	碎布		kg	1.522	1.522	1.903	2.283	2.664	2.664	3.044	3.044	3.044
	其他材料费		%	4.00	4.00	4.00	4.00	4.00	4.00	4.00	4.00	4.00
机械	弧焊机 32kV·A		台班	1.047	1.104	1.305	1.506	1.635	1.700	1.901	2.190	2.505
	电动空气压缩机 20m^3/min		台班	0.621	0.693	0.765	0.950	—	—	—	—	—
	电动空气压缩机 40m^3/min		台班	—	—	—	—	0.709	0.733	0.814	0.943	1.047

计量单位:台

编　　号			3-2-519	3-2-520	3-2-521	3-2-522	3-2-523	3-2-524	3-2-525	3-2-526
项　　目			设计压力 2.5MPa 以内(容积 m^3 以内)							
			5	10	30	50	100	200	300	400
名　　称		单位	消　耗　量							
人工	合计工日	工日	2.413	3.675	5.252	6.893	7.838	9.741	11.630	13.546
人工	其中 普工	工日	0.965	1.470	2.101	2.757	3.135	3.897	4.652	5.418
人工	其中 一般技工	工日	0.965	1.470	2.101	2.757	3.135	3.896	4.652	5.418
人工	其中 高级技工	工日	0.483	0.735	1.050	1.379	1.568	1.948	2.326	2.710
材料	乙炔气	kg	0.176	0.272	0.386	0.518	0.588	0.729	0.869	1.019
材料	氧气	m^3	0.457	0.708	1.005	1.347	1.530	1.895	2.260	2.648
材料	低碳钢焊条 J427	kg	0.312	0.472	0.677	0.898	1.020	1.263	1.385	1.766
材料	肥皂	条	1.522	1.522	1.522	2.283	2.283	3.044	3.805	3.805
材料	无石棉橡胶板 中压 δ0.8～6.0	kg	4.612	7.678	8.112	8.683	10.829	14.512	15.037	16.712
材料	盲板(综合)	kg	12.808	17.640	22.746	29.040	46.999	82.416	88.558	95.407
材料	碎布	kg	0.381	0.381	0.381	0.533	0.533	0.761	1.142	1.142
材料	其他材料费	%	4.00	4.00	4.00	4.00	4.00	4.00	4.00	4.00
机械	弧焊机 32kV·A	台班	0.161	0.250	0.354	0.476	0.540	0.669	0.798	0.934
机械	电动空气压缩机 6m^3/min	台班	0.202	0.202	0.322	—	—	—	—	—
机械	电动空气压缩机 9m^3/min	台班	—	—	—	0.363	0.580	—	—	—
机械	电动空气压缩机 10m^3/min	台班	—	—	—	—	—	0.862	1.305	—
机械	电动空气压缩机 20m^3/min	台班	—	—	—	—	—	—	—	1.249

计量单位：台

编号			3-2-527	3-2-528	3-2-529	3-2-530	3-2-531	3-2-532	3-2-533	3-2-534	3-2-535
项目			设计压力 2.5MPa 以内（容积 m^3 以内）								
			500	600	800	1 000	1 200	1 400	1 600	1 800	2 000
名称		单位	消耗量								
人工	合计工日	工日	15.435	16.365	19.227	22.093	23.955	24.692	27.768	31.786	36.722
人工	其中 普工	工日	6.174	6.546	7.691	8.837	9.582	9.877	11.107	12.714	14.689
人工	其中 一般技工	工日	6.174	6.546	7.691	8.837	9.582	9.877	11.107	12.715	14.689
人工	其中 高级技工	工日	3.087	3.273	3.845	4.419	4.791	4.938	5.554	6.357	7.344
材料	乙炔气	kg	1.159	1.229	1.440	1.651	1.791	1.862	2.072	2.529	2.748
材料	氧气	m^3	3.014	3.196	3.744	4.292	4.657	4.840	5.388	6.575	7.146
材料	低碳钢焊条 J427	kg	2.009	2.131	2.496	2.869	3.044	3.196	3.425	4.109	4.718
材料	肥皂	条	4.566	4.566	6.088	7.610	9.132	9.132	10.654	10.654	10.654
材料	无石棉橡胶板 中压 δ0.8～6.0	kg	16.986	14.710	15.585	16.712	19.794	20.197	22.046	24.405	27.617
材料	盲板（综合）	kg	101.829	106.449	112.887	120.040	130.481	142.048	155.701	170.236	186.826
材料	碎布	kg	1.522	1.522	1.903	2.283	2.664	2.664	3.044	3.044	3.044
材料	其他材料费	%	4.00	4.00	4.00	4.00	4.00	4.00	4.00	4.00	4.00
机械	弧焊机 32kV·A	台班	1.063	1.127	1.321	1.522	1.643	1.707	1.901	2.319	2.521
机械	电动空气压缩机 20m^3/min	台班	1.546	1.732	1.909	2.376	—	—	—	—	—
机械	电动空气压缩机 40m^3/min	台班	—	—	—	—	1.651	1.828	2.029	2.352	2.618

计量单位：台

编　　号				3-2-536	3-2-537	3-2-538	3-2-539	3-2-540	3-2-541	3-2-542	3-2-543
项　　目				设计压力 4MPa 以内（容积 m^3 以内）							
				5	10	30	50	100	200	300	400
名　　称			单位	消　耗　量							
人工	合计工日		工日	2.550	3.840	5.480	7.128	8.094	10.010	11.934	13.843
	其中	普工	工日	1.020	1.536	2.192	2.851	3.237	4.004	4.773	5.537
		一般技工	工日	1.020	1.536	2.192	2.851	3.238	4.004	4.774	5.537
		高级技工	工日	0.510	0.768	1.096	1.426	1.619	2.002	2.387	2.769
材料	乙炔气		kg	0.184	0.281	0.404	0.527	0.597	0.738	0.887	1.027
	氧气		m^3	0.479	0.731	1.050	1.370	1.552	1.918	2.306	2.671
	低碳钢焊条 J427		kg	0.327	0.495	0.700	0.913	1.043	1.286	1.530	1.773
	肥皂		条	1.522	1.522	1.522	2.283	2.283	3.044	3.805	3.805
	无石棉橡胶板 中压 δ0.8～6.0		kg	7.100	8.759	9.124	9.421	11.971	15.471	16.597	17.617
	盲板（综合）		kg	24.200	27.320	31.924	36.566	65.499	104.683	121.052	128.130
	碎布		kg	0.381	0.381	0.381	0.533	0.533	0.761	1.142	1.142
	其他材料费		%	4.00	4.00	4.00	4.00	4.00	4.00	4.00	4.00
机械	弧焊机 32kV·A		台班	0.170	0.258	0.370	0.483	0.548	0.676	0.805	0.934
	电动空气压缩机 6m³/min		台班	0.322	0.403	0.548	—	—	—	—	—
	电动空气压缩机 9m³/min		台班	—	—	—	0.580	0.934	—	—	—
	电动空气压缩机 10m³/min		台班	—	—	—	—	—	1.385	2.094	—
	电动空气压缩机 20m³/min		台班	—	—	—	—	—	—	—	1.997

计量单位：台

编号			3-2-544	3-2-545	3-2-546	3-2-547
项目			设计压力 4MPa 以内（容积 m^3 以内）			
			500	600	800	1 000
名称		单位	消耗量			
人工	合计工日	工日	15.753	16.718	19.584	22.480
	其中 普工	工日	6.301	6.687	7.833	8.992
	其中 一般技工	工日	6.301	6.687	7.834	8.992
	其中 高级技工	工日	3.151	3.344	3.917	4.496
材料	乙炔气	kg	1.168	1.238	1.449	1.668
	氧气	m^3	3.036	3.219	3.767	4.338
	低碳钢焊条 J427	kg	2.017	2.154	2.519	2.892
	肥皂	条	4.566	4.566	6.088	7.610
	无石棉橡胶板 中压 δ0.8～6.0	kg	18.728	20.334	21.780	23.469
	盲板（综合）	kg	130.717	142.025	146.394	153.730
	碎布	kg	1.522	1.522	1.903	2.283
	其他材料费	%	4.00	4.00	4.00	4.00
机械	弧焊机 32kV·A	台班	1.063	1.136	1.329	1.530
	电动空气压缩机 20m^3/min	台班	2.480	2.770	3.060	3.801

计量单位: 台

编　号			3-2-548	3-2-549	3-2-550	3-2-551	3-2-552
项　目			设计压力 4MPa 以内(容积 m^3 以内)				
			1 200	1 400	1 600	1 800	2 000
名　称		单位	消　耗　量				
人工	合计工日	工日	24.383	25.520	28.243	32.441	37.301
人工	其中 普工	工日	9.753	10.208	11.297	12.977	14.920
人工	其中 一般技工	工日	9.753	10.208	11.297	12.976	14.921
人工	其中 高级技工	工日	4.877	5.104	5.649	6.488	7.460
材料	乙炔气	kg	1.809	1.897	2.107	2.669	2.766
材料	氧气	m^3	4.703	4.931	5.479	6.940	7.191
材料	低碳钢焊条 J427	kg	3.135	3.288	3.653	4.627	4.794
材料	肥皂	条	9.132	9.132	10.654	10.654	10.654
材料	无石棉橡胶板 中压 δ0.8～6.0	kg	25.669	27.685	30.288	33.636	37.259
材料	盲板(综合)	kg	172.671	196.688	219.777	240.324	260.376
材料	碎布	kg	2.664	2.664	3.044	3.044	3.044
材料	其他材料费	%	4.00	4.00	4.00	4.00	4.00
机械	弧焊机 32kV·A	台班	1.659	1.739	1.933	2.448	2.537
机械	电动空气压缩机 40m^3/min	台班	2.674	2.931	3.253	3.769	4.188

3. 设备清洗、钝化

(1)水 冲 洗

工作内容: 施工准备、冲洗、检查、放水、封闭、记录整理、配合检查验收等。　　**计量单位:** 台

编　号			3-2-553	3-2-554	3-2-555	3-2-556	3-2-557	3-2-558	3-2-559	3-2-560	3-2-561
项　目			容器类设备 容积(m^3 以内)								
			5	10	20	30	40	50	60	80	100
名　称		单位	消　耗　量								
人工	合计工日	工日	0.132	0.200	0.290	0.325	0.380	0.407	0.462	0.586	0.725
人工	其中 普工	工日	0.053	0.080	0.116	0.130	0.152	0.163	0.185	0.234	0.290
人工	其中 一般技工	工日	0.053	0.080	0.116	0.130	0.152	0.163	0.185	0.234	0.290
人工	其中 高级技工	工日	0.026	0.040	0.058	0.065	0.076	0.081	0.092	0.118	0.145
材料	水	t	1.621	2.854	4.756	5.708	6.659	7.610	8.561	11.415	14.269
机械	电动单级离心清水泵 50mm	台班	0.016	0.032	0.048	0.057	0.064	0.081	0.089	0.121	0.153

计量单位：台

编号			3-2-562	3-2-563	3-2-564	3-2-565	3-2-566	3-2-567	3-2-568	3-2-569
项目			热交换器类设备 容积（m^3 以内）							
			5	10	20	30	40	50	60	80
名称		单位	消耗量							
人工	合计工日	工日	0.275	0.317	0.477	0.586	0.628	0.807	0.848	1.110
人工	其中 普工	工日	0.110	0.127	0.191	0.234	0.251	0.323	0.340	0.444
人工	其中 一般技工	工日	0.110	0.127	0.191	0.234	0.251	0.323	0.339	0.444
人工	其中 高级技工	工日	0.055	0.063	0.095	0.118	0.126	0.161	0.169	0.222
材料	水	t	3.805	5.228	8.567	10.945	13.318	15.692	17.123	21.879
机械	电动单级离心清水泵 50mm	台班	0.041	0.057	0.089	0.113	0.137	0.170	0.186	0.234

（2）压缩空气吹扫

工作内容：施工准备、空气加压、检查、记录、吹洗、配合检查验收等。

计量单位：台

编号			3-2-570	3-2-571	3-2-572	3-2-573	3-2-574	3-2-575	3-2-576	3-2-577	3-2-578
项目			容器类设备 容积（m^3 以内）								
			5	10	20	30	40	50	60	80	100
名称		单位	消耗量								
人工	合计工日	工日	0.090	0.111	0.145	0.173	0.187	0.207	0.228	0.284	0.337
人工	其中 普工	工日	0.036	0.045	0.058	0.069	0.075	0.083	0.092	0.113	0.135
人工	其中 一般技工	工日	0.036	0.044	0.058	0.069	0.075	0.083	0.091	0.114	0.135
人工	其中 高级技工	工日	0.018	0.022	0.029	0.035	0.037	0.041	0.045	0.057	0.067
机械	电动空气压缩机 $6m^3/min$	台班	0.016	0.025	0.048	0.057	0.064	0.073	0.089	0.121	0.145

计量单位：台

编号				3-2-579	3-2-580	3-2-581	3-2-582	3-2-583	3-2-584	3-2-585	3-2-586	3-2-587
项目				热交换器类设备 容积（m^3 以内）								
				5	10	20	30	40	50	60	80	100
名称			单位	消耗量								
人工	合计工日		工日	0.166	0.187	0.255	0.304	0.359	0.400	0.435	0.524	0.628
	其中	普工	工日	0.066	0.075	0.102	0.121	0.144	0.160	0.174	0.210	0.251
		一般技工	工日	0.067	0.075	0.102	0.122	0.144	0.160	0.174	0.209	0.251
		高级技工	工日	0.033	0.037	0.051	0.061	0.071	0.080	0.087	0.105	0.126
机械	电动空气压缩机 $6m^3/min$		台班	0.048	0.064	0.097	0.121	0.153	0.177	0.193	0.242	0.290

计量单位：台

编号				3-2-588	3-2-589	3-2-590	3-2-591	3-2-592	3-2-593	3-2-594	3-2-595
项目				塔器类设备 容积（m^3 以内）							
				5	10	20	30	40	50	60	80
名称			单位	消耗量							
人工	合计工日		工日	0.138	0.166	0.243	0.275	0.317	0.359	0.393	0.468
	其中	普工	工日	0.055	0.066	0.097	0.110	0.127	0.144	0.157	0.187
		一般技工	工日	0.055	0.067	0.097	0.110	0.127	0.144	0.157	0.187
		高级技工	工日	0.028	0.033	0.049	0.055	0.063	0.071	0.079	0.094
机械	电动空气压缩机 $9m^3/min$		台班	0.041	0.048	0.089	0.113	0.129	0.153	0.170	0.209

计量单位：台

编号				3-2-596	3-2-597	3-2-598	3-2-599	3-2-600	3-2-601	3-2-602	3-2-603	3-2-604
项目				塔器类设备 容积（m^3 以内）								
				100	150	200	300	400	500	600	800	1 000
名称			单位	消耗量								
人工	合计工日		工日	0.510	0.552	0.565	0.649	0.702	0.758	0.793	0.854	0.951
	其中	普工	工日	0.204	0.221	0.226	0.259	0.281	0.303	0.317	0.341	0.380
		一般技工	工日	0.204	0.221	0.226	0.260	0.281	0.303	0.317	0.342	0.380
		高级技工	工日	0.102	0.110	0.113	0.130	0.140	0.152	0.159	0.171	0.191
机械	电动空气压缩机 $20m^3/min$		台班	0.234	0.250	0.266	0.314	0.331	0.363	0.379	0.451	0.459

工作内容：施工准备，箱（槽）制作与安装，临时管线安、拆，泵的安装及修理等。　　**计量单位：**台

编　号				3-2-605
项　目				设备气体吹扫措施用消耗量摊销
名　称			单位	消　耗　量
人工	合计工日		工日	1.020
	其中	普工	工日	0.408
		一般技工	工日	0.408
		高级技工	工日	0.204
材料	无缝钢管　$D57\times3.5$		m	1.370
	钢轨鱼尾板　24～50kg/m		kg	0.023
	低碳钢焊条　J427		kg	0.076
	无石棉橡胶板　中压　$\delta0.8\sim6.0$		kg	0.639
	钢板平焊法兰　1.6MPa　$DN50$		片	0.107
	法兰　$DN150$		片	0.023
	压制弯头　90°R=1.5D　$DN50$		个	0.137
	法兰止回阀　H44T-10　$DN50$		个	0.076
	法兰截止阀　$DN50$		个	0.304
	钢丝（综合）		kg	0.761
	尼龙砂轮片　$\phi100$		片	0.023
	砂轮片　$\phi200$		片	0.008
	薄砂轮片　$500\times25\times4$		片	0.008
	其他材料费		%	5.00
机械	管子切断机　325mm		台班	0.008
	试压泵　30MPa		台班	0.008
	弧焊机　32kV·A		台班	0.081

(3)蒸汽吹扫

工作内容：施工准备、吹洗、检查、记录、配合检查验收等。

计量单位：台

编号				3-2-606	3-2-607	3-2-608	3-2-609	3-2-610	3-2-611	3-2-612	3-2-613	3-2-614
项目				容器类设备 容积（m^3 以内）								
				5	10	20	30	40	50	60	80	100
名称			单位	消耗量								
人工	合计工日		工日	0.111	0.138	0.179	0.200	0.214	0.243	0.255	0.317	0.372
	其中	普工	工日	0.045	0.055	0.072	0.080	0.085	0.097	0.102	0.127	0.148
		一般技工	工日	0.044	0.055	0.071	0.080	0.086	0.097	0.102	0.127	0.149
		高级技工	工日	0.022	0.028	0.036	0.040	0.043	0.049	0.051	0.063	0.075
材料	蒸汽		t	0.061	0.076	0.099	0.107	0.114	0.129	0.137	0.167	0.198
	其他材料费		%	5.00	5.00	5.00	5.00	5.00	5.00	5.00	5.00	5.00

计量单位：台

编号				3-2-615	3-2-616	3-2-617	3-2-618	3-2-619	3-2-620	3-2-621	3-2-622	3-2-623
项目				热交换器类设备 容积（m^3 以内）								
				5	10	20	30	40	50	60	80	100
名称			单位	消耗量								
人工	合计工日		工日	0.138	0.173	0.255	0.304	0.359	0.400	0.435	0.524	0.628
	其中	普工	工日	0.055	0.069	0.102	0.121	0.144	0.160	0.174	0.210	0.251
		一般技工	工日	0.055	0.069	0.102	0.122	0.144	0.160	0.174	0.209	0.251
		高级技工	工日	0.028	0.035	0.051	0.061	0.071	0.080	0.087	0.105	0.126
材料	蒸汽		t	0.076	0.091	0.137	0.160	0.190	0.213	0.228	0.282	0.335
	其他材料费		%	5.00	5.00	5.00	5.00	5.00	5.00	5.00	5.00	5.00

工作内容：施工准备，箱（槽）制作与安装，临时管线安、拆，泵的安装及修理等。　　**计量单位：**台

编　　号				3-2-624
项　　目				蒸气吹扫系统措施用消耗量摊销
名　　称			单位	消　耗　量
人工	合计工日		工日	8.349
	其中	普工	工日	3.339
		一般技工	工日	3.340
		高级技工	工日	1.670
材料	碳钢焊丝		kg	0.464
	乙炔气		kg	1.206
	氩气		m^3	1.299
	氧气		m^3	3.135
	低碳钢焊条 J427		kg	7.602
	无石棉橡胶板 中压 $\delta 0.8 \sim 6.0$		kg	0.251
	铈钨棒		g	2.598
	尼龙砂轮片 $\phi 100$		片	1.050
	砂轮片 $\phi 200$		片	0.023
	其他材料费		%	5.00
机械	汽车式起重机 16t		台班	0.081
	载货汽车－普通货车 5t		台班	0.081
	电动葫芦单速 5t		台班	0.250
	普通车床 660×2 000（安装用）		台班	0.258
	弧焊机 32kV·A		台班	1.136
	氩弧焊机 500A		台班	0.588
	电动空气压缩机 $6m^3/min$		台班	0.016

（4）设备酸洗、钝化

工作内容：施工准备、箱（槽）制作与安装、酸洗用泵的检修和安装等。 计量单位：台

编号			3-2-625	3-2-626	3-2-627	3-2-628	3-2-629	3-2-630	3-2-631	3-2-632
项目			碳钢、低合金钢设备 容积（m^3 以内）							
			1	2	3	4	5	6	8	10
名称		单位	消耗量							
人工	合计工日	工日	1.331	1.778	3.895	4.357	4.977	5.445	6.033	6.625
人工	其中 普工	工日	0.533	0.711	1.558	1.743	1.991	2.178	2.413	2.650
人工	其中 一般技工	工日	0.532	0.711	1.558	1.743	1.991	2.178	2.413	2.650
人工	其中 高级技工	工日	0.266	0.356	0.779	0.871	0.995	1.089	1.207	1.325
材料	亚硝酸钠	kg	46.193	92.385	138.578	184.771	230.964	277.019	369.542	461.927
材料	乌洛托品	kg	3.577	7.153	10.730	14.307	17.884	21.460	28.614	35.767
材料	氨水	kg	10.654	21.308	31.962	42.616	53.270	63.924	85.232	106.540
材料	盐酸 31%（合成）	kg	35.767	71.534	107.301	143.068	178.835	214.602	286.136	357.670
材料	水	t	12.633	25.265	37.898	50.530	63.163	75.796	101.061	114.607
材料	其他材料费	%	5.00	5.00	5.00	5.00	5.00	5.00	5.00	5.00
机械	耐腐蚀泵 50mm	台班	0.282	0.451	0.596	0.749	0.798	0.894	1.095	1.297
机械	电动空气压缩机 $9m^3/min$	台班	0.145	0.145	0.145	0.145	0.145	0.202	0.202	0.202

计量单位：台

编号			3-2-633	3-2-634	3-2-635	3-2-636	3-2-637	3-2-638	3-2-639	3-2-640
项目			不锈耐酸钢（覆层、衬里）容积（m^3 以内）							
			1	2	3	4	5	6	8	10
名称		单位	消耗量							
人工	合计工日	工日	1.193	1.579	3.385	3.846	4.281	4.646	5.039	5.445
人工	其中 普工	工日	0.478	0.632	1.354	1.538	1.712	1.858	2.015	2.178
人工	其中 一般技工	工日	0.477	0.632	1.354	1.538	1.713	1.859	2.016	2.178
人工	其中 高级技工	工日	0.238	0.315	0.677	0.770	0.856	0.929	1.008	1.089
材料	硝酸	kg	88.809	177.617	266.426	355.235	444.044	532.852	710.470	888.087
材料	氢氟酸 45%	kg	17.731	35.463	53.194	70.925	88.657	106.388	141.850	177.313
材料	重铬酸钾 98%	kg	7.077	14.155	21.232	28.309	35.387	42.464	56.618	70.773
材料	水	t	8.447	16.894	25.341	33.788	42.236	50.683	67.577	84.471
材料	其他材料费	%	5.00	5.00	5.00	5.00	5.00	5.00	5.00	5.00
机械	耐腐蚀泵 50mm	台班	0.209	0.347	0.419	0.572	0.596	0.621	0.757	0.886
机械	电动空气压缩机 $9m^3/min$	台班	0.145	0.145	0.145	0.145	0.145	0.202	0.202	0.202

工作内容：施工准备，箱（槽）制作与安装，管线安、拆，泵的安装及修理等。　　　　**计量单位：**台

编号				3-2-641	3-2-642	3-2-643
项目				酸洗措施用消耗量摊销设备 容积（m^3）		
				$VN \leqslant 1.0$	$VN \leqslant 5.0$	$VN \leqslant 10.0$
名称			单位	消耗量		
人工	合计工日		工日	1.814	2.661	3.626
	其中	普工	工日	0.726	1.065	1.451
		一般技工	工日	0.725	1.064	1.450
		高级技工	工日	0.363	0.532	0.725
材料	热轧薄钢板 $\delta 3.5 \sim 4.0$		kg	11.666	30.691	47.715
	无缝钢管 $D57 \times 3.5$		m	0.662	0.662	0.662
	金属滤网		m^2	0.228	0.731	1.142
	钢板平焊法兰 1.6MPa *DN*50		片	0.228	0.228	0.228
	压制弯头 90°*R*=1.5*D* *DN*50		个	0.282	0.282	0.282
	止回阀（不锈钢密封圈）PN1.6MPa *DN*50		个	0.152	0.152	0.152
	截止阀（不锈钢密封圈）PN1.6MPa *DN*50		个	0.609	0.609	0.609
	温度计插座		个	0.023	0.023	0.023
	磁力启动器 QC-30A		个	0.023	0.023	0.023
	铁壳开关 3P 30A		个	0.023	0.023	0.023
	防水按钮 LN-10S 3P		个	0.023	0.023	0.023
	电缆 $3 \times 6 + 1 \times 4$		m	0.510	0.510	0.510
	其他材料费		%	5.00	5.00	5.00

(5)设备焊缝酸洗、钝化

工作内容：施工准备、箱(槽)制作与安装、酸洗用泵的检修和安装等。 **计量单位：**10m

编号				3-2-644	3-2-645
项目				不锈钢焊缝	铝材焊缝(焊后)酸洗
名称			单位	消耗量	
人工	合计工日		工日	0.228	0.207
	其中	普工	工日	0.092	0.083
		一般技工	工日	0.091	0.083
		高级技工	工日	0.045	0.041
材料	盐酸 31%(合成)		kg	0.662	—
	硝酸		kg	0.289	0.677
	重铬酸钾 98%		kg	—	0.274
	碎布		kg	0.076	0.076
	水		t	0.129	0.129
机械	电动空气压缩机 $6m^3/min$		台班	0.008	0.008

4. 设备脱脂

(1)容器类设备脱脂

工作内容：施工准备、脱水、脱脂、排放脱脂剂、吹干、清除残液、检查、涂密封剂、封闭标记等。 **计量单位：**$10m^2$

编号				3-2-646	3-2-647	3-2-648	3-2-649	3-2-650
项目				二氯乙烷脱脂 设备直径 *DN*(mm)				
				600 以内	900 以内	1 200 以内	1 500 以内	1 500 以外
名称			单位	消耗量				
人工	合计工日		工日	1.930	1.538	1.392	1.158	0.931
	其中	普工	工日	0.772	0.616	0.557	0.463	0.372
		一般技工	工日	0.772	0.615	0.557	0.463	0.372
		高级技工	工日	0.386	0.307	0.278	0.232	0.187
材料	二氯乙烷		kg	18.036	17.275	16.057	14.763	13.165
	聚氯乙烯薄膜		kg	0.761	0.609	0.457	0.381	0.304
	白布		m^2	0.457	0.381	0.304	0.228	0.152
	其他材料费		%	5.00	5.00	5.00	5.00	5.00
机械	无油空气压缩机 $9m^3/min$		台班	0.097	0.081	0.064	0.048	0.032

计量单位：$10m^2$

编 号				3-2-651	3-2-652	3-2-653	3-2-654	3-2-655
项 目				三氯乙烯脱脂 设备直径 *DN*（mm）				
				600 以内	900 以内	1 200 以内	1 500 以内	1 500 以外
名 称			单位	消 耗 量				
人工	合计工日		工日	1.930	1.538	1.392	1.158	0.931
	其中	普工	工日	0.772	0.616	0.557	0.463	0.372
		一般技工	工日	0.772	0.615	0.557	0.463	0.372
		高级技工	工日	0.386	0.307	0.278	0.232	0.187
材料	三氯乙烯		kg	21.232	20.319	19.329	17.351	15.448
	聚氯乙烯薄膜		kg	0.761	0.609	0.457	0.381	0.304
	白布		m^2	0.457	0.381	0.304	0.228	0.152
	其他材料费		%	5.00	5.00	5.00	5.00	5.00
机械	无油空气压缩机 $9m^3/min$		台班	0.097	0.081	0.064	0.048	0.032

计量单位：$10m^2$

编 号				3-2-656	3-2-657	3-2-658	3-2-659	3-2-660
项 目				四氯化碳脱脂 设备直径 *DN*（mm）				
				600 以内	900 以内	1 200 以内	1 500 以内	1 500 以外
名 称			单位	消 耗 量				
人工	合计工日		工日	1.930	1.538	1.392	1.158	0.931
	其中	普工	工日	0.772	0.616	0.557	0.463	0.372
		一般技工	工日	0.772	0.615	0.557	0.463	0.372
		高级技工	工日	0.386	0.307	0.278	0.232	0.187
材料	四氯化碳		kg	23.363	22.297	21.232	19.101	16.970
	聚氯乙烯薄膜		kg	0.761	0.609	0.457	0.381	0.304
	白布		m^2	0.457	0.381	0.304	0.228	0.152
	其他材料费		%	5.00	5.00	5.00	5.00	5.00
机械	无油空气压缩机 $9m^3/min$		台班	0.097	0.081	0.064	0.048	0.032

计量单位：$10m^2$

编号				3-2-661	3-2-662	3-2-663	3-2-664	3-2-665
项目				工业酒精脱脂 设备直径 DN(mm)				
				600 以内	900 以内	1 200 以内	1 500 以内	1 500 以外
名称			单位	消耗量				
人工	合计工日		工日	1.930	1.538	1.392	1.158	0.931
	其中	普工	工日	0.772	0.616	0.557	0.463	0.372
		一般技工	工日	0.772	0.615	0.557	0.463	0.372
		高级技工	工日	0.386	0.307	0.278	0.232	0.187
材料	酒精 工业用 99.5%		kg	13.622	13.013	12.404	11.187	9.893
	聚氯乙烯薄膜		kg	0.761	0.609	0.457	0.381	0.304
	白布		m^2	0.457	0.381	0.304	0.228	0.152
	其他材料费		%	5.00	5.00	5.00	5.00	5.00
机械	无油空气压缩机 $9m^3/min$		台班	0.097	0.081	0.064	0.048	0.032

（2）塔类设备脱脂

工作内容：施工准备、脱水、脱脂、排放脱脂剂、吹干、清除残液、检查、涂密封剂、封闭标记等。

计量单位：$10m^2$

编号				3-2-666	3-2-667	3-2-668	3-2-669	3-2-670
项目				二氯乙烷脱脂 设备直径 DN(mm)				
				600 以内	900 以内	1 200 以内	1 500 以内	1 500 以外
名称			单位	消耗量				
人工	合计工日		工日	2.345	1.930	1.585	1.240	1.103
	其中	普工	工日	0.938	0.772	0.634	0.496	0.441
		一般技工	工日	0.938	0.772	0.634	0.496	0.441
		高级技工	工日	0.469	0.386	0.317	0.248	0.221
材料	二氯乙烷		kg	22.069	21.080	20.090	18.036	16.057
	聚氯乙烯薄膜		kg	0.761	0.609	0.457	0.381	0.304
	白布		m^2	0.457	0.381	0.304	0.228	0.152
	其他材料费		%	5.00	5.00	5.00	5.00	5.00
机械	无油空气压缩机 $9m^3/min$		台班	0.097	0.081	0.064	0.048	0.032

计量单位：$10m^2$

编号				3-2-671	3-2-672	3-2-673	3-2-674	3-2-675
项目				三氯乙烯脱脂 设备直径 *DN*（mm）				
				600 以内	900 以内	1 200 以内	1 500 以内	1 500 以外
名称			单位	消耗量				
人工	合计工日		工日	2.345	1.930	1.585	1.240	1.103
	其中	普工	工日	0.938	0.772	0.634	0.496	0.441
		一般技工	工日	0.938	0.772	0.634	0.496	0.441
		高级技工	工日	0.469	0.386	0.317	0.248	0.221
材料	三氯乙烯		kg	27.092	25.874	24.352	22.221	19.710
	聚氯乙烯薄膜		kg	0.761	0.609	0.457	0.381	0.304
	白布		m^2	0.457	0.381	0.304	0.228	0.152
	其他材料费		%	5.00	5.00	5.00	5.00	5.00
机械	无油空气压缩机 $9m^3/min$		台班	0.097	0.081	0.064	0.048	0.032

计量单位：$10m^2$

编号				3-2-676	3-2-677	3-2-678	3-2-679	3-2-680
项目				四氯化碳脱脂 设备直径 *DN*（mm）				
				600 以内	900 以内	1 200 以内	1 500 以内	1 500 以外
名称			单位	消耗量				
人工	合计工日		工日	2.345	1.930	1.585	1.240	1.103
	其中	普工	工日	0.938	0.772	0.634	0.496	0.441
		一般技工	工日	0.938	0.772	0.634	0.496	0.441
		高级技工	工日	0.469	0.386	0.317	0.248	0.221
材料	四氯化碳		kg	29.831	28.461	27.092	24.352	21.689
	聚氯乙烯薄膜		kg	0.761	0.609	0.457	0.381	0.304
	白布		m^2	0.457	0.381	0.304	0.228	0.152
	其他材料费		%	5.00	5.00	5.00	5.00	5.00
机械	无油空气压缩机 $9m^3/min$		台班	0.097	0.081	0.064	0.048	0.032

计量单位：10m²

编号				3-2-681	3-2-682	3-2-683	3-2-684	3-2-685
项目				工业酒精脱脂 设备直径 *DN*（mm）				
				600 以内	900 以内	1 200 以内	1 500 以内	1 500 以外
名称			单位	消耗量				
人工	合计工日		工日	2.345	1.930	1.585	1.240	1.103
	其中	普工	工日	0.938	0.772	0.634	0.496	0.441
		一般技工	工日	0.938	0.772	0.634	0.496	0.441
		高级技工	工日	0.469	0.386	0.317	0.248	0.221
材料	酒精 工业用 99.5%		kg	17.655	16.894	16.057	14.459	12.861
	聚氯乙烯薄膜		kg	0.761	0.609	0.457	0.381	0.304
	白布		m^2	0.457	0.381	0.304	0.228	0.152
	其他材料费		%	5.00	5.00	5.00	5.00	5.00
机械	无油空气压缩机 $9m^3/min$		台班	0.097	0.081	0.064	0.048	0.032

（3）换热器类设备脱脂

工作内容：施工准备、脱水、脱脂、排放脱脂剂、吹干、清除残液、检查、涂密封剂、封闭标记等。

计量单位：10m²

编号				3-2-686	3-2-687	3-2-688	3-2-689	3-2-690	3-2-691
项目				二氯乙烷脱脂 设备直径 *DN*（mm）					
				300 以内	600 以内	900 以内	1 200 以内	1 500 以内	1 500 以外
名称			单位	消耗量					
人工	合计工日		工日	3.240	2.854	2.544	2.316	2.082	1.855
	其中	普工	工日	1.296	1.141	1.018	0.927	0.833	0.742
		一般技工	工日	1.296	1.142	1.018	0.926	0.833	0.742
		高级技工	工日	0.648	0.571	0.508	0.463	0.416	0.371
材料	二氯乙烷		kg	31.505	30.136	28.766	27.396	24.352	21.917
	白布		m^2	0.533	0.457	0.381	0.304	0.228	0.152
	聚氯乙烯薄膜		kg	0.913	0.761	0.609	0.457	0.381	0.304
	其他材料费		%	5.00	5.00	5.00	5.00	5.00	5.00
机械	无油空气压缩机 $9m^3/min$		台班	0.113	0.097	0.081	0.064	0.048	0.032
	电动单级离心清水泵 50mm		台班	0.113	0.097	0.081	0.064	0.048	0.032

计量单位：$10m^2$

编　　号			3-2-692	3-2-693	3-2-694	3-2-695	3-2-696	3-2-697
项　　目			三氯乙烯脱脂 设备直径 *DN*（mm）					
			300 以内	600 以内	900 以内	1 200 以内	1 500 以内	1 500 以外
名　　称		单位	消　耗　量					
人工	合计工日	工日	3.240	2.854	2.544	2.316	2.082	1.855
	其中 普工	工日	1.296	1.141	1.018	0.927	0.833	0.742
	其中 一般技工	工日	1.296	1.142	1.018	0.926	0.833	0.742
	其中 高级技工	工日	0.648	0.571	0.508	0.463	0.416	0.371
材料	三氯乙烯	kg	37.061	35.387	33.788	32.190	28.994	25.722
	聚氯乙烯薄膜	kg	0.913	0.761	0.609	0.457	0.381	0.304
	白布	m^2	0.533	0.457	0.381	0.304	0.228	0.152
	其他材料费	%	5.00	5.00	5.00	5.00	5.00	5.00
机械	电动单级离心清水泵 50mm	台班	0.113	0.097	0.081	0.064	0.048	0.032
	无油空气压缩机 $9m^3/min$	台班	0.113	0.097	0.081	0.064	0.048	0.032

计量单位：$10m^2$

编　　号			3-2-698	3-2-699	3-2-700	3-2-701	3-2-702	3-2-703
项　　目			四氯化碳脱脂 设备直径 *DN*（mm）					
			300 以内	600 以内	900 以内	1 200 以内	1 500 以内	1 500 以外
名　　称		单位	消　耗　量					
人工	合计工日	工日	3.240	2.854	2.544	2.316	2.082	1.855
	其中 普工	工日	1.296	1.141	1.018	0.927	0.833	0.742
	其中 一般技工	工日	1.296	1.142	1.018	0.926	0.833	0.742
	其中 高级技工	工日	0.648	0.571	0.508	0.463	0.416	0.371
材料	四氯化碳	kg	40.029	38.887	37.137	35.387	31.886	28.309
	聚氯乙烯薄膜	kg	0.913	0.761	0.609	0.457	0.381	0.304
	白布	m^2	0.533	0.457	0.381	0.304	0.228	0.152
	其他材料费	%	5.00	5.00	5.00	5.00	5.00	5.00
机械	电动单级离心清水泵 50mm	台班	0.113	0.097	0.081	0.064	0.048	0.032
	无油空气压缩机 $9m^3/min$	台班	0.113	0.097	0.081	0.064	0.048	0.032

计量单位：10m²

编　号			3-2-704	3-2-705	3-2-706	3-2-707	3-2-708	3-2-709
项　目			工业酒精脱脂 设备直径 *DN*（mm）					
			300 以内	600 以内	900 以内	1 200 以内	1 500 以内	1 500 以外
名　称		单位	消　耗　量					
人工	合计工日	工日	3.240	2.854	2.544	2.316	2.082	1.855
人工	其中 普工	工日	1.296	1.141	1.018	0.927	0.833	0.742
人工	其中 一般技工	工日	1.296	1.142	1.018	0.926	0.833	0.742
人工	其中 高级技工	工日	0.648	0.571	0.508	0.463	0.416	0.371
材料	酒精 工业用 99.5%	kg	23.743	22.754	21.765	20.699	18.645	16.590
材料	聚氯乙烯薄膜	kg	0.913	0.761	0.609	0.457	0.381	0.304
材料	白布	m²	0.533	0.457	0.381	0.304	0.228	0.152
材料	其他材料费	%	5.00	5.00	5.00	5.00	5.00	5.00
机械	电动单级离心清水泵 50mm	台班	0.113	0.097	0.081	0.064	0.048	0.032
机械	无油空气压缩机 9m³/min	台班	0.113	0.097	0.081	0.064	0.048	0.032

计量单位：t

编号				3-2-710	3-2-711	3-2-712	3-2-713	3-2-714
项目				钢制结构脱脂				
				二氯乙烷	三氯乙烯	四氯化碳	工业酒精	措施消耗量摊销
名称			单位	消耗量				
人工	合计工日		工日	4.729	4.729	4.729	4.729	0.834
	其中	普工	工日	1.892	1.892	1.892	1.892	0.333
		一般技工	工日	1.891	1.891	1.891	1.891	0.334
		高级技工	工日	0.946	0.946	0.946	0.946	0.167
材料	二氯乙烷		kg	138.502	—	—	—	—
	三氯乙烯		kg	—	163.615	—	—	—
	酒精 工业用 99.5%		kg	—	—	—	87.515	—
	四氯化碳		kg	—	—	175.791	—	—
	聚氯乙烯薄膜		kg	0.685	0.685	0.685	0.685	—
	白布		m^2	1.065	1.065	1.065	1.065	—
	钢板 $\delta 4 \sim 10$		kg	—	—	—	—	23.591
	无缝钢管 $D57 \times 3.5$		m	—	—	—	—	3.653
	乙炔气		kg	—	—	—	—	0.181
	氧气		m^3	—	—	—	—	0.472
	低碳钢焊条 J427		kg	—	—	—	—	0.624
	无石棉橡胶板 中压 $\delta 0.8 \sim 6.0$		kg	—	—	—	—	0.487
	平焊法兰 0.6MPa *DN*25		副	—	—	—	—	0.023
	平焊法兰 0.6MPa *DN*50		副	—	—	—	—	0.129
	压制弯头 90°*R*=1.5*D* *DN*50		个	—	—	—	—	0.251
	法兰截止阀 J41H-6 *DN*25		个	—	—	—	—	0.152
	法兰截止阀 J41H-6 *DN*50		个	—	—	—	—	0.152
	磁力启动器 QC-30A		个	—	—	—	—	0.023
	铁壳开关 3P 30A		个	—	—	—	—	0.023
	防水按钮 LN-10S 3P		个	—	—	—	—	0.023
	电缆 $3 \times 6 + 1 \times 4$		m	—	—	—	—	1.522
	尼龙砂轮片 $\phi 150$		片	—	—	—	—	0.152
	砂轮片 $\phi 200$		片	—	—	—	—	0.015
	其他材料费		%	5.00	5.00	5.00	5.00	5.00
	止回阀 H41H-6 *DN*25		个	—	—	—	—	0.076
机械	无油空气压缩机 $9m^3/min$		台班	0.186	0.186	0.186	0.186	—
	汽车式起重机 16t		台班	—	—	—	—	0.016
	载货汽车－普通货车 8t		台班	—	—	—	—	0.016
	普通车床 630×2 000（安装用）		台班	—	—	—	—	0.008
	剪板机 20×2 000（安装用）		台班	—	—	—	—	0.008
	管子切断机 325mm		台班	—	—	—	—	0.008
	弧焊机 32kV·A		台班	—	—	—	—	0.250

十、设备制作、安装辅助项目

1. 吊耳制作、安装

工作内容：施工准备、放料、号料、切料、组对、焊接等。 **计量单位：**个

编号			3-2-715	3-2-716	3-2-717	3-2-718	3-2-719	3-2-720	3-2-721	3-2-722	3-2-723
项目			荷载（t）								
			30以内	50以内	100以内	150以内	200以内	250以内	300以内	400以内	400以外
名称		单位	消耗量								
人工	合计工日	工日	2.109	6.784	9.038	14.208	18.414	21.618	27.546	35.275	41.017
人工	其中 普工	工日	0.844	2.713	3.615	5.683	7.365	8.648	11.019	14.110	16.407
人工	其中 一般技工	工日	0.843	2.714	3.615	5.683	7.366	8.647	11.018	14.110	16.407
人工	其中 高级技工	工日	0.422	1.357	1.808	2.842	3.683	4.323	5.509	7.055	8.203
材料	热轧厚钢板 δ10～20	kg	29.474	83.109	166.347	291.235	646.827	806.964	1 008.477	1 407.576	1 777.993
材料	热轧厚钢板 δ40～70	kg	12.389	21.384	40.333	81.336	—	—	—	—	—
材料	乙炔气	kg	1.358	2.505	3.878	5.251	6.628	8.003	9.378	10.115	10.777
材料	氧气	m^3	3.532	6.513	10.084	13.652	17.232	20.807	24.382	26.300	28.021
材料	低碳钢焊条 J427	kg	1.674	4.284	8.683	16.019	28.461	36.315	46.391	66.154	85.346
材料	其他材料费	%	5.00	5.00	5.00	5.00	5.00	5.00	5.00	5.00	5.00
机械	汽车式起重机 16t	台班	0.016	0.025	0.073	0.097	0.129	0.161	0.186	0.209	0.242
机械	立式钻床 35mm	台班	0.032	0.032	0.032	0.032	0.032	0.032	0.041	0.048	0.057
机械	剪板机 20×2 000（安装用）	台班	0.008	0.008	0.032	0.057	0.089	0.121	0.170	0.202	0.225
机械	卷板机 40×3 500（安装用）	台班	0.008	0.008	0.008	0.016	0.016	0.025	0.025	0.025	0.025
机械	弧焊机 32kV·A	台班	0.588	1.417	2.706	4.840	8.368	10.389	12.917	17.951	22.581
机械	电焊条烘干箱 80×80×100（cm^3）	台班	0.058	0.142	0.270	0.484	0.837	1.039	1.292	1.795	2.258
机械	电焊条恒温箱	台班	0.058	0.142	0.270	0.484	0.837	1.039	1.292	1.795	2.258

2. 设备制作、安装胎具与加固件

（1）设备制作胎具

工作内容：样板制作、号料、切割、坡口、修口打磨、组对、焊接、压制调试、整修、更换胎具等。

计量单位：个

编　号				3-2-724	3-2-725	3-2-726	3-2-727
项　目				有折边锥形封头压制胎具 设备直径（mm 以内）			
				600	1 000	1 600	2 000
名　称			单位	消　耗　量			
人工	合计工日		工日	0.255	0.620	0.993	1.579
	其中	普工	工日	0.102	0.248	0.397	0.632
		一般技工	工日	0.102	0.248	0.397	0.632
		高级技工	工日	0.051	0.124	0.199	0.315
材料	钢板 $\delta 4 \sim 10$		kg	14.231	23.112	33.142	44.260
	乙炔气		kg	0.021	0.076	0.155	0.248
	氧气		m^3	0.055	0.196	0.402	0.646
	低碳钢焊条 J427		kg	0.167	0.447	0.872	1.294
	木方		m^3	0.008	0.008	0.008	0.008
	砂轮片 $\phi 200$		片	0.051	0.165	0.365	0.571
	尼龙砂轮片 $\phi 180$		片	0.053	0.167	0.365	0.571
	其他材料费		%	3.00	3.00	3.00	3.00
机械	桥式起重机 15t		台班	0.010	0.033	0.071	0.105
	电动单筒慢速卷扬机 50kN		台班	0.025	0.031	0.072	0.077
	剪板机 20×2 500（安装用）		台班	0.008	0.008	0.008	0.008
	弧焊机 32kV·A		台班	0.023	0.062	0.120	0.178
	半自动切割机 100mm		台班	0.008	0.008	0.007	0.010
	液压机 2 000kN		台班	0.044	0.054	0.122	0.130
	工业锅炉 4t/h		台班	0.052	0.063	0.143	0.153
	电焊条烘干箱 80×80×100（cm^3）		台班	0.003	0.006	0.012	0.018
	电焊条恒温箱		台班	0.003	0.006	0.012	0.018

工作内容：样板制作、号料、切割、坡口、修口打磨、组对、焊接、弧度尺寸检查、压制调试、整修、更换胎具等。

计量单位：t

			单位	
编　号				3-2-728
项　目				筒体卷弧胎具 筒体直径（mm）
				2 000 ~ 8 000
名　称			单位	消　耗　量
人工	合计工日		工日	0.123
	其中	普工	工日	0.049
		一般技工	工日	0.049
		高级技工	工日	0.025
材料	槽钢（综合）		kg	3.044
	钢板 δ4 ~ 10		kg	10.654
	乙炔气		kg	0.063
	氧气		m^3	0.164
	低碳钢焊条 J427		kg	0.101
	尼龙砂轮片 ϕ100		片	0.038
	其他材料费		%	3.00
机械	桥式起重机 15t		台班	0.010
	卷板机 20 × 2 500（安装用）		台班	0.008
	弧焊机 32kV · A		台班	0.032
	电焊条烘干箱 80 × 80 × 100（cm^3）		台班	0.003
	电焊条恒温箱		台班	0.003

工作内容：放样号料、切割、卷弧、组对、焊接、法兰制作、密封圈装配及胎具装拆等。

计量单位：台

编号				3-2-729	3-2-730	3-2-731	3-2-732
项目				浮头式换热器试压胎具 设备直径（mm 以内）			
				300~600	700~1 000	1 100~1 600	1 700~2 000
名称			单位	消耗量			
人工	合计工日		工日	0.462	1.020	1.807	3.033
	其中	普工	工日	0.185	0.408	0.723	1.213
		一般技工	工日	0.185	0.408	0.723	1.213
		高级技工	工日	0.092	0.204	0.361	0.607
材料	钢板 δ4~10		kg	0.352	0.180	0.287	0.358
	热轧厚钢板 δ10~20		kg	—	0.489	0.914	1.469
	热轧厚钢板 δ20~40		kg	10.165	—	—	—
	热轧厚钢板 δ40~70		kg	—	21.863	41.610	55.664
	乙炔气		kg	0.010	0.017	0.027	0.033
	氧气		m^3	0.025	0.043	0.071	0.087
	低碳钢焊条 J427		kg	0.058	0.096	0.156	0.197
	清油		kg	0.009	0.012	0.018	0.023
	黑铅粉		kg	0.008	0.004	0.005	0.005
	尼龙砂轮片 ϕ100		片	0.012	0.021	0.032	0.040
	尼龙砂轮片 ϕ150		片	0.115	0.245	0.532	0.709
	其他材料费		%	3.00	3.00	3.00	3.00
机械	门式起重机 20t		台班	0.007	0.009	0.013	0.015
	桥式起重机 15t		台班	0.021	0.041	0.073	0.097
	普通车床 工件直径×长度 1 000×5		台班	0.048	—	—	—
	立式钻床 25mm		台班	—	0.084	0.125	0.168
	立式钻床 50mm		台班	0.014	0.022	0.031	0.041
	卷板机 20×2 500（安装用）		台班	0.008	0.008	0.008	0.008
	弧焊机 32kV·A		台班	0.019	0.030	0.041	0.052
	等离子切割机 400A		台班	0.077	0.178	0.347	0.463
	半自动切割机 100mm		台班	0.008	0.008	0.008	0.008
	电动空气压缩机 1m³/min		台班	0.077	0.178	0.347	0.463
	电焊条烘干箱 80×80×100（cm³）		台班	0.002	0.003	0.004	0.005
	电焊条恒温箱		台班	0.002	0.003	0.004	0.005

(2)设备组装胎具

工作内容：制作、安装、拆除等。 **计量单位：**台

编号				3-2-733	3-2-734	3-2-735	3-2-736	3-2-737	3-2-738	3-2-739
项目				设备分段组对胎具 设备质量(t以内)						
				50	100	200	300	400	500	600
名称			单位	消耗量						
人工	合计工日		工日	9.375	14.063	24.610	41.837	62.759	94.131	131.783
	其中	普工	工日	3.750	5.625	9.844	16.735	25.103	37.652	52.713
		一般技工	工日	3.750	5.625	9.844	16.735	25.104	37.652	52.713
		高级技工	工日	1.875	2.813	4.922	8.367	12.552	18.827	26.357
材料	槽钢(综合)		kg	28.568	49.678	87.667	149.034	238.452	357.685	500.753
	钢板 $\delta4\sim10$		kg	20.699	36.224	63.924	108.671	173.873	260.810	365.135
	无缝钢管 $D57\sim219$		kg	19.040	33.119	58.445	99.356	158.973	238.452	333.835
	乙炔气		kg	2.239	4.180	7.941	13.499	21.599	32.398	45.360
	氧气		m^3	5.822	10.867	20.647	35.097	56.157	84.236	117.935
	低碳钢焊条 J427		kg	1.941	3.379	5.959	10.129	16.202	24.299	34.024
	其他材料费		%	3.00	3.00	3.00	3.00	3.00	3.00	3.00
机械	汽车式起重机 16t		台班	0.064	0.113	0.202	0.338	0.532	0.789	1.095
	载货汽车－普通货车 5t		台班	0.064	0.105	0.186	0.322	0.515	0.773	1.079
	弧焊机 32kV·A		台班	1.031	1.788	3.157	5.363	8.577	12.861	18.007
	电焊条烘干箱 80×80×100(cm^3)		台班	0.103	0.179	0.315	0.537	0.858	1.286	1.801
	电焊条恒温箱		台班	0.103	0.179	0.315	0.537	0.858	1.286	1.801

计量单位：台

编号				3-2-740	3-2-741	3-2-742	3-2-743	3-2-744	3-2-745
项目				设备分片组装胎具 设备质量（t以内）					
				100	200	300	400	500	600
名称			单位	消耗量					
人工	合计工日		工日	112.123	208.460	332.542	456.625	580.708	704.792
	其中	普工	工日	44.849	83.384	133.017	182.650	232.283	281.917
		一般技工	工日	44.849	83.384	133.017	182.650	232.283	281.917
		高级技工	工日	22.425	41.692	66.508	91.325	116.142	140.958
材料	槽钢（综合）		kg	508.112	920.810	1 632.398	2 518.750	3 230.978	4 009.534
	无缝钢管（综合）		kg	508.165	807.999	1 288.951	1 769.903	2 250.855	2 731.807
	无缝钢管 $D57 \sim 219$		kg	337.633	611.844	1 088.268	1 679.169	2 153.980	2 673.020
	乙炔气		kg	73.521	133.968	209.342	281.468	350.344	415.954
	氧气		m^3	191.156	348.317	544.290	731.816	910.894	1 081.480
	低碳钢焊条 J427		kg	37.540	66.694	115.976	175.144	219.997	267.065
	其他材料费		%	5.00	5.00	5.00	5.00	5.00	5.00
机械	汽车式起重机 16t		台班	1.466	2.545	4.365	6.499	8.311	10.244
	载货汽车－普通货车 5t		台班	1.224	2.126	3.640	5.412	6.926	8.536
	弧焊机 32kV·A		台班	15.889	28.234	49.092	74.137	93.127	113.050
	电焊条烘干箱 80×80×100（cm^3）		台班	1.589	2.824	4.909	7.414	9.316	11.305
	电焊条恒温箱		台班	1.589	2.824	4.909	7.414	9.316	11.305

(3)设备组对及吊装加固

工作内容:施工准备,加固件制作、安装与拆除,配合检查验收等。 **计量单位:**t

编号				3-2-746	3-2-747
项目				设备组对加固	设备吊装加固
名称			单位	消耗量	
人工	合计工日		工日	11.768	13.139
	其中	普工	工日	4.707	5.256
		一般技工	工日	4.707	5.255
		高级技工	工日	2.354	2.628
材料	圆钢(综合)		kg	10.426	24.656
	乙炔气		kg	3.732	3.337
	氧气		m^3	9.703	8.675
	低碳钢焊条 J427		kg	16.590	20.889
	其他材料费		%	5.00	5.00
机械	汽车式起重机 16t		台班	0.161	0.161
	汽车式起重机 30t		台班	0.121	0.121
	履带式起重机 25t		台班	0.145	0.113
	载货汽车 - 普通货车 5t		台班	0.097	0.347
	弧焊机 32kV·A		台班	3.125	3.962
	电焊条烘干箱 80×80×100(cm^3)		台班	0.313	0.396
	电焊条恒温箱		台班	0.313	0.396

3. 临时支撑架制作、安装、拆除

工作内容：施工准备、场内运输、制作、安装、拆除等。　　　　**计量单位**：t

编号				3-2-748	3-2-749
项目				临时支撑架制作、安装、拆除	尾部铰链及裙部加强板制作、安装、拆除
名称			单位	消耗量	
人工	合计工日		工日	16.007	18.516
	其中	普工	工日	6.403	7.407
		一般技工	工日	6.403	7.406
		高级技工	工日	3.201	3.703
材料	乙炔气		kg	5.620	4.917
	氧气		m^3	14.611	12.785
	低碳钢焊条 J427		kg	15.418	48.034
机械	履带式起重机 15t		台班	0.161	—
	汽车式起重机 16t		台班	0.057	0.081
	载货汽车－普通货车 4t		台班	0.057	0.081
	摇臂钻床 50mm		台班	—	0.081
	剪板机 20×2 000（安装用）		台班	—	0.145
	弧焊机 32kV·A		台班	4.510	6.354
	电焊条烘干箱 80×80×100（cm^3）		台班	0.451	0.636
	电焊条恒温箱		台班	0.451	0.636

第三章　金属储罐制作、安装

说　　明

一、本章适用于拱顶罐、浮顶罐、内浮顶罐的预制安装、储罐附件安装、储罐水压试验及储罐胎具预制、安装、拆除等工作。其中空气泡沫产生器安装、喷淋冷却管线、泡沫管线及反射板预制安装仅适用于储罐、球罐本体附属工程。本章按地上储罐编制，不适用于地下、半地下或洞内储罐施工。

二、每个项目除标注的工作内容外，均包括施工准备、场内运输以及现场清理工作。

三、本章不包括以下工作内容。

1. 除锈、刷油、防腐、保温及衬里工程。
2. 罐体外防雷接地。
3. 无损探伤。
4. 钢板卷材的开卷平直。
5. 储罐基础工程。
6. 平台、梯子、栏杆、扶手的制作与安装。
7. 机加工件、锻件的对外委托加工费用。
8. 储罐壁板的复验，包括化学成分、力学性能及焊接工艺评定。
9. 预热、后热及热处理。
10. 阴极保护工程。
11. 储罐标定费用。
12. 罐本体以外各类系统的安装。
13. 现场组装平台铺设与拆除、卷材场外成品运输等辅助项目。
14. 水压试验排水管线的安装、拆除。

四、储罐预制安装项目是按一个工地同时建造同系列两座以上（含两座）储罐考虑，如果只建造一座时，人工、机械乘以系数 1.25。

五、整体充水试压是按同容量的两座以上（含两座）储罐连续交替试压考虑，如只有一座储罐单独试压时，人工、水、机械均乘以系数 1.30；水压试验用水为未计价材料。

六、内浮顶储罐与拱顶储罐的水压试验同列为一个消耗量项目，但内浮顶储罐水压试验中的人工、机械应乘以系数 1.10。

七、浮顶罐船舱胎具制作中 150 000m^3 储罐按照 100 000m^3 储罐的单座消耗量乘以系数 1.38。

八、储罐附件均按成品合格件供货考虑，如附件到货不带孔颈或加强板时，在计算主材费时应单列孔颈和加强板的费用。

九、储罐附件如为自制，仍按外购件价格计算费用。

十、本章储罐施工方法已做了综合考虑，如采用不同的施工方法时，消耗量不得调整。

十一、储罐预制安装的主要材料损耗率按下表计算。

主要材料损耗率表

主要材料及名称	供应条件	损耗率（%）
平板	设计选用的规格钢板	4
	非设计选用的规格钢板	按实际情况确定
毛边钢板	—	按实际情况确定
型钢	设计选用的规格钢板	5

续表

主要材料及名称	供应条件	损耗率(%)
钢管	设计选用的规格钢板	3.5
卷板	卷筒钢板	按钢板卷材开卷平直项目执行
不锈钢钢板	设计选用的规格钢板	6.5
	非设计选用的规格钢板	按实际情况确定

十二、储罐胎具未包括在罐主体预制安装项目内,按规定摊销量分别列项计入消耗量。胎具均能重复使用,每套胎具的预制项目按一个工地同一时期安装同结构、同容量的台数一次摊入,并规定胎具的周转次数,即:如同一工地建造的同结构、同容量的台数在周转使用次数范围以内,按配置一套计算,批量超过周转使用次数范围时,可按一套增加计算。胎具的周转使用次数详见下表。

胎具周转使用次数表

序号	胎具项目	适用储罐容量(m^3)	周转使用次数
1	立式储罐壁板卷弧胎具制作	100 ~ 150 000	一个工地一套
2	拱顶、内浮顶储罐顶板预制胎具制作	100 ~ 20 000	一个工地一套
3	拱顶、内浮顶储罐顶板组装胎具制作	100 ~ 100 000	10
4	拱顶、内浮顶储罐顶板组装胎具安装、拆除	100 ~ 100 000	每座罐计算一次
5	拱顶、内浮顶储罐钢制浮盘组装胎具制作	100 ~ 10 000	10
6	拱顶、内浮顶储罐钢制浮盘组装胎具安装、拆除	100 ~ 10 000	每座罐计算一次
7	浮顶储罐内脚手架正装胎具制作	3 000 ~ 150 000	10
8	浮顶储罐内脚手架正装胎具安装、拆除	3 000 ~ 150 000	每座罐计算一次
9	浮顶储罐外脚手架正装胎具安装、拆除	50 000 ~ 150 000	每座罐计算一次
10	浮顶储罐船舱预制胎具制作	3 000 ~ 150 000	10

十三、储罐板幅调整说明:

储罐底板中幅板、壁板现场排版图尺寸与规定的排版图尺寸有差异时,才允许进行板幅调整。

1. 底板板幅调整见下表。

底板板幅调整表

序号	罐容积(m^3)	每块中幅板(m)		
		长度	宽度	周长
1	5 000	6.4	1.6	16
2	30 000	12	1.8	27.6
3	50 000(对接)	12.5	2.2	29.4
4	100 000(对接)	14.78	2.98	35.52
5	150 000(对接)	13.78	2.78	33.12

每块中幅板周长不足或超过上表时，执行底板板幅调整相应项目，如周长减少，人工、材料、机械增加，如周长增加，人工、材料、机械减少。罐底边缘板板幅变化不予调整。

2. 壁板板幅调整见下表。

壁板板幅调整表

序号	储罐容量（m^3）	每块板长度 × 宽度（m）	每座罐节数	平均每节张数
1	5 000	6.4 × 1.6	8	11
2	30 000	11.8 × 1.8	9	13
3	50 000	11.8 × 2.45	8	16
4	100 000	12.57 × 2.45	9	20
5	150 000	14.65 × 2.4	10	20

如壁板节数和张数不足或超过上表时，执行壁板板幅调整相应项目。节数、张数增加，人工、材料、机械增加。节数、张数减少，人工、材料、机械减少。

十四、罐体手段用料制作摊销项目是按内脚手架正装的施工方法考虑的，消耗量不得调整。

十五、除已列出手段用料制作摊销项目以外的胎具、工卡具手段用料已按摊销量分别计入底板、壁板、浮船预制安装项目中，不得另计。

十六、50 000m^3 以上（含 50 000m^3）内浮顶钢制浮盘组装胎具制作、安装、拆除，发生时按实际价格计取，10 000 ~ 50 000m^3 内浮顶钢制浮盘组装胎具制作、安装、拆除套用 10 000m^3 的消耗量项目。

十七、储罐搅拌器安装按照整体到货考虑，散件到货组装，人工、材料、机械乘以系数 1.50。

十八、储罐胎具摊销次数及材料摊销量按消耗量规定，不允许调整。

工程量计算规则

一、罐本体制作与安装。

1. 区别不同构造形式和储罐容量，按设计排版图（如无设计排版图时，可按经过批准的制作下料排版图）所示几何尺寸计算金属质量，以“t”为计量单位。

2. 罐本体的金属质量包括罐底板、罐壁板、罐顶板（浮顶、网壳顶）、包边角钢、加强圈、抗风圈以及罐体上垫板、补强板等总质量，50 000m^3（含 50 000m^3）以上不包括加强圈、抗风圈。

3. 罐本体按构造部位的几何尺寸的实际面积展开计算，但不扣除罐体上所有开孔所占面积。

4. 罐本体消耗量均不包括附件、加热器、胎具和压力试验等的工作内容，以上各项均另列项目计算。

二、附件安装区分不同种类、规格、型号，分别规定以“个”“套”“台”“t”“10m”等为计量单位。

三、加热器制作与安装。

1. 排管式加热器以“10 个”为计量单位。

2. 盘管式加热器以“10m”为计量单位。

3. 加热器连接管以“10 个”为计量单位。

4. 加热器支座制作，按不同构造分别以“10 个”为计量单位。

四、储罐水压试验，区别不同的容量以“座”为计量单位。消耗量内已包括储罐至试压泵临时水管线敷设、拆除及材料摊销量不包括水源地至试压泵前水箱的临时管线铺设、拆除。

五、胎具按储罐不同构造、不同施工方法和不同规格，分别以“座”“套”为计量单位。

一、金属立式储罐主体预制、安装

1. 搭接式拱顶罐预制、安装

工作内容：散板堆放、放样号料、切割、坡口、卷弧、撼制、吊装、组对焊接、打磨、试漏等。

计量单位：t

编号			3-3-1	3-3-2	3-3-3	3-3-4	3-3-5
项目			储罐容量（m^3以内）				
			100	200	300	400	500
名称		单位	消耗量				
人工	合计工日	工日	6.025	5.341	5.200	4.941	4.807
其中	普工	工日	1.808	1.603	1.560	1.483	1.442
	一般技工	工日	2.410	2.136	2.080	1.976	1.923
	高级技工	工日	1.807	1.602	1.560	1.482	1.442
材料	低碳钢焊条 J427	kg	13.960	12.950	12.530	12.160	12.020
	氧气	m^3	3.660	3.520	3.430	3.250	3.150
	乙炔气	kg	1.408	1.354	1.319	1.250	1.212
	尼龙砂轮片 ϕ150	片	3.490	3.630	3.780	3.930	4.090
	木方	m^3	0.010	0.010	0.010	0.010	0.010
	煤油	kg	1.390	1.380	1.370	1.350	1.340
	白垩	kg	1.120	1.110	1.100	1.080	1.070
	其他材料费	%	8.00	8.00	8.00	8.00	8.00
机械	弧焊机 32kV·A	台班	5.209	4.922	4.635	4.296	3.962
	电焊条烘干箱 75×105×135（cm^3）	台班	0.521	0.493	0.464	0.430	0.396
	电焊条恒温箱	台班	0.521	0.493	0.464	0.430	0.396
	半自动切割机 100mm	台班	0.638	0.628	0.495	0.486	0.164
	剪板机 20×2 500（安装用）	台班	0.162	0.105	0.086	0.067	0.029
	卷板机 30×2 000（安装用）	台班	0.048	0.048	0.048	0.048	0.048
	汽车式起重机 16t	台班	1.285	1.095	1.057	0.933	0.809
	载货汽车－普通货车 10t	台班	0.343	0.286	0.248	0.228	0.228
	真空泵 204m^3/h	台班	0.067	0.067	0.067	0.067	0.057
	电动空气压缩机 6m^3/min	台班	0.590	0.581	0.571	0.562	0.552

计量单位：t

编号				3-3-6	3-3-7	3-3-8	3-3-9	3-3-10
项目				储罐容量（m^3 以内）				
				700	1 000	2 000	3 000	5 000
名称			单位	消耗量				
人工	合计工日		工日	4.745	4.637	3.864	3.457	2.955
	其中	普工	工日	1.424	1.391	1.159	1.037	0.887
		一般技工	工日	1.898	1.855	1.546	1.383	1.182
		高级技工	工日	1.423	1.391	1.159	1.037	0.886
材料	低碳钢焊条 J427		kg	11.873	12.775	13.648	13.881	14.783
	氧气		m^3	3.040	2.860	2.410	2.090	1.660
	乙炔气		kg	1.169	1.100	0.927	0.804	0.638
	尼龙砂轮片 ϕ150		片	4.284	4.284	3.820	3.820	3.715
	木方		m^3	0.014	0.014	0.014	0.014	0.012
	煤油		kg	1.340	1.197	1.074	0.893	0.817
	白垩		kg	1.074	0.979	0.855	0.713	0.656
	碳精棒 ϕ8～12		根	—	11.590	10.260	9.405	8.265
	其他材料费		%	8.00	8.00	8.00	8.00	8.00
机械	弧焊机 32kV·A		台班	3.925	3.894	3.608	3.363	2.654
	电焊条烘干箱 75×105×135（cm^3）		台班	0.393	0.389	0.361	0.337	0.265
	电焊条恒温箱		台班	0.393	0.389	0.361	0.337	0.265
	半自动切割机 100mm		台班	0.164	0.162	0.164	0.129	0.129
	剪板机 20×2 500（安装用）		台班	0.021	0.019	0.007	0.007	0.007
	卷板机 30×2 000（安装用）		台班	0.048	0.038	0.038	0.038	0.029
	汽车式起重机 16t		台班	0.777	0.647	0.578	0.538	0.396
	载货汽车－普通货车 10t		台班	0.228	0.219	0.219	0.219	0.209
	真空泵 204m^3/h		台班	0.057	0.057	0.054	0.050	0.043
	电动空气压缩机 6m^3/min		台班	0.533	0.524	0.495	0.447	0.400

2. 对接式拱顶罐预制、安装

工作内容：散板堆放、放样号料、切割、坡口、卷弧、撼制、吊装、组对焊接、打磨、试漏等。

计量单位：t

编号				3-3-11	3-3-12	3-3-13	3-3-14	3-3-15	3-3-16	3-3-17
项目				储罐容量（m^3以内）						
				100	200	300	400	500	700	1 000
名称			单位	消耗量						
人工	合计工日		工日	7.324	6.645	6.322	6.007	5.844	5.609	5.595
	其中	普工	工日	2.197	1.994	1.897	1.802	1.753	1.683	1.679
		一般技工	工日	2.930	2.658	2.529	2.403	2.338	2.243	2.238
		高级技工	工日	2.197	1.993	1.896	1.802	1.753	1.683	1.678
材料	低碳钢焊条 J427		kg	20.260	19.670	18.860	17.800	15.580	15.580	15.620
	氧气		m^3	4.660	4.840	5.040	5.240	5.450	5.449	5.449
	乙炔气		kg	1.792	1.862	1.938	2.015	2.096	2.096	2.096
	尼龙砂轮片 ϕ150		片	3.490	3.630	3.780	3.930	4.090	4.284	4.284
	木方		m^3	0.010	0.010	0.010	0.010	0.010	0.014	0.014
	煤油		kg	1.390	1.380	1.370	1.350	1.340	1.340	1.197
	白垩		kg	1.120	1.110	1.100	1.080	1.070	1.070	0.979
	碳精棒 ϕ8～12		根	—	—	—	—	—	—	11.590
	其他材料费		%	8.00	8.00	8.00	8.00	8.00	8.00	8.00
机械	弧焊机 32kV·A		台班	5.209	4.922	4.635	4.296	3.962	3.925	3.894
	电焊条烘干箱 75×105×135（cm^3）		台班	0.521	0.493	0.464	0.430	0.396	0.393	0.389
	电焊条恒温箱		台班	0.521	0.493	0.464	0.430	0.396	0.393	0.389
	半自动切割机 100mm		台班	0.638	0.628	0.495	0.486	0.164	0.164	0.162
	剪板机 20×2 500（安装用）		台班	0.162	0.105	0.086	0.067	0.029	0.021	0.019
	卷板机 30×2 000（安装用）		台班	0.048	0.048	0.048	0.048	0.048	0.048	0.038
	汽车式起重机 16t		台班	1.285	1.095	1.057	0.933	0.809	0.777	0.647
	载货汽车－普通货车 10t		台班	0.343	0.286	0.248	0.228	0.228	0.228	0.219
	真空泵 204m^3/h		台班	0.067	0.067	0.067	0.067	0.057	0.057	0.057
	电动空气压缩机 6m^3/min		台班	0.590	0.581	0.571	0.562	0.552	0.533	0.524
	轴流通风机 30kW		台班	0.571	0.552	0.533	0.505	0.476	0.428	0.409

计量单位：t

编号				3-3-18	3-3-19	3-3-20	3-3-21	3-3-22	3-3-23	3-3-24
项目				储罐容量（m^3 以内）						
				2 000	3 000	5 000	10 000	20 000	30 000	50 000
名称			单位	消耗量						
人工	合计工日		工日	4.673	4.131	3.560	3.040	2.503	2.332	1.874
	其中	普工	工日	1.402	1.239	1.068	0.912	0.751	0.699	0.562
		一般技工	工日	1.869	1.653	1.424	1.216	1.001	0.933	0.750
		高级技工	工日	1.402	1.239	1.068	0.912	0.751	0.700	0.562
材料	低碳钢焊条 J427		kg	16.856	16.755	16.625	18.494	16.813	15.904	10.406
	二氧化碳气体		m^3	—	—	—	—	—	—	0.682
	碳钢 CO_2 焊丝		kg	—	—	—	—	—	—	1.287
	碳钢埋弧焊丝		kg	—	—	—	—	—	—	1.133
	埋弧焊剂		kg	—	—	—	—	—	—	0.567
	碎焊丝 H08A		kg	—	—	—	—	—	—	0.378
	氧气		m^3	5.188	5.106	4.990	4.586	4.040	4.580	3.819
	乙炔气		kg	1.995	1.964	1.919	1.764	1.554	1.762	1.469
	尼龙砂轮片 ϕ150		片	3.820	3.820	3.715	3.700	3.500	3.400	3.200
	木方		m^3	0.014	0.014	0.012	0.012	0.013	0.014	0.008
	煤油		kg	1.074	0.893	0.817	0.551	0.432	0.388	0.350
	白垩		kg	0.855	0.713	0.656	0.447	0.400	0.380	0.250
	碳精棒 ϕ8～12		根	10.260	9.405	8.265	7.125	5.807	5.764	5.244
	其他材料费		%	8.00	8.00	8.00	8.00	8.00	8.00	8.00
机械	弧焊机 32kV·A		台班	3.608	3.363	2.654	2.499	2.304	2.294	2.206
	弧焊机 40kV·A		台班	—	—	—	—	—	—	0.326
	电焊条烘干箱 75×105×135（cm^3）		台班	0.361	0.337	0.265	0.250	0.231	0.230	0.253
	电焊条恒温箱		台班	0.361	0.337	0.265	0.250	0.231	0.230	0.253
	半自动切割机 100mm		台班	0.164	0.129	0.129	0.129	0.129	0.121	0.119
	剪板机 20×2 500（安装用）		台班	0.007	0.007	0.007	0.007	0.007	0.007	0.007
	卷板机 30×2 000（安装用）		台班	0.038	0.038	0.029	0.019	0.019	0.019	0.019
	卷板机 40×3 500（安装用）		台班	—	—	—	—	—	—	0.002
	汽车式起重机 16t		台班	0.578	0.538	0.396	0.345	0.276	0.238	—
	汽车式起重机 25t		台班	—	—	—	—	0.048	0.057	0.259
	载货汽车－普通货车 10t		台班	0.219	0.219	0.209	0.209	0.209	0.190	0.148
	真空泵 204m^3/h		台班	0.054	0.050	0.043	0.036	0.324	0.267	0.239
	电动空气压缩机 6m^3/min		台班	0.495	0.447	0.400	0.333	0.248	0.238	0.228
	载货汽车－平板拖车组 30t		台班	—	—	—	—	—	—	0.119
	二氧化碳气体保护焊机 250A		台班	—	—	—	—	—	—	0.175
	角缝自动焊机 功率（kW）SM501H90		台班	—	—	—	—	—	—	0.481
	轴流通风机 30kW		台班	0.381	0.352	0.305	0.286	0.190	0.190	0.190

3. 双盘式浮顶罐预制、安装

工作内容：散板堆放、放样号料、切割、坡口、摵制、吊装、组对焊接、打磨、试漏等。　　　**计量单位：**t

编号				3-3-25	3-3-26	3-3-27	3-3-28
项目				储罐容量（m^3 以内）			
				5 000	10 000	20 000	30 000
名称			单位	消耗量			
人工	合计工日		工日	5.367	4.996	4.232	4.102
	其中	普工	工日	1.610	1.499	1.269	1.230
		一般技工	工日	2.147	1.998	1.693	1.641
		高级技工	工日	1.610	1.499	1.270	1.231
材料	低碳钢焊条 J427		kg	25.802	25.667	25.522	25.180
	氧气		m^3	5.994	5.612	5.512	5.466
	乙炔气		kg	2.305	2.158	2.120	2.102
	尼龙砂轮片 $\phi150$		片	4.400	4.220	4.010	3.810
	木方		m^3	0.013	0.013	0.010	0.010
	煤油		kg	0.168	0.159	0.110	0.071
	白垩		kg	0.335	0.285	0.219	0.142
	碳精棒 $\phi8\sim12$		根	6.574	5.824	5.605	5.420
	其他材料费		%	8.00	8.00	8.00	8.00
机械	弧焊机 32kV·A		台班	4.567	4.448	4.075	3.772
	电焊条烘干箱 75×105×135（cm^3）		台班	0.457	0.445	0.407	0.377
	电焊条恒温箱		台班	0.457	0.445	0.407	0.377
	半自动切割机 100mm		台班	0.209	0.200	0.171	0.162
	剪板机 20×2 500（安装用）		台班	0.038	0.033	0.029	0.029
	卷板机 30×2 000（安装用）		台班	0.019	0.019	0.019	0.019
	汽车式起重机 16t		台班	0.395	0.382	0.359	0.340
	载货汽车－普通货车 10t		台班	0.228	0.209	0.190	0.171
	真空泵 204m^3/h		台班	0.018	0.017	0.015	0.015
	电动空气压缩机 6m^3/min		台班	0.095	0.086	0.076	0.067

计量单位：t

编号				3-3-29	3-3-30	3-3-31	3-3-32	3-3-33	3-3-34
项目				储罐容量（m^3 以内）					
				50 000			100 000		
				罐底	罐壁	浮顶	罐底	罐壁	浮顶
名称			单位	消耗量					
人工	合计工日		工日	2.509	2.523	7.910	2.090	2.880	7.214
	其中	普工	工日	0.753	0.757	2.373	0.627	0.864	2.165
		一般技工	工日	1.003	1.009	3.164	0.836	1.152	2.885
		高级技工	工日	0.753	0.757	2.373	0.627	0.864	2.164
材料	二氧化碳气体		m^3	0.483	—	—	0.477	—	—
	碳钢 CO_2 焊丝		kg	0.910	—	—	0.900	—	—
	低碳钢焊条 J427		kg	0.764	0.780	18.896	0.635	0.690	12.303
	碳钢埋弧焊丝		kg	5.603	2.004	—	3.923	2.024	—
	埋弧焊剂		kg	2.802	1.002	—	1.962	1.012	—
	合金钢焊丝		kg	—	1.862	—	—	2.104	—
	碎焊丝 H08A		kg	1.125	—	—	3.250	—	—
	氧气		m^3	7.510	5.935	3.551	5.929	6.421	3.071
	乙炔气		kg	2.888	2.283	1.366	2.280	2.470	1.181
	尼龙砂轮片 ϕ180		片	5.676	4.485	2.684	3.154	3.416	1.633
	木方		m^3	—	0.016	—	—	0.019	—
	煤油		kg	—	—	0.211	—	—	0.158
	白垩		kg	—	—	0.421	—	—	0.306
	碳精棒 ϕ8～12		根	—	5.567	—	—	4.382	—
	其他材料费		%	8.00	8.00	8.00	8.00	8.00	8.00
机械	弧焊机 32kV·A		台班	0.461	0.397	3.052	0.505	0.406	3.657
	电焊条烘干箱 75×105×135（cm^3）		台班	0.046	0.104	0.306	0.050	0.131	0.365
	焊剂烘干箱 60×50×75（cm^3）		台班	0.081	0.082	—	0.069	0.095	—
	电焊条恒温箱		台班	0.127	0.186	0.306	0.119	0.226	0.365
	半自动切割机 100mm		台班	0.150	0.107	0.094	0.115	0.113	0.080
	剪板机 20×2 500（安装用）		台班	—	—	0.124	—	—	0.113
	卷板机 30×3 000（安装用）		台班	—	0.035	—	—	0.030	—
	卷板机 40×3 500（安装用）		台班	—	0.019	—	—	0.010	—
	卷板机 70×3 000（安装用）		台班	—	—	—	—	0.006	—
	汽车式起重机 16t		台班	0.040	0.030	0.026	0.027	0.027	0.019
	汽车式起重机 25t		台班	0.338	0.292	0.027	0.198	0.226	0.019
	履带式起重机 50t		台班	—	0.312	—	—	0.305	—
	载货汽车－普通货车 10t		台班	0.124	0.107	0.069	0.095	0.084	0.048
	真空泵 $204m^3/h$		台班	0.018	—	0.017	0.015	—	0.017
	电动空气压缩机 $6m^3/min$		台班	—	0.095	0.089	—	0.108	0.081
	二氧化碳气体保护焊机 250A		台班	0.430	—	—	0.436	—	—
	立缝自动焊机 功率（kW）VB-AcII3		台班	—	0.295	—	—	0.313	—
	横向自动焊机 功率（kW）MISA60		台班	—	0.666	—	—	0.695	—
	角缝自动焊机 功率（kW）SM501H90		台班	—	0.174	—	—	0.177	—

计量单位：t

编号				3-3-35	3-3-36	3-3-37
项目				储罐容量（m^3以内）		
				150 000		
				罐底	罐壁	浮顶
名称			单位	消耗量		
人工	合计工日		工日	2.100	2.890	6.616
	其中	普工	工日	0.630	0.867	1.985
		一般技工	工日	0.840	1.156	2.646
		高级技工	工日	0.630	0.867	1.985
材料	二氧化碳气体		m^3	0.342	—	—
	碳钢 CO_2 焊丝		kg	0.645	—	—
	低碳钢焊条 J427		kg	0.530	0.690	10.675
	碳钢埋弧焊丝		kg	3.255	1.958	—
	埋弧焊剂		kg	1.628	0.979	—
	合金钢焊丝		kg	—	2.027	—
	碎焊丝 H08A		kg	3.004	—	—
	氧气		m^3	5.554	6.002	2.624
	乙炔气		kg	2.136	2.308	1.009
	尼龙砂轮片 $\phi180$		片	2.746	2.968	1.298
	木方		m^3	—	0.019	—
	煤油		kg	—	—	0.140
	白垩		kg	—	—	0.273
	碳精棒 $\phi8\sim12$		根	—	4.108	—
	其他材料费		%	8.00	8.00	8.00
机械	弧焊机 32kV·A		台班	0.395	0.465	2.613
	电焊条烘干箱 75×105×135（cm^3）		台班	0.039	0.109	0.262
	焊剂烘干箱 60×50×75（cm^3）		台班	0.069	0.096	—
	电焊条恒温箱		台班	0.108	0.206	0.262
	半自动切割机 100mm		台班	0.101	0.099	0.064
	剪板机 20×2 500（安装用）		台班	—	—	0.088
	卷板机 30×3 000（安装用）		台班	—	0.023	—
	卷板机 70×3 000（安装用）		台班	—	0.019	—
	汽车式起重机 16t		台班	0.023	0.023	0.014
	汽车式起重机 25t		台班	0.142	0.023	0.014
	履带式起重机 50t		台班	—	0.320	—
	载货汽车－普通货车 10t		台班	0.067	0.064	0.042
	真空泵 204m^3/h		台班	0.015	—	0.014
	电动空气压缩机 6m^3/min		台班	—	0.108	0.074
	数控火焰切割机		台班	0.083	0.074	—
	二氧化碳气体保护焊机 250A		台班	0.464	—	—
	立缝自动焊机 功率（kW）VB-AcII3		台班	—	0.415	—
	横向自动焊机 功率（kW）MISA60		台班	—	0.877	—
	角缝自动焊机 功率（kW）SM501H90		台班	—	0.208	—

4. 单盘式浮顶罐预制、安装

工作内容： 散板堆放、放样号料、切割、坡口、卷弧、搣制、吊装、组对焊接、打磨、试漏等。

计量单位： t

编号				3-3-38	3-3-39	3-3-40	3-3-41	3-3-42
项目				储罐容量（m^3 以内）				
				3 000	5 000	10 000	20 000	30 000
名称			单位	消耗量				
人工	合计工日		工日	5.894	5.367	4.915	4.232	3.990
	其中	普工	工日	1.768	1.610	1.474	1.269	1.197
		一般技工	工日	2.358	2.147	1.966	1.693	1.596
		高级技工	工日	1.768	1.610	1.475	1.270	1.197
材料	低碳钢焊条 J427		kg	25.579	25.375	25.004	24.686	24.380
	氧气		m^3	5.797	5.748	5.284	5.284	5.227
	乙炔气		kg	2.230	2.211	2.032	2.032	2.010
	尼龙砂轮片 ϕ150		片	4.181	4.095	3.812	3.710	3.519
	木方		m^3	0.020	0.010	0.010	0.010	0.010
	煤油		kg	0.600	0.550	0.500	0.400	0.350
	白垩		kg	0.570	0.523	0.475	0.380	0.333
	碳精棒 ϕ8～12		根	6.574	6.574	5.824	5.605	5.320
	其他材料费		%	8.00	8.00	8.00	8.00	8.00
机械	弧焊机 32kV·A		台班	4.341	3.701	3.481	3.221	2.970
	电焊条烘干箱 75×105×135（cm^3）		台班	0.434	0.370	0.349	0.322	0.298
	电焊条恒温箱		台班	0.434	0.370	0.349	0.322	0.298
	半自动切割机 100mm		台班	0.228	0.209	0.190	0.171	0.162
	剪板机 20×2 500（安装用）		台班	0.038	0.038	0.029	0.029	0.029
	卷板机 30×3 000（安装用）		台班	0.029	0.019	0.019	0.019	0.019
	立式钻床 25mm		台班	0.057	0.048	0.038	0.029	0.029
	汽车式起重机 16t		台班	0.396	0.365	0.343	—	—
	汽车式起重机 25t		台班	—	—	—	0.293	0.277
	载货汽车－普通货车 10t		台班	0.238	0.219	0.200	0.181	0.171
	电动空气压缩机 6m^3/min		台班	0.086	0.076	0.076	0.067	0.067
	真空泵 204m^3/h		台班	0.019	0.019	0.019	0.019	0.019

计量单位：t

编号				3-3-43	3-3-44	3-3-45	3-3-46	3-3-47	3-3-48
项目				储罐容量（m^3 以内）					
				50 000			100 000		
				罐底	罐壁	浮顶	罐底	罐壁	浮顶
名称			单位	消耗量					
人工	合计工日		工日	3.362	4.347	4.344	2.171	4.425	3.688
	其中	普工	工日	1.009	1.304	1.304	0.652	1.327	1.106
		一般技工	工日	1.345	1.739	1.737	0.868	1.770	1.475
		高级技工	工日	1.008	1.304	1.303	0.651	1.328	1.107
材料	低碳钢焊条 J427		kg	0.753	0.820	17.680	1.293	0.252	13.139
	碳钢 CO_2 焊丝		kg	5.313	—	—	3.697	—	—
	碳钢埋弧焊丝		kg	4.671	4.814	—	4.435	4.505	—
	合金钢焊丝		kg	—	1.908	—	—	2.001	—
	埋弧焊剂		kg	2.336	2.407	—	2.218	2.253	—
	碎焊丝 H08A		kg	1.558	—	—	1.477	—	—
	二氧化碳气体		m^3	2.815	—	—	1.954	—	—
	氧气		m^3	5.819	5.017	2.507	4.006	4.545	2.269
	乙炔气		kg	2.238	1.930	0.964	1.541	1.748	0.873
	尼龙砂轮片 ϕ180		片	5.443	5.083	1.172	3.554	5.031	1.006
	木方		m^3	—	0.014	—	—	0.011	—
	煤油		kg	—	—	0.132	—	—	0.098
	白垩		kg	—	—	0.149	—	—	0.197
	碳精棒 ϕ8～12		根	—	9.811	—	—	8.846	—
	其他材料费		%	8.00	8.00	8.00	8.00	8.00	8.00
机械	弧焊机 32kV·A		台班	0.293	0.211	1.812	0.136	0.155	1.430
	弧焊机 40kV·A		台班	—	0.430	—	—	0.414	—
	电焊条烘干箱 75×105×135（cm^3）		台班	0.030	0.064	0.151	0.013	0.057	0.093
	焊剂烘干箱 60×50×75（cm^3）		台班	0.133	0.134	—	0.107	0.171	—
	电焊条恒温箱		台班	0.163	0.199	0.151	0.120	0.228	0.093
	半自动切割机 100mm		台班	0.198	0.171	0.086	0.024	0.095	0.119
	数控火焰切割机		台班	0.015	0.010	—	0.060	0.060	—
	剪板机 20×2 500（安装用）		台班	—	—	0.159	—	—	0.088
	卷板机 30×3 000（安装用）		台班	—	0.018	—	—	0.006	—
	卷板机 40×3 500（安装用）		台班	—	0.043	—	—	0.010	—
	卷板机 70×3 000（安装用）		台班	—	—	—	—	0.010	—
	立式钻床 25mm		台班	—	—	0.107	—	—	—
	汽车式起重机 25t		台班	0.338	0.292	0.145	0.079	0.107	0.045
	履带式起重机 50t		台班	—	—	—	—	0.305	—
	载货汽车－普通货车 10t		台班	0.124	0.107	0.054	—	—	—
	载货汽车－平板拖车组 30t		台班	—	—	—	0.036	0.049	0.020
	电动空气压缩机 $6m^3$/min		台班	—	0.100	0.075	—	0.080	0.050
	二氧化碳气体保护焊机 250A		台班	0.412	—	—	0.177	—	—
	立缝自动焊机 功率（kW）VB-AcII3		台班	—	0.262	—	—	0.243	—
	横向自动焊机 功率（kW）MISA60		台班	—	0.720	—	—	0.793	—
	角缝自动焊机 功率（kW）SM501H90		台班	—	0.140	—	—	0.140	—
	真空泵 $204m^3$/h		台班	0.010	0.010	0.010	0.010	0.010	0.010

5. 内浮顶罐预制、安装

工作内容：散板堆放、放样号料、切割、坡口、卷弧、摵制、吊装、组对焊接、打磨、试漏等。

计量单位：t

编号				3-3-49	3-3-50	3-3-51	3-3-52	3-3-53
项目				储罐容量（m^3以内）				
				500	700	1 000	2 000	3 000
名称			单位	消耗量				
人工	合计工日		工日	6.463	6.377	5.943	5.115	4.366
	其中	普工	工日	1.938	1.913	1.783	1.535	1.310
		一般技工	工日	2.586	2.551	2.377	2.046	1.746
		高级技工	工日	1.939	1.913	1.783	1.534	1.310
材料	低碳钢焊条 J427		kg	16.975	16.975	17.121	17.266	17.353
	氧气		m^3	5.750	5.750	5.610	5.500	5.410
	乙炔气		kg	2.212	2.212	2.158	2.115	2.081
	尼龙砂轮片 $\phi150$		片	4.200	4.100	3.900	3.800	3.700
	木方		m^3	0.020	0.020	0.020	0.020	0.020
	煤油		kg	1.160	1.020	0.900	0.760	0.620
	白垩		kg	0.920	0.820	0.720	0.610	0.500
	碳精棒 $\phi8\sim12$		根	—	15.280	14.430	12.590	10.720
	其他材料费		%	8.00	8.00	8.00	8.00	8.00
机械	弧焊机 32kV·A		台班	4.748	4.696	4.403	4.045	3.634
	电焊条烘干箱 75×105×135（cm^3）		台班	0.475	0.470	0.440	0.405	0.363
	电焊条恒温箱		台班	0.475	0.470	0.440	0.405	0.363
	半自动切割机 100mm		台班	0.248	0.248	0.248	0.248	0.219
	剪板机 20×2 500（安装用）		台班	0.057	0.038	0.029	0.019	0.019
	卷板机 20×2 500（安装用）		台班	0.048	0.048	—	—	—
	卷板机 30×3 000（安装用）		台班	—	—	0.038	0.038	0.038
	立式钻床 25mm		台班	0.029	0.029	0.029	0.029	0.029
	汽车式起重机 16t		台班	0.809	0.771	0.659	0.609	0.574
	载货汽车－普通货车 10t		台班	0.238	0.238	0.246	0.246	0.246
	电动空气压缩机 $6m^3/min$		台班	0.581	0.571	0.562	0.505	0.466
	轴流通风机 30kW		台班	—	—	0.476	0.438	0.390
	真空泵 $204m^3/h$		台班	0.048	0.048	0.048	0.048	0.048

计量单位：t

编　号				3-3-54	3-3-55	3-3-56	3-3-57
项　目				储罐容量（m^3以内）			
				5 000	10 000	20 000	30 000
名　称			单位	消　耗　量			
人工	合计工日		工日	3.679	3.375	3.337	3.137
	其中	普工	工日	1.103	1.012	1.001	0.941
		一般技工	工日	1.472	1.350	1.335	1.255
		高级技工	工日	1.104	1.013	1.001	0.941
材料	低碳钢焊条 J427		kg	19.206	19.449	19.878	20.628
	氧气		m^3	5.320	5.900	5.416	4.603
	乙炔气		kg	2.046	2.269	2.083	1.770
	尼龙砂轮片 $\phi150$		片	3.540	3.320	3.200	3.060
	木方		m^3	0.020	0.020	0.020	0.020
	煤油		kg	0.510	0.420	0.380	0.380
	白垩		kg	0.410	0.390	0.333	0.333
	碳精棒 $\phi8\sim12$		根	8.350	7.933	5.869	5.869
	其他材料费		%	8.00	8.00	8.00	8.00
机械	弧焊机 32kV·A		台班	3.168	3.020	2.780	2.663
	电焊条烘干箱 75×105×135（cm^3）		台班	0.317	0.302	0.278	0.267
	电焊条恒温箱		台班	0.317	0.302	0.278	0.267
	半自动切割机 100mm		台班	0.181	0.143	0.114	0.094
	剪板机 20×2 500（安装用）		台班	0.010	0.010	0.010	0.010
	卷板机 30×3 000（安装用）		台班	0.029	0.019	0.015	0.012
	立式钻床 25mm		台班	0.029	0.019	0.010	0.007
	汽车式起重机 16t		台班	0.431	0.368	0.238	0.138
	载货汽车－普通货车 10t		台班	0.246	0.246	0.248	0.224
	电动空气压缩机 6m^3/min		台班	0.428	0.352	0.258	0.220
	轴流通风机 30kW		台班	0.343	0.286	0.276	0.219
	真空泵 204m^3/h		台班	0.048	0.048	0.048	0.048

6. 不锈钢罐预制、安装

工作内容：放样号料、切割、坡口、压头卷弧、角钢圈摵制、组对安装、焊接、焊缝处理、试漏、罐配件安装等。

计量单位：t

编号				3-3-58	3-3-59	3-3-60	3-3-61	3-3-62
项目				储罐容量（m^3 以内）				
				200	300	500	700	1 000
名称			单位	消耗量				
人工	合计工日		工日	9.068	8.772	7.785	7.721	7.565
	其中	普工	工日	2.720	2.632	2.336	2.316	2.269
		一般技工	工日	3.627	3.509	3.114	3.089	3.026
		高级技工	工日	2.721	2.631	2.335	2.316	2.270
材料	不锈钢焊条（综合）		kg	17.091	16.442	15.957	15.636	15.811
	不锈钢氩弧焊丝 1Cr18Ni9Ti $\phi3$		kg	0.020	0.020	0.020	0.020	0.019
	氧气		m^3	0.550	0.490	0.440	0.400	0.360
	乙炔气		kg	0.212	0.188	0.169	0.154	0.138
	氩气		m^3	0.050	0.050	0.050	0.050	0.050
	耐油橡胶板		kg	0.280	0.260	0.250	0.220	0.190
	硝酸		kg	0.980	0.880	0.790	0.710	0.640
	氢氟酸 45%		kg	0.110	0.100	0.090	0.080	0.070
	酸洗膏		kg	1.810	1.460	1.460	1.320	1.190
	飞溅净		kg	2.000	1.800	1.600	1.440	1.300
	尼龙砂轮片 $\phi100$		片	10.800	10.160	8.290	8.040	7.890
	道木		m^3	0.030	0.020	0.020	0.020	0.020
	煤油		kg	1.260	1.340	1.550	1.550	1.850
	白垩		kg	1.010	1.120	1.250	1.250	1.470
	碳精棒 $\phi8\sim12$		根	10.303	9.273	7.882	7.015	6.313
	其他材料费		%	3.00	3.00	3.00	3.00	3.00
机械	氩弧焊机 500A		台班	0.027	0.027	0.027	0.027	0.027
	硅整流弧焊机 20kV·A		台班	4.278	4.465	4.205	3.609	3.248
	电焊条恒温箱		台班	0.428	0.447	0.420	0.361	0.325
	电焊条烘干箱 75×105×135（cm^3）		台班	0.428	0.447	0.420	0.361	0.325
	等离子切割机 400A		台班	0.942	0.847	0.724	0.647	0.562
	卷板机 20×2 500（安装用）		台班	0.076	0.067	0.057	0.524	0.419
	汽车式起重机 16t		台班	0.883	0.807	0.731	0.659	0.438
	载货汽车－普通货车 5t		台班	0.114	0.105	0.095	0.086	0.067
	电动空气压缩机 $6m^3/min$		台班	0.952	0.885	0.762	0.676	0.581
	真空泵 $204m^3/h$		台班	0.010	0.010	0.010	0.010	0.010

计量单位：t

编号				3-3-63	3-3-64	3-3-65	3-3-66	3-3-67
项目				储罐容量（m^3 以内）				
				2 000	3 000	5 000	10 000	20 000
名称			单位	消耗量				
人工	合计工日		工日	6.340	5.587	4.723	4.332	3.924
	其中	普工	工日	1.902	1.676	1.417	1.300	1.178
		一般技工	工日	2.536	2.235	1.889	1.733	1.569
		高级技工	工日	1.902	1.676	1.417	1.299	1.177
材料	不锈钢焊条（综合）		kg	16.245	16.713	17.741	20.101	20.280
	不锈钢氩弧焊丝 1Cr18Ni9Ti ϕ3		kg	0.020	0.020	0.020	0.020	0.020
	氧气		m^3	0.320	0.290	0.260	0.230	0.190
	乙炔气		kg	0.123	0.112	0.100	0.088	0.073
	氩气		m^3	0.050	0.050	0.050	0.050	0.040
	耐油橡胶板		kg	0.180	0.160	0.150	0.150	0.150
	硝酸		kg	0.580	0.520	0.470	0.400	0.380
	氢氟酸 45%		kg	0.070	0.050	0.050	0.050	0.040
	酸洗膏		kg	1.070	0.960	0.770	0.680	0.590
	飞溅净		kg	1.170	1.050	0.950	0.100	0.080
	尼龙砂轮片 ϕ100		片	6.240	6.340	6.790	6.150	5.800
	道木		m^3	0.010	0.010	0.010	0.010	0.010
	煤油		kg	1.080	1.240	0.960	0.860	0.800
	白垩		kg	0.830	0.960	0.770	0.720	0.680
	碳精棒 ϕ8～12		根	5.682	5.113	4.091	3.770	3.010
	其他材料费		%	3.00	3.00	3.00	3.00	3.00
机械	氩弧焊机 500A		台班	0.027	0.027	0.027	0.024	0.019
	硅整流弧焊机 20kV·A		台班	2.768	2.487	2.135	3.732	3.361
	电焊条烘干箱 75×105×135（cm^3）		台班	0.277	0.249	0.213	0.374	0.336
	电焊条恒温箱		台班	0.277	0.249	0.213	0.374	0.336
	卷板机 20×2 500（安装用）		台班	0.333	0.305	0.276	0.219	0.200
	卷板机 30×2 000（安装用）		台班	—	—	—	0.029	0.019
	等离子切割机 400A		台班	0.505	0.438	0.390	0.381	0.381
	汽车式起重机 16t		台班	0.388	0.312	0.248	0.238	0.219
	汽车式起重机 25t		台班	—	—	—	0.019	0.014
	载货汽车－普通货车 5t		台班	0.057	0.038	0.038	0.038	0.038
	载货汽车－平板拖车组 20t		台班	—	—	—	0.019	0.019
	电动空气压缩机 6m^3/min		台班	0.524	0.466	0.400	0.381	0.381
	真空泵 204m^3/h		台班	0.010	0.010	0.010	0.010	0.010

7. 储罐底板板幅调整

工作内容：施工准备、散板堆放、放样号料、吊装、切割、组对、焊接、检查验收等。　　**计量单位：**10t

编号				3-3-68	3-3-69	3-3-70	3-3-71	3-3-72
项目				预制				
				每块中幅板周长每增减 1m、储罐容量（m^3 以内）				
				5 000	30 000	50 000	100 000	150 000
名称			单位	消耗量				
人工	合计工日		工日	0.420	0.341	0.309	0.237	0.207
	其中	普工	工日	0.126	0.103	0.093	0.071	0.062
		一般技工	工日	0.168	0.136	0.123	0.095	0.083
		高级技工	工日	0.126	0.102	0.093	0.071	0.062
材料	氧气		m^3	3.540	2.770	2.030	1.710	1.380
	乙炔气		kg	1.362	1.065	0.781	0.658	0.531
	尼龙砂轮片 $\phi180$		片	0.973	0.850	0.650	0.540	0.450
	其他材料费		%	5.00	5.00	5.00	5.00	5.00
机械	汽车式起重机 16t		台班	0.012	—	—	—	—
	汽车式起重机 25t		台班	—	0.014	—	—	—
	履带式起重机 50t		台班	—	—	0.017	0.014	0.010
	数控火焰切割机		台班	—	—	0.026	0.024	0.021
	半自动切割机 100mm		台班	0.024	0.011	—	—	—

计量单位：10t

编号				3-3-73	3-3-74	3-3-75	3-3-76	3-3-77
项目				安装				
				每块中幅板周长每增减 1m、储罐容量（m^3 以内）				
				5 000	30 000	50 000	100 000	150 000
名称			单位	消耗量				
人工	合计工日		工日	0.565	0.480	0.420	0.352	0.297
	其中	普工	工日	0.169	0.144	0.126	0.106	0.089
		一般技工	工日	0.226	0.192	0.168	0.141	0.119
		高级技工	工日	0.170	0.144	0.126	0.105	0.089
材料	二氧化碳气体		m^3	—	—	0.550	0.735	0.816
	低碳钢焊条 J427		kg	4.296	2.398	1.150	0.970	0.800
	碳钢 CO_2 焊丝		kg	—	—	1.038	1.387	1.540
	碳钢埋弧焊丝		kg	—	—	1.700	1.439	2.040
	碎焊丝 H08A		kg	—	—	0.600	0.450	0.280
	埋弧焊剂		kg	—	—	0.850	0.720	1.020
	氧气		m^3	0.180	0.060	—	—	—
	乙炔气		kg	0.069	0.023	—	—	—
	尼龙砂轮片 ϕ180		片	1.243	1.020	0.610	0.580	0.480
	碳精棒 ϕ8～12		根	—	—	0.830	0.680	0.560
	其他材料费		%	5.00	5.00	5.00	5.00	5.00
机械	弧焊机 32kV·A		台班	0.489	0.362	0.282	0.190	0.190
	电焊条烘干箱 75×105×135（cm^3）		台班	0.004	0.002	0.002	0.002	0.002
	二氧化碳气体保护焊机 250A		台班	—	—	0.052	0.044	0.038
	焊剂烘干箱 60×50×75（cm^3）		台班	—	—	0.057	0.048	0.038
	电焊条恒温箱		台班	0.004	0.002	0.060	0.050	0.040
	汽车式起重机 16t		台班	0.026	—	—	—	—
	汽车式起重机 25t		台班	—	0.024	—	—	—
	履带式起重机 50t		台班	—	—	0.007	0.005	0.004
	电动空气压缩机 $6m^3$/min		台班	0.079	0.058	0.043	0.037	0.019

8. 储罐壁板板幅调整

工作内容：施工准备、散板堆放、放样号料、吊装、调整、切割、焊接、检查验收等。 **计量单位：**座

编号				3-3-78	3-3-79	3-3-80	3-3-81	3-3-82
项目				预制				
				每增减1节、储罐容量（m^3以内）				
				5 000	30 000	50 000	100 000	150 000
名称			单位	消耗量				
人工	合计工日		工日	14.798	29.808	44.645	76.039	89.123
	其中	普工	工日	4.439	8.943	13.393	22.812	26.737
		一般技工	工日	5.919	11.923	17.858	30.415	35.649
		高级技工	工日	4.440	8.942	13.394	22.812	26.737
材料	低碳钢焊条 J427		kg	11.400	16.136	22.664	37.952	43.831
	氧气		m^3	37.528	81.056	130.760	235.144	271.600
	乙炔气		kg	14.434	31.175	50.292	90.440	104.462
	尼龙砂轮片 ϕ180		片	20.136	32.824	50.464	105.472	121.600
	其他材料费		%	5.00	5.00	5.00	5.00	5.00
机械	弧焊机 32kV·A		台班	1.561	3.472	5.224	6.839	8.271
	电焊条烘干箱 75×105×135（cm^3）		台班	0.156	0.347	0.522	0.684	0.827
	电焊条恒温箱		台班	0.156	0.347	0.522	0.684	0.827
	汽车式起重机 16t		台班	1.768	2.688	3.237	4.547	—
	履带式起重机 50t		台班	—	—	—	—	5.423
	半自动切割机 100mm		台班	1.485	2.216	—	—	—
	数控火焰切割机		台班	—	—	2.612	3.420	4.919
	卷板机 20×2 500（安装用）		台班	1.514	2.460	—	—	—
	卷板机 30×3 000（安装用）		台班	—	—	4.501	5.826	7.426

计量单位：座

编号				3-3-83	3-3-84	3-3-85	3-3-86	3-3-87
项目				安装				
				每增减1节、储罐容量（m^3以内）				
				5 000	30 000	50 000	100 000	150 000
名称			单位	消耗量				
人工	合计工日		工日	13.884	43.234	79.363	99.622	117.776
	其中	普工	工日	4.165	12.970	23.809	29.887	35.333
		一般技工	工日	5.554	17.294	31.745	39.849	47.110
		高级技工	工日	4.165	12.970	23.809	29.886	35.333
材料	低碳钢焊条 J427		kg	33.501	37.410	41.512	44.320	53.136
	碳钢埋弧焊丝		kg	—	—	120.832	160.896	187.520
	埋弧焊剂		kg	—	—	60.416	80.848	93.760
	氧气		m^3	9.672	16.632	22.160	36.264	43.478
	乙炔气		kg	3.720	6.397	8.523	13.948	16.722
	尼龙砂轮片 ϕ180		片	26.000	57.815	85.352	117.624	140.800
	碳精棒 ϕ8～12		根	12.104	45.368	90.480	241.280	289.504
	其他材料费		%	5.00	5.00	5.00	5.00	5.00
机械	弧焊机 32kV·A		台班	12.186	12.138	13.090	13.328	15.232
	电焊条恒温箱		台班	1.219	1.285	5.688	9.063	11.668
	横向自动焊机 功率（kW）MISA60		台班	—	—	9.139	15.232	27.418
	电焊条烘干箱 75×105×135（cm^3）		台班	1.219	1.285	1.309	1.333	1.523
	焊剂烘干箱 60×50×75（cm^3）		台班	—	—	4.379	7.730	10.145
	汽车式起重机 16t		台班	0.533	—	—	—	—
	汽车式起重机 25t		台班	—	1.142	—	—	—
	履带式起重机 50t		台班	—	—	3.389	7.304	8.718
	载货汽车－普通货车 10t		台班	0.228	0.457	—	—	—
	载货汽车－平板拖车组 30t		台班	—	—	0.571	0.762	0.762
	轮胎式装载机 3m^3		台班	—	—	—	—	0.952
	电动空气压缩机 6m^3/min		台班	—	—	3.320	15.217	18.157

计量单位：座

编号				3-3-88	3-3-89	3-3-90	3-3-91	3-3-92
项目				预制				
				平均每节增减 1 张、储罐容量（m^3 以内）				
				5 000	30 000	50 000	100 000	150 000
名称			单位	消耗量				
人工	合计工日		工日	2.482	4.373	7.900	11.597	13.908
	其中	普工	工日	0.744	1.311	2.370	3.479	4.172
		一般技工	工日	0.993	1.750	3.160	4.639	5.563
		高级技工	工日	0.745	1.312	2.370	3.479	4.173
材料	低碳钢焊条 J427		kg	0.763	0.979	2.888	4.984	5.836
	氧气		m^3	10.360	19.184	27.344	44.272	51.862
	乙炔气		kg	3.985	7.378	10.517	17.028	19.947
	尼龙砂轮片 ϕ180		片	7.251	9.072	7.320	10.768	12.640
	其他材料费		%	5.00	5.00	5.00	5.00	5.00
机械	弧焊机 32kV·A		台班	0.079	0.114	0.822	0.959	1.142
	电焊条烘干箱 75×105×135（cm^3）		台班	0.008	0.012	0.082	0.096	0.114
	半自动切割机 100mm		台班	1.131	1.810	—	—	—
	数控火焰切割机		台班	—	—	0.822	0.959	1.530
	电焊条恒温箱		台班	0.008	0.012	0.082	0.096	0.114
	卷板机 30×3 000（安装用）		台班	0.152	0.228	—	—	—
	卷板机 40×3 500（安装用）		台班	—	—	0.228	—	—
	卷板机 70×3 000（安装用）		台班	—	—	—	0.343	0.476
	履带式起重机 50t		台班	—	—	0.754	1.097	1.295
	轮胎式装载机 $3m^3$		台班	0.152	0.190	0.228	0.343	—

计量单位：座

编　号				3-3-93	3-3-94	3-3-95	3-3-96	3-3-97
项　目				安装				
				平均每节增减 1 张、储罐容量（m^3 以内）				
				5 000	30 000	50 000	100 000	150 000
名　称			单位	消　耗　量				
人工	合计工日		工日	13.720	15.709	20.350	34.690	40.674
	其中	普工	工日	4.116	4.712	6.105	10.407	12.202
		一般技工	工日	5.488	6.284	8.140	13.876	16.270
		高级技工	工日	4.116	4.713	6.105	10.407	12.202
材料	低碳钢焊条 J427		kg	16.826	27.645	14.440	5.592	6.472
	合金钢焊丝		kg	—	—	105.427	121.618	147.206
	氧气		m^3	1.448	1.796	2.288	3.152	3.693
	乙炔气		kg	0.557	0.691	0.880	1.212	1.420
	二氧化碳气体		m^3	—	—	55.876	64.458	78.019
	尼龙砂轮片 ϕ180		片	6.400	7.488	8.008	8.144	9.600
	碳精棒 ϕ8～12		根	1.120	1.680	1.872	6.296	7.384
	其他材料费		%	5.00	5.00	5.00	5.00	5.00
机械	弧焊机 32kV·A		台班	11.576	19.535	6.413	7.159	9.139
	电焊条烘干箱 75×105×135（cm^3）		台班	1.158	1.954	0.641	0.716	0.914
	立缝自动焊机 功率（kW）VB–AcII3		台班	—	—	1.051	2.925	3.456
	焊剂烘干箱 60×50×75（cm^3）		台班	—	—	0.526	1.463	1.728
	电焊条恒温箱		台班	1.158	1.954	1.167	2.179	2.642
	履带式起重机 50t		台班	—	—	2.361	3.739	4.417
	汽车式起重机 16t		台班	1.219	—	—	—	—
	汽车式起重机 25t		台班	—	1.645	—	—	—
	卷板机 20×2 500（安装用）		台班	—	1.523	—	—	—
	卷板机 40×3 500（安装用）		台班	1.219	—	—	—	—
	电动空气压缩机 6m^3/min		台班	—	—	0.640	1.478	1.935
	载货汽车－普通货车 10t		台班	0.137	0.175	—	—	—
	载货汽车－平板拖车组 30t		台班	—	—	0.190	0.286	0.762

二、金属立式储罐附件

1. 立式拱顶罐附件

(1)人孔、透光孔、排污孔安装

工作内容: 预制、开孔、检查清理、安装、焊接等。　　**计量单位:** 个

			3-3-98	3-3-99	3-3-100	3-3-101
编号			3-3-98	3-3-99	3-3-100	3-3-101
项目			人孔	透光孔		排污孔
			$\phi600$	$\phi500$	$\phi700$	H700 × 800
名称		单位	消耗量			
人工	合计工日	工日	0.593	0.705	0.816	0.927
其中	普工	工日	0.178	0.211	0.245	0.278
	一般技工	工日	0.237	0.282	0.326	0.371
	高级技工	工日	0.178	0.212	0.245	0.278
材料	人孔	个	(1.000)	—	—	—
	透光孔	个	—	(1.000)	(1.000)	—
	排污孔	个	—	—	—	(1.000)
	低碳钢焊条 J427	kg	5.000	1.700	2.000	3.000
	氧气	m^3	0.471	0.252	0.843	0.291
	乙炔气	kg	0.181	0.097	0.324	0.112
	尼龙砂轮片 $\phi150$	片	0.480	0.120	0.150	0.200
	无石棉橡胶板 中压 $\delta0.8 \sim 6.0$	kg	1.500	1.500	1.500	0.500
	其他材料费	%	3.00	3.00	3.00	3.00
机械	弧焊机 32kV·A	台班	0.762	0.381	0.524	0.666
	电焊条烘干箱 75 × 105 × 135(cm^3)	台班	0.076	0.038	0.052	0.067
	电焊条恒温箱	台班	0.076	0.038	0.052	0.067
	汽车式起重机 16t	台班	0.095	0.048	0.067	0.086

(2)接合管安装

工作内容：开孔、检查清理、安装、焊接等。　　　　**计量单位：**个

编号			3-3-102	3-3-103	3-3-104	3-3-105	3-3-106	3-3-107
项目			罐顶接合管直径(mm 以内)					
			50	80	100	150	200	250
名称		单位	消耗量					
人工	合计工日	工日	0.112	0.153	0.190	0.240	0.294	0.371
	其中 普工	工日	0.033	0.046	0.057	0.072	0.088	0.111
	其中 一般技工	工日	0.045	0.061	0.076	0.096	0.118	0.149
	其中 高级技工	工日	0.034	0.046	0.057	0.072	0.088	0.111
材料	罐顶接合管	个	(1.000)	(1.000)	(1.000)	(1.000)	(1.000)	(1.000)
	低碳钢焊条 J427	kg	0.300	0.500	0.800	1.000	1.400	1.800
	氧气	m^3	0.123	0.123	0.183	0.291	0.411	0.423
	乙炔气	kg	0.047	0.047	0.070	0.112	0.158	0.163
	尼龙砂轮片 $\phi150$	片	0.110	0.110	0.120	0.130	0.200	0.300
	其他材料费	%	3.00	3.00	3.00	3.00	3.00	3.00
机械	弧焊机 32kV·A	台班	0.095	0.190	0.248	0.286	0.381	0.476
	电焊条烘干箱 75×105×135(cm^3)	台班	0.010	0.019	0.025	0.029	0.038	0.048
	电焊条恒温箱	台班	0.010	0.019	0.025	0.029	0.038	0.048

计量单位：个

编号			3-3-108	3-3-109	3-3-110	3-3-111	3-3-112
项目			罐壁接合管直径（mm 以内）				
			50	80	100	150	200
名称		单位	消耗量				
人工	合计工日	工日	0.130	0.223	0.279	0.352	0.427
人工	其中 普工	工日	0.039	0.067	0.084	0.106	0.128
人工	其中 一般技工	工日	0.052	0.089	0.111	0.141	0.171
人工	其中 高级技工	工日	0.039	0.067	0.084	0.105	0.128
材料	罐壁接合管	个	（1.000）	（1.000）	（1.000）	（1.000）	（1.000）
材料	低碳钢焊条 J427	kg	1.161	1.929	2.347	3.890	4.845
材料	氧气	m^3	0.123	0.123	0.183	0.291	0.411
材料	乙炔气	kg	0.047	0.047	0.070	0.112	0.158
材料	尼龙砂轮片 ϕ150	片	0.100	0.110	0.120	0.130	0.140
材料	其他材料费	%	3.00	3.00	3.00	3.00	3.00
机械	弧焊机 32kV·A	台班	0.173	0.200	0.286	0.391	0.496
机械	电焊条烘干箱 75×105×135（cm^3）	台班	0.014	0.019	0.029	0.038	0.048
机械	电焊条恒温箱	台班	0.014	0.019	0.029	0.038	0.048

计量单位：个

编　　号				3-3-113	3-3-114	3-3-115	3-3-116
项　　目				罐壁接合管直径（mm 以内）			
				250	300	350	400
名　　称			单位	消　耗　量			
人工	合计工日		工日	0.464	0.490	0.512	0.541
	其中	普工	工日	0.139	0.147	0.153	0.162
		一般技工	工日	0.186	0.196	0.205	0.217
		高级技工	工日	0.139	0.147	0.154	0.162
材料	罐壁接合管		个	（1.000）	（1.000）	（1.000）	（1.000）
	低碳钢焊条 J427		kg	6.810	7.891	8.567	9.748
	氧气		m^3	0.552	0.702	0.841	0.899
	乙炔气		kg	0.212	0.270	0.323	0.346
	尼龙砂轮片 $\phi150$		片	0.150	0.160	0.170	0.190
	其他材料费		%	3.00	3.00	3.00	3.00
机械	弧焊机 32kV·A		台班	0.691	0.791	0.859	0.987
	电焊条烘干箱 75×105×135（cm^3）		台班	0.057	0.057	0.062	0.065
	电焊条恒温箱		台班	0.057	0.057	0.062	0.065

(3)进出油管安装

工作内容：补强圈预制、开孔、安装、焊接等。 **计量单位：**个

编号				3-3-117	3-3-118	3-3-119	3-3-120	3-3-121
项目				进出油管直径（mm 以内）				
				500	600	700	800	900
名称			单位	消耗量				
人工	合计工日		工日	3.197	3.834	4.752	5.523	6.628
	其中	普工	工日	0.959	1.150	1.426	1.657	1.988
		一般技工	工日	1.279	1.534	1.901	2.209	2.652
		高级技工	工日	0.959	1.150	1.425	1.657	1.988
材料	进出油管		个	（1.000）	（1.000）	（1.000）	（1.000）	（1.000）
	低碳钢焊条 J427		kg	20.770	24.920	30.900	59.870	69.830
	氧气		m^3	10.166	12.201	14.638	17.565	21.078
	乙炔气		kg	3.910	4.693	5.630	6.756	8.107
	尼龙砂轮片 $\phi150$		片	2.917	3.327	3.992	4.791	5.749
	木方		m^3	—	—	0.095	0.095	0.095
	其他材料费		%	3.00	3.00	3.00	3.00	3.00
机械	弧焊机 32kV·A		台班	3.332	3.998	4.931	9.111	10.596
	电焊条烘干箱 75×105×135（cm^3）		台班	0.333	0.400	0.493	0.912	1.059
	电焊条恒温箱		台班	0.333	0.400	0.493	0.912	1.059
	卷板机 30×2 000（安装用）		台班	0.190	0.190	0.228	0.295	0.343
	汽车式起重机 25t		台班	0.145	0.152	0.152	0.183	0.219
	载货汽车－普通货车 10t		台班	—	—	0.152	0.183	0.219

（4）防火器安装

工作内容：检查清理、安装等。　　　　**计量单位：**个

编　　号				3-3-122	3-3-123	3-3-124	3-3-125	3-3-126
项　　目				管直径（mm 以内）				
				80	100	150	200	250
名　　称			单位	消　耗　量				
人工	合计工日		工日	0.112	0.149	0.186	0.223	0.297
	其中	普工	工日	0.033	0.044	0.056	0.067	0.089
		一般技工	工日	0.045	0.060	0.074	0.089	0.119
		高级技工	工日	0.034	0.045	0.056	0.067	0.089
材料	防火器		个	（1.000）	（1.000）	（1.000）	（1.000）	（1.000）
	无石棉橡胶板　中压　$\delta 0.8 \sim 6.0$		kg	0.150	0.150	0.250	0.350	0.500
	其他材料费		%	3.00	3.00	3.00	3.00	3.00

(5)空气泡沫产生器安装

工作内容:检查定位、开孔、安装、焊接、质量自检等。 **计量单位:**个

编号				3-3-127	3-3-128	3-3-129	3-3-130
项目				空气泡沫产生器			
				PC-4	PC-8	PC-16	PC-24
名称			单位	消耗量			
人工	合计工日		工日	0.713	0.832	1.025	1.217
	其中	普工	工日	0.214	0.250	0.308	0.365
		一般技工	工日	0.285	0.333	0.410	0.487
		高级技工	工日	0.214	0.249	0.307	0.365
材料	空气泡沫产生器		个	(1.000)	(1.000)	(1.000)	(1.000)
	钢板 δ4~10		kg	1.045	1.615	3.610	5.415
	角钢 63 以内		kg	1.330	3.040	3.420	3.895
	圆钢 ϕ8~14		kg	0.475	0.950	0.950	1.425
	扁钢(综合)		kg	0.475	0.475	0.475	0.475
	低碳钢焊条 J427		kg	0.762	0.844	1.037	1.247
	氧气		m^3	0.117	0.117	0.117	0.117
	乙炔气		kg	0.045	0.045	0.045	0.045
	其他材料费		%	3.00	3.00	3.00	3.00
机械	弧焊机 32kV·A		台班	0.228	0.228	0.267	0.305
	电焊条烘干箱 75×105×135(cm^3)		台班	0.023	0.023	0.026	0.031
	电焊条恒温箱		台班	0.023	0.023	0.026	0.031
	普通车床 400×1 000(安装用)		台班	0.381	0.609	0.609	0.609

（6）呼吸阀、安全阀、通气阀安装

工作内容：检查、安装等。　　**计量单位：**个

编　号				3-3-131	3-3-132	3-3-133	3-3-134	3-3-135
项　目				管直径（mm 以内）				
				80	100	150	200	250
名　称			单位	消　耗　量				
人工	合计工日		工日	0.119	0.149	0.178	0.237	0.297
	其中	普工	工日	0.036	0.044	0.054	0.071	0.089
		一般技工	工日	0.047	0.060	0.071	0.095	0.119
		高级技工	工日	0.036	0.045	0.053	0.071	0.089
材料	呼吸阀、安全阀、通气阀		个	（1.000）	（1.000）	（1.000）	（1.000）	（1.000）
	无石棉橡胶板 中压 δ0.8～6.0		kg	0.143	0.143	0.238	0.333	0.475
	其他材料费		%	3.00	3.00	3.00	3.00	3.00

（7）量油帽安装

工作内容：画线定位、安装就位、找正、固定、严密性试验等。　　**计量单位：**套

编　号				3-3-136	3-3-137
项　目				量油帽（孔）	
				*DN*100	*DN*150
名　称			单位	消　耗　量	
人工	合计工日		工日	0.059	0.090
	其中	普工	工日	0.018	0.027
		一般技工	工日	0.023	0.036
		高级技工	工日	0.018	0.027
材料	量油帽孔		个	（1.000）	（1.000）
	无石棉橡胶板 中压 δ0.8～6.0		kg	0.238	0.238
	其他材料费		%	3.00	3.00

(8)蒸汽盘管预制、安装

工作内容：预制、安装、焊接、试漏等。　　**计量单位：**10m

编号				3-3-138
项目				蒸气盘管
名称			单位	消耗量
人工	合计工日		工日	1.021
	其中	普工	工日	0.307
		一般技工	工日	0.408
		高级技工	工日	0.306
材料	无缝钢管(综合)		m	(10.300)
	热轧厚钢板 δ10～20		kg	37.900
	低碳钢焊条 J427		kg	0.570
	氧气		m^3	0.174
	乙炔气		kg	0.067
	其他材料费		%	3.00
机械	弧焊机 32kV·A		台班	0.426
	电焊条烘干箱 75×105×135(cm^3)		台班	0.043
	电焊条恒温箱		台班	0.043
	鼓风机 8m^3/min		台班	0.114

（9）排管加热器预制、安装

工作内容：预制、安装、焊接、试漏等。　　**计量单位：**10 个

编　　号				3-3-139	3-3-140	3-3-141	3-3-142
项　　目				排管长度（m）			
				2	2.5	3	4
名　　称			单位	消　耗　量			
人工	合计工日		工日	5.642	6.237	6.831	7.276
	其中	普工	工日	1.692	1.871	2.050	2.183
		一般技工	工日	2.257	2.495	2.732	2.910
		高级技工	工日	1.693	1.871	2.049	2.183
材料	无缝钢管（综合）		kg	（530.304）	（640.784）	（751.264）	（972.224）
	热轧厚钢板 δ10～20		kg	37.900	37.900	37.900	37.900
	低碳钢焊条 J427		kg	6.270	6.270	6.270	6.270
	氧气		m^3	16.676	16.676	16.676	16.676
	乙炔气		kg	6.414	6.414	6.414	6.414
	尼龙砂轮片 ϕ100		片	7.600	7.600	7.600	7.600
	其他材料费		%	5.00	5.00	5.00	5.00
机械	弧焊机 32kV·A		台班	4.189	4.189	4.189	4.189
	电焊条烘干箱 75×105×135（cm^3）		台班	0.419	0.419	0.419	0.419
	电焊条恒温箱		台班	0.419	0.419	0.419	0.419
	试压泵 60MPa		台班	0.350	0.315	0.283	0.255

计量单位：10 个

编号				3-3-143	3-3-144	3-3-145
项目				排管长度（m）		
				5	6	12
名称			单位	消耗量		
人工	合计工日		工日	7.721	8.613	10.690
	其中	普工	工日	2.316	2.584	3.207
		一般技工	工日	3.089	3.445	4.276
		高级技工	工日	2.316	2.584	3.207
材料	无缝钢管（综合）		kg	（1 193.184）	（1 414.144）	（2 739.204）
	热轧厚钢板 δ10～20		kg	37.900	37.900	37.900
	低碳钢焊条 J427		kg	6.270	6.270	7.025
	氧气		m^3	16.676	16.676	20.010
	乙炔气		kg	6.414	6.414	7.696
	尼龙砂轮片 φ100		片	7.600	7.600	9.500
	其他材料费		%	5.00	5.00	5.00
机械	弧焊机 32kV·A		台班	4.189	4.189	5.255
	电焊条烘干箱 75×105×135（cm^3）		台班	0.419	0.419	0.526
	电焊条恒温箱		台班	0.419	0.419	0.526
	汽车式起重机 16t		台班	—	—	0.381
	载货汽车－普通货车 10t		台班	—	—	0.381
	试压泵 60MPa		台班	0.200	0.200	0.200

(10)加热器支座预制、安装

工作内容:号料、切割、搣弯、组装、焊接等。　　　　**计量单位:**10 个

编　号				3-3-146	3-3-147	3-3-148	3-3-149	3-3-150	3-3-151
项　目				双柱			单柱	单柱单管式(高度 mm)	
				四管式	八管式	十二管式	双管式	471~650	170~470
名　称			单位	消　耗　量					
人工	合计工日		工日	1.693	2.376	3.266	0.802	0.653	0.580
	其中	普工	工日	0.508	0.713	0.980	0.240	0.196	0.174
		一般技工	工日	0.677	0.950	1.306	0.321	0.261	0.232
		高级技工	工日	0.508	0.713	0.980	0.241	0.196	0.174
材料	无缝钢管(综合)		kg	(57.772)	(52.924)	(53.227)	(43.329)	(39.188)	(29.290)
	钢板 δ4~10		kg	—	—	—	10.171	10.171	10.171
	扁钢(综合)		kg	31.991	52.581	82.421	24.371	—	—
	圆钢 ϕ15~24		kg	14.440	25.650	38.580	12.830	4.240	4.240
	角钢 63 以外		kg	—	48.445	94.607	—	—	—
	低碳钢焊条 J427		kg	3.667	6.270	9.415	3.145	4.700	4.700
	氧气		m^3	0.447	0.773	1.151	0.346	0.211	0.182
	乙炔气		kg	0.172	0.297	0.443	0.133	0.081	0.070
	其他材料费		%	3.00	3.00	3.00	3.00	3.00	3.00
机械	弧焊机 32kV·A		台班	1.142	2.018	2.056	0.609	0.952	0.666
	电焊条烘干箱 75×105×135(cm^3)		台班	0.114	0.202	0.206	0.061	0.095	0.067
	电焊条恒温箱		台班	0.114	0.202	0.206	0.061	0.095	0.067

（11）加热器连接管预制、安装

工作内容：号料、切割、焊接、套丝扣、上零件、安装、试漏等。 **计量单位：**10个

编号				3-3-152	3-3-153	3-3-154	3-3-155
项目				主管长度（mm）			
				730	1 260	1 790	2 320
名称			单位	消耗量			
人工	合计工日		工日	4.203	5.406	6.638	7.839
	其中	普工	工日	1.261	1.622	1.992	2.351
		一般技工	工日	1.681	2.162	2.655	3.136
		高级技工	工日	1.261	1.622	1.991	2.352
材料	无缝钢管（综合）		kg	（26.462）	（35.200）	（38.582）	（46.965）
	热轧厚钢板 δ10		kg	（19.700）	（19.700）	（19.700）	（19.700）
	低碳钢焊条 J427		kg	6.000	6.580	7.260	9.020
	氧气		m^3	5.619	6.945	8.000	9.949
	乙炔气		kg	2.161	2.671	3.077	3.827
	其他材料费		%	3.00	3.00	3.00	3.00
机械	弧焊机 32kV·A		台班	3.998	4.760	5.636	6.093
	电焊条烘干箱 75×105×135（cm^3）		台班	0.400	0.476	0.564	0.609
	电焊条恒温箱		台班	0.400	0.476	0.564	0.609

2. 浮顶罐附件

(1)人 孔 安 装

工作内容：预制、开孔、检查清理、安装、焊接等。　　　　**计量单位：**个

编　　号			3-3-156	3-3-157	3-3-158	3-3-159
项　　目			浮船人孔	船舱人孔	试验人孔盖板	带芯铰链人孔
			*DN*600	*DN*500		*DN*600
名　　称		单位	消　耗　量			
人工	合计工日	工日	0.529	0.470	0.585	0.631
其中	普工	工日	0.158	0.142	0.176	0.189
	一般技工	工日	0.212	0.187	0.234	0.252
	高级技工	工日	0.159	0.141	0.175	0.190
材料	浮船人孔	个	(1.000)	—	—	—
	单盘顶人孔	个	—	(1.000)	—	—
	试验人孔盖板	个	—	—	(1.000)	—
	带芯铰链人孔	个	—	—	—	(1.000)
	低碳钢焊条 J427	kg	3.864	2.005	1.866	5.338
	氧气	m^3	1.114	0.447	0.564	0.447
	乙炔气	kg	0.428	0.172	0.217	0.172
	尼龙砂轮片 $\phi150$	片	0.190	0.190	0.190	0.380
	无石棉橡胶板 中压 $\delta0.8\sim6.0$	kg	1.000	1.000	1.000	1.000
	其他材料费	%	3.00	3.00	3.00	3.00
机械	弧焊机 32kV·A	台班	0.578	0.480	0.578	0.655
	电焊条烘干箱 75×105×135(cm^3)	台班	0.058	0.048	0.058	0.065
	电焊条恒温箱	台班	0.058	0.048	0.058	0.065
	汽车式起重机 16t	台班	0.076	0.019	0.010	0.076

（2）清扫孔、通气孔安装

工作内容：加强板、孔颈放样、号料、切割、卷弧、组装、焊接、记录等。　　**计量单位：**个

编号				3-3-160	3-3-161	3-3-162	3-3-163
项目				清扫孔 H500 × 700			通气孔
				储罐容量（m^3 以内）			圆形
				20 000	30 000	50 000	*DN*500
名称			单位	消耗量			
人工	合计工日		工日	4.447	5.000	5.344	0.743
	其中	普工	工日	1.334	1.500	1.603	0.223
		一般技工	工日	1.779	2.000	2.138	0.297
		高级技工	工日	1.334	1.500	1.603	0.223
材料	清扫孔		个	（1.000）	（1.000）	（1.000）	—
	通气孔		个	—	—	—	（1.000）
	低碳钢焊条 J427		kg	19.950	27.550	33.060	4.500
	氧气		m^3	17.400	18.000	19.800	0.400
	乙炔气		kg	6.692	6.923	7.615	0.154
	尼龙砂轮片 ϕ150		片	2.600	3.010	5.400	0.600
	无石棉橡胶板 中压 δ0.8～6.0		kg	—	—	—	1.200
	金属丝网		kg	—	—	—	0.700
	其他材料费		%	3.00	3.00	3.00	3.00
机械	弧焊机 32kV·A		台班	2.392	3.145	5.331	0.762
	电焊条烘干箱 75×105×135（cm^3）		台班	0.239	0.314	0.533	0.076
	电焊条恒温箱		台班	0.239	0.314	0.533	0.076
	卷板机 30×3 000（安装用）		台班	0.095	0.095	0.095	—
	汽车式起重机 16t		台班	0.255	0.381	0.381	—
	电动空气压缩机 6m^3/min		台班	0.095	0.095	0.095	—
	鼓风机 8m^3/min		台班	0.190	0.190	0.190	—

(3)透气阀安装

工作内容：开孔、预制、安装、检查清理等。　　　　**计量单位：**个

编　号				3-3-164	3-3-165	3-3-166
项　目				自动透气阀	边缘透气阀	盘边透气阀
				*DN*300	*DN*150	
名　称			单位	消　耗　量		
人工	合计工日		工日	0.698	1.083	0.668
	其中	普工	工日	0.209	0.325	0.201
		一般技工	工日	0.279	0.433	0.267
		高级技工	工日	0.210	0.325	0.200
材料	自动透气阀		个	(1.000)	—	—
	边缘透气阀		个	—	(1.000)	—
	盘边透气阀		个	—	—	(1.000)
	低碳钢焊条 J427		kg	2.850	1.180	0.590
	氧气		m^3	0.590	0.390	0.200
	乙炔气		kg	0.227	0.150	0.077
	无石棉橡胶板 中压 δ0.8~6.0		kg	1.000	0.700	0.700
	其他材料费		%	3.00	3.00	3.00
机械	弧焊机 32kV·A		台班	0.419	0.800	0.343
	电焊条烘干箱 75×105×135(cm^3)		台班	0.042	0.080	0.035
	电焊条恒温箱		台班	0.042	0.080	0.035

（4）浮船及单盘支柱、紧急排水管、预留口预制、安装

工作内容：预制、开孔、安装、焊接等。　　　　**计量单位：**个

编号				3-3-167	3-3-168	3-3-169
项目				浮船及单盘支柱	紧急排水管	预留口
名称			单位	消耗量		
人工	合计工日		工日	0.639	0.891	0.593
	其中	普工	工日	0.191	0.268	0.178
		一般技工	工日	0.256	0.356	0.237
		高级技工	工日	0.192	0.267	0.178
材料	浮船及单盘支柱		个	（1.000）	—	—
	紧急排水管		个	—	（1.000）	—
	预留口		个	—	—	（1.000）
	低碳钢焊条 J427		kg	2.565	1.000	1.425
	氧气		m^3	0.591	1.176	0.591
	乙炔气		kg	0.227	0.452	0.227
	其他材料费		%	3.00	3.00	3.00
机械	弧焊机 32kV·A		台班	0.533	0.476	0.238
	电焊条烘干箱 75×105×135（cm^3）		台班	0.054	0.048	0.024
	电焊条恒温箱		台班	0.054	0.048	0.024
	普通车床 400×1 000（安装用）		台班	0.010	—	—
	摇臂钻床 50mm		台班	0.010	—	—

(5)导向管、量油管预制、安装

工作内容:画线定位、安装就位、找正、焊接、固定、严密性试验等。 **计量单位:**套

编号				3-3-170	3-3-171	3-3-172
项目				导向管、量油管		
				DN150	DN200	DN250
名称			单位	消耗量		
人工	合计工日		工日	6.497	7.800	9.746
	其中	普工	工日	1.949	2.340	2.924
		一般技工	工日	2.599	3.120	3.898
		高级技工	工日	1.949	2.340	2.924
材料	导向管、量油管		个	(1.000)	(1.000)	(1.000)
	低碳钢焊条 J427		kg	8.075	9.690	12.113
	氧气		m^3	4.400	5.250	6.560
	乙炔气		kg	1.692	2.019	2.523
	尼龙砂轮片 ϕ150		片	3.000	3.200	3.500
	其他材料费		%	3.00	3.00	3.00
机械	弧焊机 32kV·A		台班	3.808	4.760	6.664
	电焊条烘干箱 75×105×135(cm^3)		台班	0.381	0.476	0.666
	电焊条恒温箱		台班	0.381	0.476	0.666
	剪板机 20×2 500(安装用)		台班	0.045	0.045	0.045
	卷板机 30×2 000(安装用)		台班	0.095	0.095	0.095
	立式钻床 50mm		台班	0.152	0.152	0.168
	汽车式起重机 16t		台班	0.324	0.495	0.505

（6）搅拌器、搅拌器孔预制、安装

工作内容：开孔、预制、安装、焊接、严密性试验等。 **计量单位：**台

编号				3-3-173	3-3-174
项目				搅拌器	搅拌器孔
名称			单位	消耗量	
人工	合计工日		工日	0.941	4.200
	其中	普工	工日	0.283	1.260
		一般技工	工日	0.376	1.680
		高级技工	工日	0.282	1.260
材料	储罐搅拌器		个	（1.000）	—
	搅拌器孔		个	—	（1.000）
	低碳钢焊条 J427		kg	—	37.440
	氧气		m^3	—	11.140
	乙炔气		kg	—	4.285
	尼龙砂轮片 $\phi150$		片	—	2.600
	其他材料费		%	—	3.00
机械	弧焊机 32kV·A		台班	—	5.741
	电焊条烘干箱 75×105×135（cm^3）		台班	—	0.574
	电焊条恒温箱		台班	—	0.574
	卷板机 30×2 000（安装用）		台班	—	0.038
	汽车式起重机 16t		台班	0.162	0.133
	载货汽车－普通货车 10t		台班	0.162	—

(7)中央排水管安装

工作内容:号料、切割、组合、焊接、组装等。　　**计量单位:**t

编　　号			3-3-175
项　　目			中央排水管
名　　称		单位	消　耗　量
人工	合计工日	工日	18.282
人工	其中 普工	工日	5.485
人工	其中 一般技工	工日	7.312
人工	其中 高级技工	工日	5.485
材料	中央排水管	个	(1.000)
材料	低碳钢焊条 J427	kg	42.240
材料	氧气	m^3	14.050
材料	乙炔气	kg	5.404
材料	尼龙砂轮片 ϕ150	片	1.500
材料	其他材料费	%	3.00
机械	弧焊机 32kV·A	台班	8.035
机械	电焊条烘干箱 75×105×135(cm^3)	台班	0.803
机械	电焊条恒温箱	台班	0.803
机械	汽车式起重机 16t	台班	0.396
机械	试压泵 60MPa	台班	0.305

(8)加强圈、抗风圈预制、安装

工作内容:施工准备、放样、号料、切割、滚弧、堆放、拼装、焊接、检查清理等。 **计量单位:**t

编号			3-3-176	3-3-177	3-3-178	3-3-179	3-3-180	3-3-181
项目			加强圈					
			预制			安装		
			储罐容量(m^3 以内)					
			50 000	100 000	150 000	50 000	100 000	150 000
名称		单位	消耗量					
人工	合计工日	工日	6.151	4.517	4.426	3.822	3.611	2.153
	其中 普工	工日	1.846	1.355	1.328	1.146	1.083	0.645
	其中 一般技工	工日	2.460	1.807	1.770	1.529	1.445	0.862
	其中 高级技工	工日	1.845	1.355	1.328	1.147	1.083	0.646
材料	低碳钢焊条 J427	kg	41.810	19.855	19.747	35.426	31.841	25.671
	氧气	m^3	24.750	16.140	15.960	3.300	2.760	2.460
	乙炔气	kg	9.519	6.208	6.138	1.269	1.062	0.946
	尼龙砂轮片 ϕ180	片	1.197	0.798	0.746	0.874	1.026	1.491
	其他材料费	%	5.00	5.00	5.00	5.00	5.00	5.00
机械	弧焊机 32kV·A	台班	6.603	3.237	2.970	7.349	6.451	5.284
	电焊条烘干箱 75×105×135(cm^3)	台班	0.660	0.324	0.298	0.735	0.645	0.528
	电焊条恒温箱	台班	0.660	0.324	0.298	0.735	0.645	0.528
	半自动切割机 100mm	台班	1.257	1.211	1.142	—	—	—
	卷板机 30×2 000(安装用)	台班	0.290	0.307	0.318	—	—	—
	汽车式起重机 25t	台班	0.231	0.226	0.902	0.239	0.234	0.250
	载货汽车－普通货车 10t	台班	0.057	0.038	—	—	—	—

计量单位：t

编号				3-3-182	3-3-183	3-3-184	3-3-185	3-3-186	3-3-187
项目				抗风圈					
				预制			安装		
				储罐容量（m^3以内）					
				50 000	100 000	150 000	50 000	100 000	150 000
名称			单位	消耗量					
人工	合计工日		工日	3.020	2.750	2.569	2.474	1.786	1.707
	其中	普工	工日	0.906	0.825	0.770	0.742	0.536	0.512
		一般技工	工日	1.208	1.100	1.028	0.990	0.714	0.683
		高级技工	工日	0.906	0.825	0.771	0.742	0.536	0.512
材料	低碳钢焊条 J427		kg	7.629	21.888	16.094	14.611	13.671	10.864
	氧气		m^3	8.310	7.830	6.990	2.490	2.370	2.370
	乙炔气		kg	3.196	3.012	2.688	0.958	0.912	0.912
	尼龙砂轮片 ϕ180		片	0.760	0.684	0.820	0.646	0.798	0.987
	其他材料费		%	5.00	5.00	5.00	5.00	5.00	5.00
机械	弧焊机 32kV·A		台班	1.158	3.230	3.750	2.910	2.513	4.182
	电焊条烘干箱 75×105×135（cm^3）		台班	0.115	0.322	0.375	0.292	0.251	0.418
	电焊条恒温箱		台班	0.115	0.322	0.375	0.292	0.251	0.418
	半自动切割机 100mm		台班	0.236	0.640	1.142	—	—	—
	卷板机 30×2 000（安装用）		台班	0.061	0.026	0.031	—	—	—
	汽车式起重机 25t		台班	0.055	0.155	0.238	0.121	0.098	0.228
	载货汽车－普通货车 10t		台班	0.171	0.114	—	—	—	—
	立式钻床 25mm		台班	0.625	0.390	0.390	—	—	—

(9)浮梯及轨道、沉降角钢、接地角钢预制、安装

工作内容:施工准备、画线、号料、切割、组对、焊接、吊装等。 **计量单位:**t

编号				3-3-188	3-3-189
项目				浮梯及轨道	沉降角钢、接地角钢
名称			单位	消耗量	
人工	合计工日		工日	14.647	22.541
	其中	普工	工日	4.394	6.763
		一般技工	工日	5.859	9.016
		高级技工	工日	4.394	6.762
材料	低碳钢焊条 J427		kg	20.482	65.104
	氧气		m^3	10.346	26.040
	乙炔气		kg	3.979	10.015
	尼龙砂轮片 ϕ150		片	2.385	—
	其他材料费		%	3.00	3.00
机械	弧焊机 32kV·A		台班	4.639	20.251
	电焊条烘干箱 75×105×135(cm^3)		台班	0.464	2.025
	电焊条恒温箱		台班	0.464	2.025
	折方机 4×2 000		台班	0.392	—
	剪板机 20×2 000(安装用)		台班	2.874	—
	剪板机 13×3 000(安装用)		台班	0.602	—
	立式钻床 25mm		台班	0.602	—

(10)一、二次密封装置安装

工作内容:施工准备、画线、钻孔、打磨棱角、托板安装、填料、粘接接头、紧螺丝、限位装置安装、调整检查、验收等。

计量单位:10m

编号				3-3-190	3-3-191
项目				一次密封	二次密封
名称			单位	消耗量	
人工	合计工日		工日	2.301	2.784
	其中	普工	工日	0.690	0.835
		一般技工	工日	0.921	1.114
		高级技工	工日	0.690	0.835
材料	低碳钢焊条 J427		kg	0.400	—
	氧气		m^3	0.300	0.060
	乙炔气		kg	0.115	0.023
	尼龙砂轮片 ϕ180		片	0.200	0.100
	其他材料费		%	3.00	3.00
机械	弧焊机 32kV·A		台班	0.076	—
	电焊条烘干箱 75×105×135(cm^3)		台班	0.007	—
	电焊条恒温箱		台班	0.007	—
	摇臂钻床 50mm		台班	0.295	—
	折方机 4×2 000		台班	0.286	—
	汽车式起重机 25t		台班	0.086	0.076
	载货汽车-普通货车 10t		台班	0.095	0.095

(11)旋转喷射器安装

工作内容：施工准备、放样、号料、切割、组装、焊接、检查清理等。 **计量单位：**t

编号				3-3-192	3-3-193
项目				旋转喷射器	
				预制	安装
名称			单位	消耗量	
人工	合计工日		工日	0.787	3.534
	其中	普工	工日	0.236	1.060
		一般技工	工日	0.315	1.414
		高级技工	工日	0.236	1.060
材料	低碳钢焊条 J427		kg	1.425	13.165
	氧气		m^3	1.500	3.750
	乙炔气		kg	0.577	1.442
	尼龙砂轮片 ϕ150		片	2.000	4.000
	其他材料费		%	3.00	3.00
机械	汽车式起重机 25t		台班	0.143	—
	电动葫芦单速 5t		台班	0.276	0.562
	剪板机 13×3 000(安装用)		台班	0.476	—
	半自动切割机 100mm		台班	0.143	0.476
	弧焊机 32kV·A		台班	0.472	3.808
	电焊条烘干箱 75×105×135(cm^3)		台班	0.048	0.381
	电焊条恒温箱		台班	0.048	0.381

(12)刮蜡机构安装

工作内容:施工准备、检查清理、安装、焊接、验收等。　　**计量单位:**t

		名　　称	单位	消　耗　量
编　号				3-3-194
项　目				刮蜡机构
人工	合计工日		工日	10.395
	其中	普工	工日	3.118
		一般技工	工日	4.158
		高级技工	工日	3.119
材料	低碳钢焊条 J427		kg	8.450
	其他材料费		%	3.00
机械	弧焊机 32kV·A		台班	2.275
	电焊条烘干箱 75×105×135(cm^3)		台班	0.227
	电焊条恒温箱		台班	0.227
	汽车式起重机 16t		台班	0.010
	载货汽车－普通货车 10t		台班	0.010

（13）消防挡板预制、安装

工作内容：施工准备、放样、号料、切割、堆放、组装、焊接、检查清理等。 **计量单位：**t

编号				3-3-195	3-3-196
项目				消防挡板预制、安装	
				预制	安装
名称			单位	消耗量	
人工	合计工日		工日	25.243	3.957
	其中	普工	工日	7.573	1.187
		一般技工	工日	10.097	1.583
		高级技工	工日	7.573	1.187
材料	低碳钢焊条 J427		kg	—	17.560
	氧气		m^3	4.560	—
	乙炔气		kg	1.754	—
	尼龙砂轮片 ϕ150		片	2.290	1.270
	其他材料费		%	3.00	3.00
机械	弧焊机 32kV·A		台班	—	2.723
	电焊条烘干箱 75×105×135（cm^3）		台班	—	0.273
	电焊条恒温箱		台班	—	0.273
	半自动切割机 100mm		台班	0.952	—
	卷板机 30×2 000（安装用）		台班	0.722	—
	剪板机 13×3 000（安装用）		台班	0.238	—
	汽车式起重机 16t		台班	0.143	0.238
	载货汽车－普通货车 10t		台班	0.200	0.190

(14)集水坑预制、安装

工作内容：施工准备、号料、切割、卷弧、安装、组对、焊接、试漏等。　　　　**计量单位：**个

编　号				3-3-197	3-3-198	3-3-199	3-3-200
项　目				单盘集水坑		双盘集水坑	
				预制	安装	预制	安装
名　称			单位	消　耗　量			
人工	合计工日		工日	1.950	2.821	2.134	4.306
	其中	普工	工日	0.585	0.846	0.640	1.292
		一般技工	工日	0.780	1.129	0.854	1.722
		高级技工	工日	0.585	0.846	0.640	1.292
材料	低碳钢焊条 J427		kg	7.714	5.666	7.714	5.686
	氧气		m^3	4.950	6.900	4.950	6.900
	乙炔气		kg	1.904	2.654	1.904	2.654
	尼龙砂轮片 ϕ150		片	2.000	2.000	2.000	3.000
	其他材料费		%	2.00	2.00	2.00	2.00
机械	弧焊机 32kV·A		台班	1.190	1.904	1.190	2.856
	电焊条烘干箱 75×105×135(cm^3)		台班	0.119	0.190	0.119	0.286
	电焊条恒温箱		台班	0.119	0.190	0.119	0.286
	卷板机 30×2 000(安装用)		台班	0.190	—	0.190	—
	轮胎式装载机 $3m^3$		台班	0.119	—	0.119	—
	汽车式起重机 16t		台班	0.228	0.119	0.228	0.119

（15）喷淋冷却管线安装

工作内容：成品件倒运、支架预制、整体构件组装、验收等。 **计量单位：**t

编号				3-3-201	3-3-202
项目				喷淋冷却管线安装	
				支架预制	管线安装
名称			单位	消耗量	
人工	合计工日		工日	2.351	3.816
	其中	普工	工日	0.705	1.145
		一般技工	工日	0.941	1.526
		高级技工	工日	0.705	1.145
材料	低碳钢焊条 J427		kg	10.510	9.710
	氧气		m^3	4.110	2.940
	乙炔气		kg	1.581	1.131
	尼龙砂轮片 ϕ150		片	3.000	4.000
	尼龙砂轮片 $\phi500\times25\times4$		片	4.210	—
	其他材料费		%	3.00	3.00
机械	弧焊机 32kV·A		台班	1.878	1.340
	电焊条烘干箱 $75\times105\times135(cm^3)$		台班	0.188	0.134
	电焊条恒温箱		台班	0.188	0.134
	砂轮切割机 ϕ500		台班	0.286	—
	剪板机 13×3 000（安装用）		台班	0.286	—
	轮胎式装载机 $3m^3$		台班	0.286	0.476
	汽车式起重机 25t		台班	—	1.340
	载货汽车－普通货车 10t		台班	0.190	—
	立式钻床 50mm		台班	0.286	—

（16）泡沫消防管线反射板预制、安装

工作内容：倒运、划料、下料、预制、安装、焊接、验收等。　　　　**计量单位：**套

编　号			3-3-203	3-3-204
项　目			泡沫消防管线反射板	
			预制	安装
名　称		单位	消　耗　量	
人工	合计工日	工日	18.560	12.807
	其中 普工	工日	5.568	3.842
	其中 一般技工	工日	7.424	5.123
	其中 高级技工	工日	5.568	3.842
材料	低碳钢焊条 J427	kg	60.078	66.079
	氧气	m^3	6.280	7.110
	乙炔气	kg	2.415	2.735
	尼龙砂轮片 ϕ150	片	3.500	2.000
	其他材料费	%	2.00	2.00
机械	弧焊机 32kV·A	台班	20.944	11.424
	电焊条烘干箱 75×105×135（cm^3）	台班	2.094	1.142
	电焊条恒温箱	台班	2.094	1.142
	剪板机 13×3 000（安装用）	台班	0.476	—
	轮胎式装载机 $3m^3$	台班	0.476	0.476
	汽车式起重机 25t	台班	—	7.616

三、金属立式储罐水压试验

1. 拱顶罐、内浮顶罐水压试验

工作内容： 临时输水管线、阀门、盲板安装与拆除、充水、正负压试验、观察、检查、记录整理等。

计量单位： 座

编号			3-3-205	3-3-206	3-3-207	3-3-208	3-3-209	3-3-210	3-3-211
项目			储罐容量（m^3 以内）						
			100	200	300	400	500	700	1 000
名称		单位	消耗量						
人工	合计工日	工日	3.408	3.808	4.009	4.160	4.561	4.961	7.417
人工	其中：普工	工日	1.022	1.142	1.203	1.248	1.369	1.488	2.225
人工	其中：一般技工	工日	1.363	1.524	1.603	1.664	1.824	1.985	2.967
人工	其中：高级技工	工日	1.023	1.142	1.203	1.248	1.368	1.488	2.225
材料	水	t	(67.000)	(133.000)	(200.000)	(267.000)	(333.000)	(467.000)	(670.000)
材料	低碳钢焊条 J427	kg	4.275	4.275	4.275	4.275	4.275	4.275	4.750
材料	氧气	m^3	1.050	1.050	1.050	1.100	1.100	1.100	1.250
材料	乙炔气	kg	0.404	0.404	0.404	0.423	0.423	0.423	0.481
材料	焊接钢管 *DN*50	m	6.000	6.000	6.000	—	—	—	—
材料	焊接钢管 *DN*100	m	—	—	—	6.000	6.000	6.000	6.000
材料	法兰截止阀 J41T-16 *DN*50	个	0.050	0.050	—	—	—	—	—
材料	法兰截止阀 J41T-16 *DN*100	个	—	—	0.050	0.050	0.050	0.050	0.050
材料	碳钢平焊法兰 *DN*50	副	0.100	0.100	—	—	—	—	—
材料	碳钢平焊法兰 *DN*100	副	—	—	0.100	0.100	0.100	0.100	0.100
材料	压制弯头 90°R=1.5D *DN*50	个	0.100	0.100	—	—	—	—	—
材料	压制弯头 90°R=1.5D *DN*100	个	—	—	0.100	0.100	0.100	0.100	0.100
材料	盲板（综合）	kg	0.798	0.798	3.135	3.135	3.135	3.135	3.135
材料	无石棉橡胶板 高压 δ1～6	kg	0.076	0.076	0.285	0.285	0.285	0.285	0.287
材料	橡胶板	kg	0.200	0.200	0.762	0.762	0.762	0.762	0.764
材料	其他材料费	%	1.00	1.00	1.00	1.00	1.00	1.00	1.00
机械	弧焊机 32kV·A	台班	0.476	0.476	0.476	0.476	0.476	0.476	0.476
机械	电焊条烘干箱 75×105×135（cm^3）	台班	0.048	0.048	0.048	0.048	0.048	0.048	0.048
机械	电焊条恒温箱	台班	0.048	0.048	0.048	0.048	0.048	0.048	0.048
机械	汽车式起重机 16t	台班	0.064	0.064	0.064	0.064	0.064	0.064	0.064
机械	电动单级离心清水泵 50mm	台班	0.200	0.409	—	—	—	—	—
机械	电动单级离心清水泵 100mm	台班	—	—	0.305	0.409	0.514	0.714	1.695
机械	电动空气压缩机 6m^3/min	台班	0.509	0.509	0.509	0.509	0.509	0.509	0.509

计量单位：座

编　号				3-3-212	3-3-213	3-3-214	3-3-215	3-3-216	3-3-217	3-3-218
项　目				储罐容量（m³ 以内）						
				2 000	3 000	5 000	10 000	20 000	30 000	50 000
名　称			单位	消　耗　量						
人工	合计工日		工日	10.224	13.431	15.235	22.250	38.582	50.991	70.225
	其中	普工	工日	3.067	4.029	4.571	6.675	11.575	15.297	21.068
		一般技工	工日	4.090	5.373	6.094	8.900	15.432	20.397	28.090
		高级技工	工日	3.067	4.029	4.570	6.675	11.575	15.297	21.067
材料	水		t	(1 330.000)	(2 000.000)	(3 330.000)	(6 700.000)	(14 000.000)	(20 000.000)	(35 000.000)
	低碳钢焊条 J427		kg	4.750	4.750	5.225	5.700	11.400	11.400	11.400
	氧气		m³	1.250	1.300	2.000	2.400	2.700	3.000	3.400
	乙炔气		kg	0.481	0.500	0.769	0.923	1.038	1.154	1.308
	焊接钢管 *DN*150		m	6.000	6.000	6.000	6.000	—	—	—
	焊接钢管 *DN*200		m	—	—	—	—	6.000	6.000	6.000
	法兰截止阀 J41T-16 *DN*150		个	0.050	0.050	0.050	0.050	0.050	—	—
	法兰截止阀 *DN*200		个	—	—	—	—	—	0.100	0.100
	碳钢平焊法兰 *DN*150		副	0.100	0.100	0.100	0.100	0.100	—	—
	平焊法兰 1.6MPa *DN*200		副	—	—	—	—	—	0.200	0.200
	压制弯头 90°R=1.5D *DN*150		个	0.100	0.100	0.100	0.100	0.100	—	—
	压制弯头 *DN*200		个	—	—	—	—	—	0.200	0.200
	盲板（综合）		kg	5.510	5.510	5.510	5.510	7.505	7.505	7.505
	无石棉橡胶板 高压 δ1～6		kg	0.666	0.666	0.666	0.666	0.799	0.959	1.151
	橡胶板		kg	0.764	0.764	0.764	0.764	0.917	1.100	1.320
	其他材料费		%	1.00	1.00	1.00	1.00	1.00	1.00	1.00
机械	弧焊机 32kV·A		台班	0.476	0.476	0.571	0.762	1.428	1.428	1.428
	电焊条烘干箱 75×105×135（cm³）		台班	0.048	0.048	0.057	0.076	0.076	0.143	0.143
	电焊条恒温箱		台班	0.048	0.048	0.057	0.076	0.076	0.143	0.143
	汽车式起重机 16t		台班	0.064	0.064	0.064	0.064	0.064	0.064	0.064
	电动单级离心清水泵 150mm		台班	1.495	2.237	3.770	6.521	7.549	—	—
	电动单级离心清水泵 250mm		台班	—	—	—	—	—	9.796	15.308
	电动空气压缩机 6m³/min		台班	0.815	0.815	1.528	2.037	3.056	3.668	4.584

2. 浮顶罐升降试验

工作内容：临时输水管线、阀门、盲板安装与拆除、充水、浮顶升压、船舱严密、基础沉降试验、整理记录等。

计量单位：座

编号				3-3-219	3-3-220	3-3-221	3-3-222
项目				储罐容量（m^3 以内）			
				3 000	5 000	10 000	20 000
名称			单位	消耗量			
人工	合计工日		工日	12.621	14.293	20.789	24.130
	其中	普工	工日	3.787	4.288	6.237	7.239
		一般技工	工日	5.048	5.717	8.315	9.652
		高级技工	工日	3.786	4.288	6.237	7.239
材料	水		t	（1 800.000）	（3 000.000）	（6 000.000）	（12 000.000）
	低碳钢焊条 J427		kg	5.300	5.500	6.000	6.500
	氧气		m^3	1.505	1.505	3.000	3.000
	乙炔气		kg	0.579	0.579	1.154	1.154
	焊接钢管 *DN*150		m	6.000	6.000	6.000	—
	焊接钢管 *DN*200		m	—	—	—	6.000
	法兰截止阀 J41T-16 *DN*150		个	0.050	0.050	0.050	0.050
	碳钢平焊法兰 *DN*150		副	0.100	0.100	0.100	0.100
	压制弯头 90°R=1.5D *DN*150		个	0.100	0.100	0.100	0.100
	盲板（综合）		kg	5.800	5.800	5.800	5.800
	无石棉橡胶板 高压 δ1～6		kg	10.100	10.100	15.000	15.000
	其他材料费		%	3.00	3.00	3.00	3.00
机械	弧焊机 32kV·A		台班	1.047	1.047	1.142	1.142
	电焊条烘干箱 75×105×135（cm^3）		台班	0.105	0.105	0.114	0.114
	电焊条恒温箱		台班	0.105	0.105	0.114	0.114
	汽车式起重机 16t		台班	0.095	0.095	0.095	0.095
	电动单级离心清水泵 150mm		台班	2.037	3.361	6.826	13.547

计量单位：座

编号			3-3-223	3-3-224	3-3-225	3-3-226
项目			储罐容量（m^3以内）			
			30 000	50 000	100 000	150 000
名称		单位	消耗量			
人工	合计工日	工日	30.070	38.422	48.656	65.043
人工	其中 普工	工日	9.021	11.527	14.597	19.513
人工	其中 一般技工	工日	12.028	15.369	19.462	26.017
人工	其中 高级技工	工日	9.021	11.526	14.597	19.513
材料	水	t	（18 000.000）	（30 000.000）	（60 000.000）	（90 000.000）
材料	低碳钢焊条 J427	kg	7.000	9.000	11.300	13.200
材料	氧气	m^3	3.000	4.000	6.000	6.600
材料	乙炔气	kg	1.154	1.538	2.308	2.538
材料	焊接钢管 *DN*200	m	6.000	6.000	6.000	6.000
材料	法兰截止阀 J41T-16 *DN*150	个	0.050	0.050	—	—
材料	法兰截止阀 *DN*200	个	—	—	0.050	—
材料	法兰截止阀 J41H-16 *DN*250	个	—	—	—	0.200
材料	碳钢平焊法兰 *DN*150	副	0.100	0.100	—	—
材料	平焊法兰 1.6MPa *DN*200	副	—	—	0.100	—
材料	平焊法兰 1.6MPa *DN*250	副	—	—	—	0.110
材料	压制弯头 90°*R*=1.5*D* *DN*150	个	0.100	0.100	—	—
材料	压制弯头 *DN*200	个	—	—	0.100	—
材料	压制弯头 *DN*250	个	—	—	—	0.110
材料	盲板（综合）	kg	5.800	7.200	13.066	15.026
材料	无石棉橡胶板 高压 δ1～6	kg	15.000	20.000	33.000	40.000
材料	其他材料费	%	3.00	3.00	3.00	3.00
机械	弧焊机 32kV·A	台班	1.238	1.428	1.618	1.828
机械	电焊条烘干箱 75×105×135（cm^3）	台班	0.124	0.143	0.162	0.183
机械	电焊条恒温箱	台班	0.124	0.143	0.162	0.183
机械	汽车式起重机 16t	台班	0.095	0.114	0.143	0.200
机械	电动单级离心清水泵 150mm	台班	20.373	—	—	—
机械	电动单级离心清水泵 200mm	台班	—	31.057	55.356	66.224

3. 浮顶排水系统严密性试验

工作内容: 施工准备、注水、管线严密性试验、修补、二次试验、验收等。 **计量单位:** 座

编号				3-3-227	3-3-228	3-3-229	3-3-230
项目				浮顶排水系统严密性试验			
				储罐容量(m^3以内)			
				3 000	5 000	10 000	20 000
名称			单位	消耗量			
人工	合计工日		工日	3.230	3.397	4.603	4.825
	其中	普工	工日	0.969	1.019	1.381	1.448
		一般技工	工日	1.292	1.359	1.841	1.930
		高级技工	工日	0.969	1.019	1.381	1.447
材料	低碳钢焊条 J427		kg	1.910	1.910	3.820	3.820
	氧气		m^3	0.519	0.576	1.278	1.406
	乙炔气		kg	0.200	0.222	0.492	0.541
	尼龙砂轮片 ϕ150		片	1.900	2.375	2.850	3.800
	水		t	(0.580)	(0.776)	(1.119)	(1.511)
	无缝钢管 $D57\times6$		m	5.000	5.000	5.000	5.000
	法兰截止阀 J41T-16 *DN*50		个	0.100	0.100	0.100	0.100
	针型阀 J13H-16P *DN*15		个	0.200	0.200	0.200	0.200
	碳钢平焊法兰 *DN*50		副	0.100	0.100	0.100	0.100
	压力表 0~1.6MPa		块	0.200	0.200	0.200	0.200
	其他材料费		%	2.00	2.00	2.00	2.00
机械	弧焊机 32kV·A		台班	0.228	0.228	0.457	0.457
	电焊条烘干箱 $75\times105\times135$(cm^3)		台班	0.023	0.023	0.045	0.045
	电焊条恒温箱		台班	0.023	0.023	0.045	0.045
	试压泵 6MPa		台班	1.599	1.704	2.018	2.163

计量单位：座

编号				3-3-231	3-3-232	3-3-233	3-3-234
项目				浮顶排水系统严密性试验			
				储罐容量（m^3以内）			
				30 000	50 000	100 000	150 000
名称			单位	消耗量			
人工	合计工日		工日	4.956	5.050	6.831	7.573
	其中	普工	工日	1.486	1.515	2.050	2.271
		一般技工	工日	1.983	2.020	2.732	3.030
		高级技工	工日	1.487	1.515	2.049	2.272
材料	低碳钢焊条 J427		kg	3.820	5.730	5.730	5.730
	氧气		m^3	1.547	2.552	2.807	3.088
	乙炔气		kg	0.595	0.982	1.080	1.188
	尼龙砂轮片 $\phi150$		片	4.750	5.700	6.175	6.650
	水		t	（1.716）	（6.294）	（11.938）	（13.878）
	无缝钢管 $D57\times6$		m	5.000	5.000	5.000	5.000
	法兰截止阀 J41T-16 $DN50$		个	0.100	0.100	0.100	0.100
	碳钢平焊法兰 $DN50$		副	0.100	0.100	0.100	0.100
	针型阀 J13H-16P $DN15$		个	0.200	0.200	0.200	0.200
	压力表 0~1.6MPa		块	0.200	0.200	0.200	0.200
	其他材料费		%	2.00	2.00	2.00	2.00
机械	弧焊机 32kV·A		台班	0.457	0.685	0.685	0.685
	电焊条烘干箱 $75\times105\times135$（cm^3）		台班	0.045	0.045	0.069	0.069
	电焊条恒温箱		台班	0.045	0.045	0.069	0.069
	试压泵 6MPa		台班	2.224	2.285	3.427	3.656

4. 储罐加热器、加热盘管试压及吹扫

工作内容： 施工准备、注水、管线严密性试验、修补、二次试验、吹扫、验收等。 **计量单位：** 座

编号				3-3-235	3-3-236	3-3-237	3-3-238
项目				罐加热器、加热盘管试压及吹扫			
				储罐容量（m^3 以内）			
				3 000	5 000	10 000	20 000
名称			单位	消耗量			
人工	合计工日		工日	4.813	5.173	5.550	5.943
	其中	一般技工	工日	1.926	2.069	2.220	2.377
		普工	工日	1.443	1.552	1.665	1.783
		高级技工	工日	1.444	1.552	1.665	1.783
材料	低碳钢焊条 J427		kg	1.740	2.288	3.292	4.436
	氧气		m^3	0.519	0.571	0.628	0.690
	乙炔气		kg	0.200	0.220	0.242	0.265
	尼龙砂轮片 $\phi150$		片	2.000	3.000	3.500	4.000
	水		t	（0.490）	（0.640）	（0.930）	（1.250）
	无缝钢管 $D57\times6$		m	5.000	5.000	5.000	5.000
	法兰截止阀 J41T-16 *DN*50		个	0.100	0.100	0.100	0.100
	针型阀 J13H-16P *DN*15		个	0.200	0.200	0.200	0.200
	碳钢平焊法兰 *DN*50		副	0.100	0.100	0.100	0.100
	压力表 0～4.0MPa		块	0.200	0.200	0.200	0.200
	其他材料费		%	3.00	3.00	3.00	3.00
机械	弧焊机 32kV·A		台班	0.457	0.502	0.603	0.724
	电焊条烘干箱 $75\times105\times135$（cm^3）		台班	0.045	0.050	0.061	0.073
	电焊条恒温箱		台班	0.045	0.050	0.061	0.073
	试压泵 6MPa		台班	1.523	1.599	1.752	1.828
	电动空气压缩机 $6m^3/min$		台班	0.381	0.403	0.419	0.434

计量单位：座

编　号				3-3-239	3-3-240	3-3-241	3-3-242
项　目				罐加热器、加热盘管试压及吹扫			
				储罐容量（m^3 以内）			
				30 000	50 000	100 000	150 000
名　称			单位	消　耗　量			
人工	合计工日		工日	6.647	6.915	8.886	11.853
	其中	一般技工	工日	2.659	2.766	3.554	4.741
		普工	工日	1.994	2.074	2.666	3.556
		高级技工	工日	1.994	2.075	2.666	3.556
材料	低碳钢焊条 J427		kg	5.035	6.570	8.760	10.182
	氧气		m^3	0.759	0.835	0.919	1.111
	乙炔气		kg	0.292	0.321	0.353	0.427
	尼龙砂轮片 ϕ150		片	4.500	4.700	5.500	6.500
	水		t	（3.630）	（4.740）	（6.320）	（7.340）
	无缝钢管 $D57\times6$		m	5.000	5.000	5.000	5.000
	法兰截止阀 J41T-16 *DN*50		个	0.100	0.100	0.100	0.100
	针型阀 J13H-16P *DN*15		个	0.200	0.200	0.200	0.200
	碳钢平焊法兰 *DN*50		副	0.100	0.100	0.100	0.100
	压力表 0～4.0MPa		块	0.200	0.200	0.200	0.200
	其他材料费		%	3.00	3.00	3.00	3.00
机械	弧焊机 32kV·A		台班	0.796	0.916	1.145	1.373
	电焊条烘干箱 $75\times105\times135$（cm^3）		台班	0.080	0.092	0.114	0.137
	电焊条恒温箱		台班	0.080	0.092	0.114	0.137
	试压泵 6MPa		台班	1.918	2.247	2.666	3.427
	电动空气压缩机 $6m^3$/min		台班	0.457	0.647	0.800	1.028

四、立式储罐胎具制作、安装与拆除

1. 立式储罐壁板卷弧胎具制作

工作内容：号料、切割、卷弧、组装、焊接等。 **计量单位：**套

编号				3-3-243	3-3-244	3-3-245	3-3-246	3-3-247
项目				储罐容量（m^3以内）				
				10 000	30 000	50 000	100 000	150 000
名称			单位	消耗量				
人工	合计工日		工日	7.343	8.230	12.220	17.225	18.331
	其中	普工	工日	2.203	2.469	3.666	5.168	5.500
		一般技工	工日	2.937	3.292	4.888	6.890	7.332
		高级技工	工日	2.203	2.469	3.666	5.167	5.499
材料	低碳钢焊条 J427		kg	13.984	14.440	27.968	38.000	42.750
	氧气		m^3	11.523	13.198	23.057	29.973	34.585
	乙炔气		kg	4.432	5.076	8.868	11.528	13.302
	钢板 δ4～10		kg	340.480	461.320	680.960	885.248	1 021.440
	无缝钢管 D57～219		kg	60.800	91.960	184.756	240.183	277.134
	角钢 63 以内		kg	83.600	111.720	84.360	109.668	126.540
	槽钢（综合）		kg	308.560	521.360	617.120	802.256	925.680
	圆钢 ϕ25～32		kg	34.200	64.600	106.400	138.320	159.600
	其他材料费		%	3.00	3.00	3.00	3.00	3.00
机械	弧焊机 32kV·A		台班	3.358	3.519	6.718	7.616	9.139
	电焊条烘干箱 75×105×135（cm^3）		台班	0.336	0.352	0.672	0.762	0.914
	电焊条恒温箱		台班	0.336	0.352	0.672	0.762	0.914
	卷板机 20×2 500（安装用）		台班	0.428	0.476	0.476	0.714	0.762
	汽车式起重机 16t		台班	0.190	0.255	0.255	0.286	0.381
	载货汽车－普通货车 8t		台班	0.076	0.095	0.143	0.190	0.209

2. 拱顶、内浮顶罐顶板预制胎具制作

工作内容：号料、切割、卷弧、组装、焊接等。　　　　**计量单位：**套

编号				3-3-248	3-3-249	3-3-250	3-3-251	3-3-252
项目				储罐容量（m³ 以内）				
				1 000	3 000	5 000	10 000	20 000
名称			单位	消耗量				
人工	合计工日		工日	1.915	3.022	3.400	5.204	8.114
	其中	普工	工日	0.575	0.906	1.019	1.561	2.434
		一般技工	工日	0.766	1.209	1.360	2.082	3.246
		高级技工	工日	0.574	0.907	1.021	1.561	2.434
材料	低碳钢焊条 J427		kg	3.297	5.187	5.909	8.645	12.968
	氧气		m^3	1.445	2.303	3.183	5.096	7.644
	乙炔气		kg	0.556	0.886	1.224	1.960	2.940
	角钢 63 以内		kg	74.900	130.200	147.000	241.500	419.300
	槽钢（综合）		kg	93.765	146.965	184.205	286.615	429.923
	道木		m^3	0.570	0.760	0.855	1.235	1.425
	其他材料费		%	3.00	3.00	3.00	3.00	3.00
机械	弧焊机 32kV·A		台班	0.716	1.135	1.211	2.216	4.570
	电焊条烘干箱 75×105×135（cm^3）		台班	0.071	0.113	0.121	0.221	0.457
	电焊条恒温箱		台班	0.071	0.113	0.121	0.221	0.457
	卷板机 20×2 500（安装用）		台班	0.228	0.228	0.228	0.305	0.381
	汽车式起重机 16t		台班	0.126	0.126	0.159	0.190	0.255
	载货汽车－普通货车 8t		台班	0.015	0.023	0.023	0.031	0.045

3. 拱顶、内浮顶罐顶板组装胎具制作

工作内容: 号料、切割、卷弧、钻孔、车制、组装、焊接等。　　　　**计量单位:** 座

编号				3-3-253	3-3-254	3-3-255	3-3-256
项目				储罐容量(m^3以内)			
				1 000	3 000	5 000	10 000
名称			单位	消耗量			
人工	合计工日		工日	10.357	14.181	16.891	22.310
	其中	普工	工日	3.107	4.254	5.067	6.693
		一般技工	工日	4.143	5.672	6.756	8.924
		高级技工	工日	3.107	4.255	5.068	6.693
材料	低碳钢焊条 J427		kg	5.700	8.550	11.400	13.250
	氧气		m^3	11.109	17.788	20.018	26.676
	乙炔气		kg	4.273	6.842	7.699	10.260
	钢板 $\delta 4\sim10$		kg	34.200	50.160	64.600	83.600
	无缝钢管 $D57\sim219$		kg	80.560	88.160	99.560	123.880
	碳钢平焊法兰 *DN*150		副	2.000	4.000	4.000	4.000
	角钢 63 以内		kg	164.920	246.240	345.040	500.080
	槽钢(综合)		kg	801.800	1 246.400	1 743.440	3 306.760
	其他材料费		%	3.00	3.00	3.00	3.00
机械	弧焊机 32kV·A		台班	1.599	2.132	2.818	3.656
	电焊条烘干箱 75×105×135(cm^3)		台班	0.159	0.213	0.282	0.365
	电焊条恒温箱		台班	0.159	0.213	0.282	0.365
	卷板机 20×2 500(安装用)		台班	0.476	0.952	1.428	1.904
	汽车式起重机 16t		台班	0.317	0.507	0.731	1.333
	载货汽车－普通货车 8t		台班	0.061	0.076	0.107	0.152
	立式钻床 35mm		台班	0.476	0.476	0.952	1.428

计量单位：座

编　　号				3-3-257	3-3-258	3-3-259
项　　目				储罐容量（m^3 以内）		
				20 000	30 000	50 000
名　　称			单位	消　耗　量		
人工	合计工日		工日	29.253	35.193	49.002
	其中	普工	工日	8.776	10.558	14.700
		一般技工	工日	11.701	14.077	19.601
		高级技工	工日	8.776	10.558	14.701
材料	低碳钢焊条 J427		kg	24.610	29.700	38.000
	氧气		m^3	33.345	40.014	46.816
	乙炔气		kg	12.825	15.390	18.006
	钢板 δ4～10		kg	186.960	228.000	281.200
	无缝钢管 *D*57～219		kg	912.000	1 185.600	1 824.000
	碳钢平焊法兰 *DN*150		副	6.000	8.000	10.000
	角钢 63 以内		kg	536.000	592.800	912.000
	槽钢（综合）		kg	3 712.000	3 985.600	4 704.000
	其他材料费		%	3.00	3.00	3.00
机械	弧焊机 32kV·A		台班	4.570	5.331	6.854
	电焊条烘干箱 75×105×135（cm^3）		台班	0.457	0.533	0.685
	电焊条恒温箱		台班	0.457	0.533	0.685
	卷板机 20×2 500（安装用）		台班	2.856	3.808	4.760
	汽车式起重机 16t		台班	1.380	1.428	1.618
	载货汽车－普通货车 8t		台班	0.286	0.990	1.238
	立式钻床 35mm		台班	1.428	1.904	2.856

4. 拱顶、内浮顶罐顶板组装胎具安装、拆除

工作内容：组装、点焊、紧螺栓、切割、拆除、材料堆放等。 **计量单位**：座

编号				3-3-260	3-3-261	3-3-262	3-3-263
项目				储罐容量（m^3以内）			
				1 000	3 000	5 000	10 000
名称			单位	消耗量			
人工	合计工日		工日	7.071	10.758	13.219	15.064
	其中	普工	工日	2.122	3.227	3.965	4.519
		一般技工	工日	2.828	4.303	5.288	6.026
		高级技工	工日	2.121	3.228	3.966	4.519
材料	低碳钢焊条 J427		kg	3.000	4.000	5.000	8.000
	氧气		m^3	3.334	5.557	6.669	10.001
	乙炔气		kg	1.282	2.137	2.565	3.847
	其他材料费		%	3.00	3.00	3.00	3.00
机械	弧焊机 32kV·A		台班	0.793	1.577	1.577	2.368
	电焊条烘干箱 75×105×135（cm^3）		台班	0.080	0.158	0.158	0.237
	电焊条恒温箱		台班	0.080	0.158	0.158	0.237
	汽车式起重机 16t		台班	0.762	1.371	1.415	1.523

计量单位：座

编号				3-3-264	3-3-265	3-3-266
项目				储罐容量（m^3 以内）		
				20 000	30 000	50 000
名称			单位	消耗量		
人工	合计工日		工日	19.980	22.496	25.540
	其中	普工	工日	5.994	6.749	7.662
		一般技工	工日	7.992	8.998	10.216
		高级技工	工日	5.994	6.749	7.662
材料	低碳钢焊条 J427		kg	10.000	15.000	20.000
	氧气		m^3	15.810	24.453	37.620
	乙炔气		kg	6.081	9.405	14.469
	其他材料费		%	3.00	3.00	3.00
机械	弧焊机 32kV·A		台班	3.046	3.960	6.093
	电焊条烘干箱 75×105×135（cm^3）		台班	0.305	0.396	0.609
	电焊条恒温箱		台班	0.305	0.396	0.609
	汽车式起重机 16t		台班	1.828	2.316	2.437

5. 内浮顶钢制浮盘组装胎具制作

工作内容: 号料、切割、钻孔、组装、焊接等。　　　　**计量单位:** 座

编号				3-3-267	3-3-268	3-3-269	3-3-270
项目				储罐容量(m^3 以内)			
				300	700	1 000	2 000
名称			单位	消耗量			
人工	合计工日		工日	3.705	6.385	9.206	12.096
	其中	普工	工日	1.111	1.915	2.762	3.629
		一般技工	工日	1.482	2.554	3.682	4.838
		高级技工	工日	1.112	1.916	2.762	3.629
材料	低碳钢焊条 J427		kg	3.088	5.054	8.845	11.628
	氧气		m^3	5.737	9.927	14.840	22.259
	乙炔气		kg	2.207	3.818	5.708	8.561
	热轧厚钢板 δ10~20		kg	42.750	83.600	131.100	188.100
	无缝钢管 D57~219		kg	176.700	375.250	610.850	900.600
	角钢 63 以内		kg	379.000	621.000	946.200	1 423.100
	圆钢 φ25~32		kg	14.000	25.000	39.000	58.000
	管扣		个	13.000	24.000	40.000	57.000
	其他材料费		%	3.00	3.00	3.00	3.00
机械	弧焊机 32kV·A		台班	1.000	1.733	2.216	2.849
	电焊条烘干箱 75×105×135(cm^3)		台班	0.100	0.174	0.221	0.284
	电焊条恒温箱		台班	0.100	0.174	0.221	0.284
	汽车式起重机 16t		台班	0.137	0.183	0.228	0.320
	立式钻床 35mm		台班	0.286	0.571	0.952	1.238

计量单位：座

编　号				3-3-271	3-3-272	3-3-273
项　目				储罐容量（m^3以内）		
				3 000	5 000	10 000
名　称			单位	消　耗　量		
人工	合计工日		工日	16.260	22.682	31.925
	其中	普工	工日	4.878	6.804	9.577
		一般技工	工日	6.504	9.073	12.770
		高级技工	工日	4.878	6.805	9.578
材料	低碳钢焊条 J427		kg	17.338	25.698	37.791
	氧气		m^3	31.749	45.458	62.358
	乙炔气		kg	12.211	17.484	23.984
	热轧厚钢板 $\delta10\sim20$		kg	272.650	399.000	653.600
	无缝钢管 $D57\sim219$		kg	1 374.650	2 135.600	2 994.400
	角钢 63以内		kg	2 041.550	3 195.800	5 240.200
	圆钢 $\phi25\sim32$		kg	85.000	124.000	203.000
	管扣		个	92.000	144.000	162.000
	其他材料费		%	3.00	3.00	3.00
机械	弧焊机 32kV·A		台班	3.831	5.705	8.104
	电焊条烘干箱 75×105×135（cm^3）		台班	0.383	0.570	0.810
	电焊条恒温箱		台班	0.383	0.570	0.810
	汽车式起重机 16t		台班	0.419	0.571	0.762
	立式钻床 35mm		台班	1.809	2.570	3.998

6. 内浮顶钢制浮盘组装胎具安装、拆除

工作内容：就位、焊接、切割、拆除、焊疤打磨、材料堆放等。　　　　**计量单位：**座

编　号			3-3-274	3-3-275	3-3-276	3-3-277
项　目			储罐容量（m^3 以内）			
			300	700	1 000	2 000
名　称		单位	消　耗　量			
人工	合计工日	工日	2.198	4.083	6.014	8.444
	其中 普工	工日	0.660	1.225	1.804	2.533
	其中 一般技工	工日	0.879	1.633	2.406	3.378
	其中 高级技工	工日	0.659	1.225	1.804	2.533
材料	低碳钢焊条 J427	kg	1.539	2.964	3.772	5.890
	氧气	m^3	1.910	3.449	4.694	7.715
	乙炔气	kg	0.735	1.327	1.805	2.967
	尼龙砂轮片 ϕ150	片	0.500	0.700	1.000	1.500
	其他材料费	%	3.00	3.00	3.00	3.00
机械	弧焊机 32kV·A	台班	0.396	0.762	0.975	1.523
	电焊条烘干箱 75×105×135（cm^3）	台班	0.039	0.076	0.098	0.152
	电焊条恒温箱	台班	0.039	0.076	0.098	0.152
	汽车式起重机 16t	台班	0.343	0.419	0.476	0.552

计量单位：座

编号			3-3-278	3-3-279	3-3-280
项目			储罐容量（m^3以内）		
			3 000	5 000	10 000
名称		单位	消耗量		
人工	合计工日	工日	11.085	15.866	22.348
人工	其中 普工	工日	3.326	4.760	6.704
人工	其中 一般技工	工日	4.434	6.346	8.939
人工	其中 高级技工	工日	3.325	4.760	6.705
材料	低碳钢焊条 J427	kg	8.132	10.659	17.499
材料	氧气	m^3	10.679	14.592	22.125
材料	乙炔气	kg	4.107	5.612	8.510
材料	尼龙砂轮片 $\phi 150$	片	2.000	2.500	3.500
材料	其他材料费	%	3.00	3.00	3.00
机械	弧焊机 32kV·A	台班	1.980	2.849	4.341
机械	电焊条烘干箱 75×105×135（cm^3）	台班	0.198	0.284	0.434
机械	电焊条恒温箱	台班	0.198	0.284	0.434
机械	汽车式起重机 16t	台班	0.666	0.762	0.952

7. 浮顶罐内脚手架正装胎具制作

工作内容： 工卡具、涨圈、三脚架、跳板、壁挂小车、浮顶临时架台等放样、号料、切割、卷弧、折边、钻孔、组装、焊接等。

计量单位：座

编号				3-3-281	3-3-282	3-3-283	3-3-284
项目				储罐容量（m^3 以内）			
				3 000	5 000	10 000	20 000
名称			单位	消耗量			
人工	合计工日		工日	219.393	302.918	333.914	457.050
	其中	普工	工日	65.818	90.875	100.174	137.115
		一般技工	工日	87.757	121.167	133.566	182.820
		高级技工	工日	65.818	90.876	100.174	137.115
材料	低碳钢焊条 J427		kg	237.530	315.920	409.110	581.240
	氧气		m^3	286.730	381.359	493.854	701.756
	乙炔气		kg	110.281	146.677	189.944	269.906
	热轧薄钢板 δ3.5～4.0		kg	5 720.140	7 607.781	9 852.070	13 999.789
	钢板 δ4～10		kg	765.653	1 018.324	1 318.733	1 873.913
	热轧厚钢板 δ10～20		kg	5 134.760	6 829.227	8 843.845	12 624.104
	花纹钢板（综合）		kg	310.774	413.326	535.259	760.599
	型钢（综合）		kg	13 951.000	18 555.000	24 029.000	34 145.000
	无缝钢管 D57～219		kg	2 008.000	2 671.000	3 459.000	4 916.000
	圆钢 φ25～32		kg	864.966	1 150.403	1 490.246	2 116.961
	圆钢 φ37 以外		kg	392.787	522.405	676.514	961.324
	木方		m^3	2.356	3.135	4.057	5.767
	键 10×32		个	1.900	2.850	3.800	4.750
	钢球 φ6		个	36.100	48.450	62.700	89.300
	镀锌铁丝（综合）		kg	655.082	871.255	1 128.277	1 603.277
	脚轮 ZP80 φ80		个	6.000	8.000	11.000	16.000
	推力轴承 8306		个	2.000	2.000	2.000	3.000
	销轴 A8×45		个	14.000	18.000	23.000	33.000
	开口销 3×12		个	13.300	17.100	21.850	31.350
	其他材料费		%	3.00	3.00	3.00	3.00
机械	弧焊机 32kV·A		台班	35.900	47.752	61.842	87.879
	电焊条烘干箱 75×105×135（cm^3）		台班	3.589	4.779	6.188	8.787
	电焊条恒温箱		台班	3.589	4.779	6.188	8.787
	卷板机 20×2 500（安装用）		台班	5.008	6.656	8.618	12.230
	剪板机 20×2 500（安装用）		台班	4.712	6.264	8.111	11.510
	折方机 4×2 000		台班	10.777	14.334	18.560	26.374
	普通车床 400×1 000mm（安装用）		台班	21.553	28.681	37.121	52.748
	立式钻床 25mm		台班	11.431	15.194	19.680	27.966
	弓锯床 250mm		台班	0.632	0.845	1.089	1.546
	汽车式起重机 25t		台班	3.770	5.011	6.489	9.208
	载货汽车－普通货车 10t		台班	0.314	0.457	0.619	0.762

计量单位:座

编号				3-3-285	3-3-286	3-3-287	3-3-288
项目				储罐容量(m^3 以内)			
				30 000	50 000	100 000	150 000
名称			单位	消耗量			
人工	合计工日		工日	501.188	681.863	757.403	985.394
	其中	普工	工日	150.357	204.559	227.221	295.618
		一般技工	工日	200.475	272.745	302.961	394.158
		高级技工	工日	150.356	204.559	227.221	295.618
材料	低碳钢焊条 J427		kg	660.400	861.160	955.700	1 226.300
	氧气		m^3	797.193	1 039.538	1 215.480	1 581.360
	乙炔气		kg	306.613	399.822	467.492	608.215
	热轧薄钢板 δ3.5～4.0		kg	15 903.760	20 738.500	24 248.440	31 547.600
	钢板 δ4～10		kg	2 128.760	2 775.900	3 323.470	4 323.000
	热轧厚钢板 δ10～20		kg	14 276.230	18 616.200	21 766.900	28 319.200
	花纹钢板(综合)		kg	864.035	1 126.700	1 317.390	1 690.400
	型钢(综合)		kg	38 789.000	48 051.000	56 134.000	72 027.600
	无缝钢管 D57～219		kg	5 584.000	7 282.000	13 571.000	13 920.000
	圆钢 φ25～32		kg	2 404.868	3 135.950	4 017.510	5 512.050
	圆钢 φ37 以外		kg	1 092.063	1 424.050	1 452.050	1 495.010
	木方		m^3	6.555	8.550	10.000	13.000
	键 10×32		个	6.650	7.600	14.000	19.000
	钢球 φ6		个	102.600	133.000	249.000	336.000
	镀锌铁丝(综合)		kg	1 821.321	2 375.000	2 774.500	3 560.000
	脚轮 ZP80 φ80		个	19.000	24.000	26.000	34.000
	推力轴承 8306		个	3.000	4.000	7.000	9.000
	销轴 A8×45		个	37.000	48.000	50.000	66.000
	开口销 3×12		个	35.150	45.600	86.000	115.000
	其他材料费		%	3.00	3.00	3.00	3.00
机械	弧焊机 32kV·A		台班	99.836	130.186	142.924	185.431
	电焊条烘干箱 75×105×135(cm^3)		台班	9.986	13.023	14.299	18.545
	电焊条恒温箱		台班	9.986	13.023	14.299	18.545
	半自动切割机 100mm		台班	—	—	65.688	91.392
	卷板机 20×2 500(安装用)		台班	13.071	14.489	17.118	20.611
	剪板机 20×2 500(安装用)		台班	24.470	31.911	37.699	45.391
	折方机 4×2 000		台班	29.962	39.070	45.696	53.312
	普通车床 400×1 000(安装用)		台班	59.922	78.140	60.928	76.160
	立式钻床 25mm		台班	31.774	41.431	45.696	53.312
	弓锯床 250mm		台班	1.752	2.285	3.046	3.808
	汽车式起重机 25t		台班	10.457	13.633	15.232	17.517
	载货汽车－普通货车 10t		台班	1.047	1.361	1.523	1.952

8. 浮顶罐内脚手架正装胎具安装、拆除

工作内容：活动吊架、涨圈、逼杠、浮顶临时架台、临时限位装置、挂梯等安装、拆除，材料堆放等。

计量单位：座

编号				3-3-289	3-3-290	3-3-291	3-3-292
项目				储罐容量（m^3 以内）			
				3 000	5 000	10 000	20 000
名称			单位	消耗量			
人工	合计工日		工日	84.642	112.606	145.860	207.290
	其中	普工	工日	25.393	33.781	43.758	62.187
		一般技工	工日	33.857	45.043	58.344	82.916
		高级技工	工日	25.392	33.782	43.758	62.187
材料	低碳钢焊条 J427		kg	62.140	82.640	107.020	152.070
	氧气		m^3	99.114	131.821	170.688	242.583
	乙炔气		kg	38.121	50.700	65.649	93.301
	尼龙砂轮片 ϕ180		片	8.511	10.003	12.501	17.503
	其他材料费		%	3.00	3.00	3.00	3.00
机械	弧焊机 32kV·A		台班	18.324	24.393	31.581	44.876
	电焊条烘干箱 75×105×135（cm^3）		台班	1.833	2.440	3.158	4.487
	电焊条恒温箱		台班	1.833	2.440	3.158	4.487
	汽车式起重机 16t		台班	0.635	0.826	1.142	1.523

计量单位：座

编　　号			3-3-293	3-3-294	3-3-295	3-3-296
项　　目			储罐容量（m^3 以内）			
			30 000	50 000	100 000	150 000
名　　称		单位	消　耗　量			
人工	合计工日	工日	235.466	304.760	361.771	489.940
人工	其中 普工	工日	70.639	91.428	108.532	146.982
人工	其中 一般技工	工日	94.187	121.904	144.708	195.976
人工	其中 高级技工	工日	70.640	91.428	108.531	146.982
材料	低碳钢焊条 J427	kg	172.750	225.270	321.010	401.262
材料	氧气	m^3	275.575	359.347	506.590	653.793
材料	乙炔气	kg	105.990	138.210	194.842	251.459
材料	尼龙砂轮片 ϕ180	片	19.504	31.500	42.000	48.825
材料	其他材料费	%	3.00	3.00	3.00	3.00
机械	弧焊机 32kV·A	台班	50.982	66.473	115.763	144.704
机械	电焊条烘干箱 75×105×135（cm^3）	台班	5.098	6.647	11.576	14.470
机械	电焊条恒温箱	台班	5.098	6.647	11.576	14.470
机械	汽车式起重机 16t	台班	1.904	2.138	2.780	3.919

9. 浮顶罐外脚手架安装、拆除

工作内容：施工准备、安装、拆除、材料堆放等。 **计量单位：**座

编号				3-3-297	3-3-298	3-3-299
项目				浮顶罐外脚手架正装胎具安装、拆除		
				储罐容量（m^3 以内）		
				50 000	100 000	150 000
名称			单位	消耗量		
人工	合计工日		工日	237.210	288.663	384.884
	其中	普工	工日	71.163	86.599	115.465
		一般技工	工日	94.884	115.465	153.954
		高级技工	工日	71.163	86.599	115.465
材料	无缝钢管（综合）		kg	（3 667.650）	（5 668.750）	（6 814.050）
	钢跳板 300×3 000×2		块	469.000	613.000	711.000
	扣件		个	504.800	774.700	962.400
	木方		m^3	0.342	0.451	0.520
	镀锌铁丝（综合）		kg	101.385	132.408	153.576
	其他材料费		%	3.00	3.00	3.00
机械	轮胎式装载机 3m^3		台班	10.282	13.709	17.136
	汽车式起重机 25t		台班	3.618	4.341	5.065
	载货汽车－普通货车 10t		台班	3.618	4.341	5.065

10. 浮顶罐船舱胎具制作

工作内容： 号料、切割、组装、焊接等。 **计量单位：** 座

编号				3-3-300	3-3-301	3-3-302	3-3-303
项目				储罐容量（m^3以内）			
				3 000	5 000	10 000	20 000
名称			单位	消耗量			
人工	合计工日		工日	3.916	4.291	4.789	9.585
	其中	普工	工日	1.175	1.287	1.436	2.875
		一般技工	工日	1.566	1.717	1.916	3.834
		高级技工	工日	1.175	1.287	1.437	2.876
材料	低碳钢焊条 J427		kg	4.460	5.930	7.680	15.840
	氧气		m^3	2.490	3.300	4.290	8.670
	乙炔气		kg	0.958	1.269	1.650	3.335
	热轧厚钢板 $\delta 10\sim20$		kg	65.030	86.490	112.000	187.000
	角钢 63以内		kg	105.670	140.540	182.000	347.000
	槽钢（综合）		kg	162.570	216.200	280.000	707.000
	木方		m^3	0.410	0.540	0.700	0.960
	其他材料费		%	3.00	3.00	3.00	3.00
机械	弧焊机 32kV·A		台班	1.311	1.746	2.261	4.902
	电焊条烘干箱 75×105×135（cm^3）		台班	0.131	0.175	0.226	0.490
	电焊条恒温箱		台班	0.131	0.175	0.226	0.490
	卷板机 20×2 500（安装用）		台班	0.276	0.371	0.476	0.476
	汽车式起重机 16t		台班	0.340	0.459	0.602	0.655
	载货汽车－普通货车 10t		台班	0.019	0.019	0.029	0.029

计量单位：座

编号				3-3-304	3-3-305	3-3-306
项目				储罐容量（m^3以内）		
				30 000	50 000	100 000
名称			单位	消耗量		
人工	合计工日		工日	9.585	10.639	12.659
	其中	普工	工日	2.875	3.191	3.798
		一般技工	工日	3.834	4.256	5.063
		高级技工	工日	2.876	3.192	3.798
材料	低碳钢焊条 J427		kg	15.840	16.960	21.160
	氧气		m^3	8.670	9.750	11.670
	乙炔气		kg	3.335	3.750	4.488
	热轧厚钢板 $\delta 10 \sim 20$		kg	162.000	174.000	187.000
	角钢 63以内		kg	347.000	474.000	515.000
	槽钢（综合）		kg	707.000	802.000	1 023.000
	木方		m^3	1.100	1.100	1.100
	其他材料费		%	3.00	3.00	3.00
机械	弧焊机 32kV·A		台班	4.902	5.354	6.439
	电焊条烘干箱 75×105×135（cm^3）		台班	0.490	0.536	0.644
	电焊条恒温箱		台班	0.490	0.536	0.644
	卷板机 20×2 500（安装用）		台班	0.476	0.952	0.952
	汽车式起重机 16t		台班	0.731	1.078	1.333
	载货汽车－普通货车 10t		台班	0.029	0.048	0.057

11. 拱顶、内浮顶油罐顶板组装胎具制作（适用于桅杆倒装）

工作内容：号料、切割、卷弧、钻孔、组装、焊接等。　　　　**计量单位：**座

编号				3-3-307	3-3-308	3-3-309	3-3-310	3-3-311	3-3-312	3-3-313
项目				油罐容量（m³）						
				200	400	700	1 000	3 000	5 000	10 000
名称			单位	消耗量						
人工	合计工日		工日	11.500	13.950	16.000	18.250	24.850	30.500	39.000
	其中	普工	工日	3.450	4.185	4.800	5.475	7.455	9.150	11.700
		一般技工	工日	4.600	5.580	6.400	7.300	9.940	12.200	15.600
		高级技工	工日	3.450	4.185	4.800	5.475	7.455	9.150	11.700
材料	低碳钢焊条 J427		kg	9.000	12.000	12.500	12.900	13.100	13.600	15.800
	道木		m³	0.400	0.600	0.800	0.850	1.100	1.300	2.400
	氧气		m³	11.697	14.040	18.720	20.940	22.506	22.899	29.610
	乙炔气		kg	4.499	5.400	7.200	8.054	8.656	8.807	11.388
	其他材料费		%	5.00	5.00	5.00	5.00	5.00	5.00	5.00
	钢板 δ4～10		kg	114.000	208.000	215.000	45.000	66.000	85.000	110.000
	无缝钢管 D76～325		kg	224.000	217.000	210.000	173.000	183.000	198.000	248.000
	角钢 63 以内		kg	50.000	75.000	110.000	427.000	534.000	649.000	853.000
	槽钢（综合）		kg	371.000	593.000	888.000	1 055.000	1 640.000	2 294.000	4 351.000
	法兰 PN1.6MPa DN150		副	2.000	4.000	4.000	2.000	4.000	4.000	4.000
	钢丝绳 ϕ12.5		m	10.000	12.000	14.000	—	—	—	—
	双滑轮组 ϕ150		个	6.000	8.000	9.000	—	—	—	—
	卡头		个	12.000	24.000	24.000	—	—	—	—
机械	载货汽车－普通货车 8t		台班	0.018	0.024	0.030	0.048	0.060	0.084	0.120
	弧焊机 32kV·A		台班	1.500	1.620	1.800	1.920	2.100	2.400	3.000
	电焊条烘干箱 80×80×100（cm³）		台班	0.186	0.204	0.222	0.240	0.264	0.300	0.378
	电焊条恒温箱		台班	0.186	0.204	0.222	0.240	0.264	0.300	0.378
	卷板机 20×2 500（安装用）		台班	0.300	0.600	0.600	0.300	0.600	0.900	1.200
	立式钻床 35mm		台班	0.300	0.600	0.600	0.300	0.300	0.600	0.900
	汽车式起重机 8t		台班	0.150	0.210	0.300	0.510	0.720	1.020	1.350
	电动葫芦单速 3t		台班	0.600	0.900	1.200	0.300	0.600	0.600	1.200

12. 拱顶、内浮顶油罐顶板组装胎具安装、拆除(适用于桅杆倒装)

工作内容:组装、电焊、紧螺栓、切割、拆除、清理现场、材料堆放等。　　**计量单位:**座

编号				3-3-314	3-3-315	3-3-316	3-3-317	3-3-318	3-3-319	3-3-320
项目				油罐容量(m³)						
				200	400	700	1 000	3 000	5 000	10 000
名称			单位	消耗量						
人工	合计工日		工日	5.166	7.766	9.316	12.140	18.476	22.700	25.866
	其中	普工	工日	1.550	2.330	2.795	3.642	5.543	6.810	7.760
		一般技工	工日	2.066	3.106	3.726	4.856	7.390	9.080	10.346
		高级技工	工日	1.550	2.330	2.795	3.642	5.543	6.810	7.760
材料	低碳钢焊条 J427		kg	1.000	1.500	2.000	3.000	4.000	5.000	8.000
	氧气		m³	2.343	3.509	4.684	3.509	5.849	7.020	10.529
	乙炔气		kg	0.901	1.350	1.802	1.350	2.250	2.700	4.050
	其他材料费		%	5.00	5.00	5.00	5.00	5.00	5.00	5.00
机械	电动单筒慢速卷扬机 50kN		台班	1.200	1.200	1.200	—	—	—	—
	弧焊机 32kV·A		台班	0.312	0.624	0.930	0.624	1.242	1.242	1.866
	电焊条烘干箱 80×80×100(cm³)		台班	0.042	0.078	0.114	0.078	0.156	0.156	0.234
	电焊条恒温箱		台班	0.042	0.078	0.114	0.078	0.156	0.156	0.234
	汽车式起重机 8t		台班	0.090	0.120	0.150	0.240	0.300	0.390	0.480
	电动葫芦单速 3t		台班	—	—	—	0.600	1.800	1.800	1.800

13. 拱顶、内浮顶油罐桅杆倒装吊具制作

工作内容：号料、切割、卷弧、钻孔、焊接、一次组合等。　　**计量单位：**座

编　号			3-3-321	3-3-322	3-3-323	3-3-324	3-3-325	3-3-326
项　目			油罐容量（m^3）					
			400	700	1 000	3 000	5 000	10 000
名　称		单位	消　耗　量					
人工	合计工日	工日	17.646	23.910	26.370	36.900	50.626	67.910
	其中 普工	工日	5.294	7.173	7.911	11.070	15.188	20.373
	其中 一般技工	工日	7.058	9.564	10.548	14.760	20.250	27.164
	其中 高级技工	工日	5.294	7.173	7.911	11.070	15.188	20.373
材料	低碳钢焊条 J427	kg	7.730	11.250	11.740	16.850	24.930	29.980
	氧气	m^3	22.539	33.389	34.443	46.641	62.999	80.640
	乙炔气	kg	8.669	12.842	13.247	17.939	24.230	31.015
	其他材料费	%	5.00	5.00	5.00	5.00	5.00	5.00
	钢板 $\delta4\sim10$	kg	168.000	264.000	226.000	395.000	925.000	1 535.000
	无缝钢管 $D76\sim325$	kg	670.000	873.000	1 325.000	2 090.000	3 468.000	5 870.000
	角钢 50×5 以外	kg	198.000	238.000	289.000	389.000	480.000	670.000
	槽钢 18# 以内	kg	687.000	962.000	1 165.000	2 044.000	2 998.000	80.000
	钢丝绳 $\phi12.5$	m	21.000	24.000	41.000	101.000	198.000	605.000
	卡头	个	16.000	16.000	24.000	32.000	56.000	96.000
	热轧厚钢板 $\delta12\sim20$	kg	78.000	116.000	215.000	374.000	746.000	1 281.000
	角钢 50×5 以内	kg	281.000	440.000	—	—	—	—
	套环	个	16.000	16.000	24.000	32.000	56.000	96.000
	卸扣	个	8.000	8.000	12.000	16.000	28.000	48.000
	槽钢 18# 以外	kg	—	—	—	—	—	4 322.000
机械	载货汽车－普通货车 8t	台班	0.060	0.072	0.090	0.150	0.240	0.330
	弧焊机 32kV·A	台班	1.818	2.676	2.952	5.550	5.970	7.986
	电焊条烘干箱 80×80×100（cm^3）	台班	0.228	0.336	0.372	0.696	0.744	0.996
	电焊条恒温箱	台班	0.228	0.336	0.372	0.696	0.744	0.996
	卷板机 20×2 500（安装用）	台班	0.600	0.600	0.720	1.320	1.560	2.040
	立式钻床 35mm	台班	0.300	0.300	0.480	0.480	0.600	0.720
	汽车式起重机 8t	台班	0.240	0.300	0.360	0.510	0.600	0.750
	电动葫芦单速 3t	台班	0.600	0.600	0.720	1.320	1.560	2.040

14. 拱顶、内浮顶油罐桅杆倒装吊具安装、拆除

工作内容: 组装、点焊、紧螺栓、切割、穿钢丝绳、立中心柱、拆除、材料堆放等。 **计量单位:** 座

编号				3-3-327	3-3-328	3-3-329	3-3-330	3-3-331	3-3-332
项目				油罐容量(m^3)					
				400	700	1 000	3 000	5 000	10 000
名称			单位	消耗量					
人工	合计工日		工日	10.586	13.150	15.660	17.720	23.930	35.266
	其中	普工	工日	3.176	3.945	4.698	5.316	7.179	10.580
		一般技工	工日	4.234	5.260	6.264	7.088	9.572	14.106
		高级技工	工日	3.176	3.945	4.698	5.316	7.179	10.580
材料	低碳钢焊条 J427		kg	4.100	5.640	6.220	7.830	11.370	17.430
	氧气		m^3	4.299	5.241	5.928	8.721	11.799	15.390
	乙炔气		kg	1.653	2.016	2.280	3.354	4.538	5.919
	其他材料费		%	5.00	5.00	5.00	5.00	5.00	5.00
	尼龙砂轮片 ϕ150		片	1.000	1.000	1.000	2.000	2.800	4.200
机械	弧焊机 32kV·A		台班	0.810	1.116	1.164	1.512	2.070	2.988
	电焊条烘干箱 80×80×100(cm^3)		台班	0.102	0.138	0.144	0.192	0.258	0.372
	电焊条恒温箱		台班	0.102	0.138	0.144	0.192	0.258	0.372
	汽车式起重机 8t		台班	0.228	0.270	0.330	0.510	0.600	0.840

15. 拱顶、内浮顶油罐临时加固件制作

工作内容：号料、切割、钻孔、焊接、组装等。　　**计量单位：**座

编号				3-3-333	3-3-334	3-3-335	3-3-336	3-3-337
项目				油罐容量(m^3)				
				500	1 000	3 000	5 000	10 000
名称			单位	消耗量				
人工	合计工日		工日	8.650	13.400	14.700	16.150	19.400
	其中	普工	工日	2.595	4.020	4.410	4.845	5.820
		一般技工	工日	3.460	5.360	5.880	6.460	7.760
		高级技工	工日	2.595	4.020	4.410	4.845	5.820
材料	钢板 δ4～10		kg	85.000	110.000	167.000	200.000	232.000
	角钢 50×5 以内		kg	140.000	162.000	407.000	479.000	548.000
	圆钢 ϕ37 以内		kg	165.000	246.000	400.000	468.000	548.000
	扁钢 40×4		kg	38.000	53.000	81.000	95.000	110.000
	低碳钢焊条 J427		kg	2.000	3.000	4.500	6.000	8.000
	氧气		m^3	9.360	14.040	18.720	23.400	28.080
	乙炔气		kg	3.600	5.400	7.200	9.000	10.800
	其他材料费		%	5.00	5.00	5.00	5.00	5.00
机械	弧焊机 32kV·A		台班	0.600	0.900	0.960	1.080	1.200
	电焊条烘干箱 80×80×100(cm^3)		台班	0.078	0.186	0.228	0.240	0.288
	电焊条恒温箱		台班	0.078	0.186	0.228	0.240	0.288
	立式钻床 35mm		台班	0.300	0.300	0.600	0.600	0.600
	汽车式起重机 8t		台班	0.210	0.240	0.300	0.330	0.360
	载货汽车－普通货车 8t		台班	0.018	0.018	0.030	0.030	0.036

16. 拱顶、内浮顶油罐临时加固件安装、拆除

工作内容：就位、点焊、切割、拆除、焊疤打磨、材料堆放等。 **计量单位：**座

编号				3-3-338	3-3-339	3-3-340	3-3-341	3-3-342
项目				油罐容量(m^3)				
				500	1 000	3 000	5 000	10 000
名称			单位	消耗量				
人工	合计工日		工日	5.160	6.840	12.450	13.630	16.560
	其中	普工	工日	1.548	2.052	3.735	4.278	4.968
		一般技工	工日	2.064	2.736	4.980	5.074	6.624
		高级技工	工日	1.548	2.052	3.735	4.278	4.968
材料	低碳钢焊条 J427		kg	3.420	4.540	8.850	10.250	13.500
	氧气		m^3	5.832	7.659	15.051	16.422	18.630
	乙炔气		kg	2.243	2.946	5.789	6.316	7.165
	其他材料费		%	5.00	5.00	5.00	5.00	5.00
	尼龙砂轮片 ϕ150		片	1.000	1.300	2.700	3.501	4.509
机械	弧焊机 32kV·A		台班	0.888	0.900	1.020	1.200	1.320
	电焊条烘干箱 80×80×100(cm^3)		台班	0.114	0.150	0.276	0.318	0.408
	电焊条恒温箱		台班	0.114	0.150	0.276	0.318	0.408
	汽车式起重机 8t		台班	0.048	0.048	0.054	0.066	0.084

第四章　球形罐组对安装

说　明

一、本章内容包括设计压力大于或等于0.1MPa且小于或等于4MPa的碳钢、合金钢球形罐组对安装。

二、本章包括水压试验的临时水管线的安装、拆除及材料摊销量。

三、本章不包括以下工作内容。

1. 球壳板制作和预组装。

2. 支柱制作。

3. 梯子、平台、栏杆的制作与安装。

4. 喷淋、消防装置的制作与安装。

5. 防火设施。

6. 防雷接地。

7. 无损探伤检测。

8. 防腐、保温和脱脂。

9. 锻件、机加工件、外购件的制作或加工。

10. 预热、后热和热处理。

11. 现场组装平台的铺设与拆除。

12. 压力容器监检费。

四、球形罐焊接是按照不对称“X”型坡口取定的。球罐的人孔、接管开孔焊接安装是按照制造厂焊接完毕考虑的，如在现场焊接另行计算。

五、本章球形罐组对安装项目是按碳钢和普通合金钢取定的，高强合金钢球罐则在定额含量的基础上按下表规定系数调整。

系数表

项目名称	焊工工日	电焊条	尼龙砂轮片	电焊机	焊条烘干箱	空气压缩机
高强合金钢	1.15	1.00	1.70	1.15		

注： 1. 焊工工日数等于电焊机台班数。

2. 电焊条消耗量不变，单价按实换算。

六、水压试验是按一台单独进行计算的，如同时试压超过一台时，定额乘以系数0.85。水压试验用水为未计价材料。

七、球罐组装胎具及球罐焊接防护棚消耗量内的钢材用量已将回收值从消耗量内扣除。

八、当球罐焊接使用低合金钢焊条时，可以按实际焊材的规格进行替换，消耗量不变。

工程量计算规则

一、球形罐组对安装根据其材质、容量、规格尺寸、球板厚度和质量，以“t”为计量单位。球形罐组装的质量包括球壳板、支柱、拉杆及接管的短管、加强板的全部质量，以“t”为计量单位，不扣除人孔、接管孔洞面积所占质量。

二、组装胎具制作、安装与拆除，按球罐的不同容积以“台”为计量单位。

三、水压试验，按球罐不同容积以“台”为计量单位。

四、气密性试验，按球罐不同容积和设计压力以“台”为计量单位。

五、焊接防护棚制作、安装、拆除：按球罐容积和防护棚形式（金属防风棚和防火篷布防风棚）以“台”为计量单位。

一、球形罐组装

工作内容：球板检查、基础验收、铲麻面、设置垫铁、立柱拉杆组对安装、球皮坡口除污、组装就位、调整、点焊固定、焊接、打磨、材料回收等。　　**计量单位：t**

编　号				3-4-1	3-4-2	3-4-3	3-4-4
项　目				球罐容量：50m³			
				球板厚度（mm 以内）			
				16	20	24	28
名　称			单位	消　耗　量			
人工	合计工日		工日	9.118	8.787	8.234	7.954
	其中	普工	工日	1.824	1.758	1.646	1.591
		一般技工	工日	3.191	3.075	2.882	2.784
		高级技工	工日	4.103	3.954	3.706	3.579
材料	低碳钢焊条 J427		kg	26.475	28.401	30.419	32.594
	氧气		m^3	2.516	2.340	2.165	2.031
	乙炔气		kg	0.968	0.900	0.833	0.781
	尼龙砂轮片 ϕ150		片	30.843	25.071	21.132	18.438
	碳精棒 ϕ8～12		根	26.306	21.314	17.914	15.429
	钢垫板（综合）		kg	27.230	22.320	18.930	16.450
	其他材料费		%	5.00	5.00	5.00	5.00
机械	弧焊机 32kV·A		台班	6.625	6.347	5.822	5.626
	电焊条烘干箱 80×80×100（cm^3）		台班	0.663	0.634	0.583	0.563
	电焊条恒温箱		台班	0.663	0.634	0.583	0.563
	汽车式起重机 16t		台班	0.229	0.216	0.198	0.185
	载货汽车－普通货车 8t		台班	0.041	0.041	0.032	0.032
	轴流通风机 7.5kW		台班	0.334	0.334	0.327	0.327
	电动空气压缩机 $6m^3/min$		台班	0.479	0.521	0.505	0.520

计量单位：t

编号			3-4-5	3-4-6	3-4-7	3-4-8	3-4-9	3-4-10	3-4-11
项目			球罐容量：120m³						
			球板厚度（mm 以内）						
			16	20	24	28	32	36	40
名称		单位	消耗量						
人工	合计工日	工日	8.726	8.471	7.998	7.716	7.427	7.271	7.205
人工	其中 普工	工日	1.746	1.694	1.601	1.543	1.486	1.454	1.441
人工	其中 一般技工	工日	3.054	2.965	2.799	2.701	2.600	2.545	2.522
人工	其中 高级技工	工日	3.926	3.812	3.599	3.473	3.342	3.272	3.242
材料	低碳钢焊条 J427	kg	25.589	27.832	30.117	32.535	35.059	37.643	40.287
材料	氧气	m^3	2.484	2.309	2.175	1.998	1.865	1.731	1.630
材料	乙炔气	kg	0.955	0.888	0.837	0.768	0.717	0.666	0.627
材料	尼龙砂轮片 ϕ150	片	29.811	24.568	20.922	18.404	16.362	14.732	13.423
材料	碳精棒 ϕ8～12	根	25.426	20.886	17.736	15.401	13.605	12.177	11.021
材料	钢垫板（综合）	kg	24.470	20.100	17.070	14.840	13.090	11.720	10.610
材料	其他材料费	%	5.00	5.00	5.00	5.00	5.00	5.00	5.00
机械	弧焊机 32kV·A	台班	6.403	6.218	5.764	5.617	5.529	5.667	5.843
机械	电焊条烘干箱 80×80×100（cm^3）	台班	0.640	0.623	0.576	0.562	0.553	0.566	0.585
机械	电焊条恒温箱	台班	0.640	0.623	0.576	0.562	0.553	0.566	0.585
机械	汽车式起重机 16t	台班	0.232	0.228	0.223	0.205	0.191	0.175	0.158
机械	载货汽车－普通货车 8t	台班	0.049	0.049	0.041	0.041	0.041	0.032	0.032
机械	轴流通风机 7.5kW	台班	0.252	0.252	0.252	0.252	0.252	0.262	0.278
机械	电动空气压缩机 6m^3/min	台班	0.494	0.537	0.522	0.537	0.553	0.593	0.635

计量单位：t

编　号				3-4-12	3-4-13	3-4-14	3-4-15	3-4-16	3-4-17	3-4-18	3-4-19
项　目				球罐容量：200m³							
				球板厚度（mm 以内）							
				16	20	24	28	32	36	40	44
名　称			单位	消　耗　量							
人工	合计工日		工日	8.408	8.180	7.730	7.448	7.158	6.992	6.885	6.766
	其中	普工	工日	1.681	1.636	1.547	1.490	1.433	1.398	1.377	1.354
		一般技工	工日	2.943	2.863	2.705	2.607	2.505	2.447	2.410	2.368
		高级技工	工日	3.784	3.681	3.479	3.352	3.221	3.147	3.098	3.044
材料	低碳钢焊条 J427		kg	24.852	26.993	29.141	31.447	33.855	36.336	38.869	44.380
	氧气		m^3	2.526	2.359	2.183	1.870	1.874	1.740	1.605	1.497
	乙炔气		kg	0.972	0.907	0.840	0.719	0.721	0.669	0.617	0.576
	尼龙砂轮片 ϕ150		片	28.953	23.828	20.244	17.789	15.800	14.221	12.951	11.944
	碳精棒 ϕ8～12		根	24.694	20.257	17.161	14.886	13.138	11.755	10.633	9.705
	钢垫板（综合）		kg	22.510	18.490	15.690	13.630	12.020	10.750	9.740	8.900
	其他材料费		%	5.00	5.00	5.00	5.00	5.00	5.00	5.00	5.00
机械	弧焊机 32kV·A		台班	6.218	6.032	5.578	5.429	5.340	5.471	5.638	5.945
	电焊条烘干箱 80×80×100（cm^3）		台班	0.622	0.603	0.558	0.543	0.534	0.547	0.564	0.595
	电焊条恒温箱		台班	0.622	0.603	0.558	0.543	0.534	0.547	0.564	0.595
	汽车式起重机 16t		台班	0.240	0.235	0.222	0.205	0.196	0.179	0.162	0.153
	载货汽车－普通货车 8t		台班	0.057	0.057	0.049	0.049	0.049	0.041	0.041	0.032
	轴流通风机 7.5kW		台班	0.212	0.212	0.204	0.212	0.212	0.220	0.228	0.228
	电动空气压缩机 6m^3/min		台班	0.479	0.521	0.505	0.520	0.533	0.573	0.612	0.669

计量单位：t

编号				3-4-20	3-4-21	3-4-22	3-4-23	3-4-24
项目				球罐容量：400m³				
				球板厚度（mm 以内）				
				16	20	24	28	32
名称			单位	消耗量				
人工	合计工日		工日	7.491	7.282	6.932	6.650	6.315
	其中	普工	工日	1.499	1.457	1.387	1.331	1.263
		一般技工	工日	2.622	2.549	2.426	2.327	2.210
		高级技工	工日	3.371	3.277	3.119	2.992	2.842
材料	低碳钢焊条 J427		kg	19.965	21.782	23.597	25.527	27.281
	氧气		m^3	2.717	2.541	2.340	2.164	1.997
	乙炔气		kg	1.045	0.977	0.900	0.832	0.768
	尼龙砂轮片 ϕ150		片	23.260	19.227	16.393	14.440	12.732
	碳精棒 ϕ8～12		根	19.838	16.346	13.897	12.084	10.587
	钢垫板（综合）		kg	16.900	13.930	11.840	10.300	9.020
	其他材料费		%	5.00	5.00	5.00	5.00	5.00
机械	弧焊机 32kV·A		台班	4.996	4.868	4.517	4.407	4.302
	电焊条烘干箱 80×80×100（cm^3）		台班	0.499	0.486	0.451	0.441	0.430
	电焊条恒温箱		台班	0.499	0.486	0.451	0.441	0.430
	汽车式起重机 25t		台班	0.252	0.232	0.220	0.204	0.188
	载货汽车－普通货车 8t		台班	0.065	0.065	0.057	0.049	0.049
	轴流通风机 7.5kW		台班	0.155	0.155	0.155	0.155	0.155
	电动空气压缩机 $6m^3$/min		台班	0.386	0.420	0.408	0.422	0.429

计量单位：t

编　号				3-4-25	3-4-26	3-4-27	3-4-28
项　目				球罐容量：400m³			
				球板厚度（mm 以内）			
				36	40	44	48
名　称			单位	消　耗　量			
人工	合计工日		工日	6.186	6.069	6.043	5.976
	其中	普工	工日	1.237	1.214	1.209	1.195
		一般技工	工日	2.165	2.124	2.115	2.092
		高级技工	工日	2.784	2.731	2.719	2.690
材料	低碳钢焊条 J427		kg	29.359	31.472	36.001	38.101
	氧气		m^3	1.855	1.721	1.621	1.512
	乙炔气		kg	0.713	0.662	0.623	0.582
	尼龙砂轮片 ϕ150		片	11.490	10.486	9.689	8.998
	碳精棒 ϕ8～12		根	9.497	8.609	7.873	7.251
	钢垫板（综合）		kg	8.090	7.340	6.710	6.180
	其他材料费		%	5.00	5.00	5.00	5.00
机械	弧焊机 32kV·A		台班	4.421	4.565	4.823	4.985
	电焊条烘干箱 $80\times80\times100$（cm^3）		台班	0.442	0.456	0.483	0.499
	电焊条恒温箱		台班	0.442	0.456	0.483	0.499
	汽车式起重机 25t		台班	0.169	0.149	0.142	0.138
	载货汽车－普通货车 8t		台班	0.041	0.041	0.032	0.032
	轴流通风机 7.5kW		台班	0.164	0.164	0.171	0.180
	电动空气压缩机 $6m^3$/min		台班	0.463	0.496	0.543	0.575

计量单位：t

编号				3-4-29	3-4-30	3-4-31	3-4-32	3-4-33
项目				球罐容量：650m³				
				球板厚度（mm 以内）				
				16	20	24	28	32
名称			单位	消耗量				
人工	合计工日		工日	6.526	6.355	6.054	5.696	5.467
	其中	普工	工日	1.306	1.272	1.211	1.139	1.093
		一般技工	工日	2.284	2.224	2.119	1.994	1.914
		高级技工	工日	2.936	2.859	2.725	2.564	2.460
材料	低碳钢焊条 J427		kg	16.720	18.314	19.894	21.566	23.303
	氧气		m^3	2.658	2.448	2.280	2.105	1.938
	乙炔气		kg	1.022	0.942	0.877	0.810	0.745
	尼龙砂轮片 $\phi150$		片	19.478	16.166	13.820	12.199	10.876
	碳精棒 $\phi8\sim12$		根	16.613	13.743	11.716	10.209	9.043
	钢垫板（综合）		kg	19.140	15.890	13.560	11.440	10.310
	其他材料费		%	5.00	5.00	5.00	5.00	5.00
机械	弧焊机 32kV·A		台班	4.184	4.092	3.808	3.723	3.676
	电焊条烘干箱 80×80×100（cm^3）		台班	0.418	0.409	0.381	0.372	0.367
	电焊条恒温箱		台班	0.418	0.409	0.381	0.372	0.367
	汽车式起重机 25t		台班	0.175	0.163	0.158	0.138	0.127
	汽车式起重机 40t		台班	0.057	0.049	0.049	0.049	0.049
	载货汽车－普通货车 12t		台班	0.032	0.032	0.032	0.025	0.025
	轴流通风机 7.5kW		台班	0.147	0.147	0.147	0.147	0.155
	电动空气压缩机 $6m^3$/min		台班	0.322	0.353	0.345	0.356	0.367

计量单位：t

编　　号				3-4-34	3-4-35	3-4-36	3-4-37	3-4-38
项　　目				球罐容量：650m^3				
				球板厚度（mm 以内）				
				36	40	44	48	52
名　　称			单位	消　耗　量				
人工	合计工日		工日	5.349	5.216	5.152	5.072	4.974
	其中	普工	工日	1.070	1.043	1.031	1.015	0.995
		一般技工	工日	1.872	1.826	1.803	1.775	1.741
		高级技工	工日	2.407	2.347	2.318	2.283	2.239
材料	低碳钢焊条 J427		kg	24.974	26.791	30.665	32.471	34.317
	氧气		m^3	1.809	1.661	1.560	1.452	1.418
	乙炔气		kg	0.696	0.639	0.600	0.558	0.545
	尼龙砂轮片 ϕ150		片	9.774	8.926	8.253	7.668	7.198
	碳精棒 ϕ8～12		根	8.079	7.329	6.706	6.179	5.729
	钢垫板（综合）		kg	9.280	8.420	7.710	7.090	6.760
	其他材料费		%	5.00	5.00	5.00	5.00	5.00
机械	弧焊机 32kV·A		台班	3.760	3.886	4.108	4.244	4.249
	电焊条烘干箱 80×80×100（cm^3）		台班	0.376	0.388	0.411	0.424	0.425
	电焊条恒温箱		台班	0.376	0.388	0.411	0.424	0.425
	汽车式起重机 25t		台班	0.121	0.114	0.109	0.096	0.102
	汽车式起重机 40t		台班	0.041	0.032	0.032	0.032	0.032
	载货汽车－普通货车 12t		台班	0.025	0.025	0.016	0.016	0.016
	轴流通风机 7.5kW		台班	0.155	0.155	0.155	0.164	0.164
	电动空气压缩机 6m^3/min		台班	0.393	0.423	0.462	0.796	0.489

计量单位：t

编号				3-4-39	3-4-40	3-4-41	3-4-42	3-4-43	3-4-44
项目				球罐容量：1 000m³					
				球板厚度（mm 以内）					
				16	20	24	28	32	36
名称			单位	消耗量					
人工	合计工日		工日	6.211	6.113	5.783	5.460	5.213	5.162
	其中	普工	工日	1.242	1.222	1.157	1.092	1.043	1.033
		一般技工	工日	2.174	2.140	2.024	1.911	1.824	1.807
		高级技工	工日	2.795	2.751	2.602	2.457	2.346	2.323
材料	低碳钢焊条 J427		kg	15.531	17.147	18.713	20.389	21.577	23.346
	氧气		m^3	2.515	2.339	2.172	1.995	1.862	1.686
	乙炔气		kg	0.967	0.900	0.835	0.767	0.716	0.648
	尼龙砂轮片 ϕ150		片	18.094	15.136	13.000	11.534	10.070	9.137
	碳精棒 ϕ8～12		根	15.432	12.868	11.020	9.652	8.373	7.552
	钢垫板（综合）		kg	22.250	18.550	15.890	13.910	12.070	10.890
	其他材料费		%	5.00	5.00	5.00	5.00	5.00	5.00
机械	弧焊机 32kV·A		台班	3.187	3.232	3.281	3.380	3.403	3.515
	电焊条烘干箱 80×80×100（cm^3）		台班	0.338	0.343	0.350	0.352	0.359	0.361
	电焊条恒温箱		台班	0.338	0.343	0.350	0.352	0.359	0.361
	汽车式起重机 25t		台班	0.241	0.223	0.210	0.192	0.175	0.163
	汽车式起重机 40t		台班	0.073	0.073	0.073	0.065	0.065	0.057
	载货汽车－普通货车 12t		台班	0.041	0.041	0.032	0.032	0.032	0.032
	轴流通风机 7.5kW		台班	0.130	0.130	0.130	0.130	0.130	0.138
	电动空气压缩机 $6m^3$/min		台班	0.300	0.331	0.325	0.337	0.340	0.368

计量单位：t

编　号			3-4-45	3-4-46	3-4-47	3-4-48	3-4-49	3-4-50
项　目			球罐容量：1 000m^3					
			球板厚度（mm 以内）					
			40	44	48	52	56	60
名　称		单位	消　耗　量					
人工	合计工日	工日	4.971	4.922	4.815	4.736	4.719	4.615
人工	其中 普工	工日	0.994	0.985	0.963	0.947	0.944	0.923
人工	其中 一般技工	工日	1.740	1.723	1.685	1.658	1.652	1.616
人工	其中 高级技工	工日	2.237	2.215	2.167	2.131	2.123	2.077
材料	低碳钢焊条 J427	kg	25.140	28.865	30.411	32.292	34.087	35.954
材料	氧气	m^3	1.586	1.485	1.376	1.310	1.276	1.242
材料	乙炔气	kg	0.610	0.571	0.529	0.504	0.491	0.478
材料	尼龙砂轮片 ϕ150	片	8.376	7.769	7.182	6.773	6.379	6.009
材料	碳精棒 ϕ8～12	根	6.877	6.312	5.787	5.391	5.036	4.725
材料	钢垫板（综合）	kg	9.920	9.100	8.360	7.770	7.200	6.810
材料	其他材料费	%	5.00	5.00	5.00	5.00	5.00	5.00
机械	弧焊机 32kV·A	台班	3.646	3.867	3.978	3.994	4.148	4.305
机械	电焊条烘干箱 80×80×100（cm^3）	台班	0.365	0.387	0.398	0.400	0.415	0.430
机械	电焊条恒温箱	台班	0.365	0.387	0.398	0.400	0.415	0.430
机械	汽车式起重机 25t	台班	0.145	0.132	0.127	0.121	0.114	0.109
机械	汽车式起重机 40t	台班	0.057	0.049	0.041	0.041	0.041	0.032
机械	载货汽车－普通货车 12t	台班	0.025	0.025	0.025	0.025	0.025	0.016
机械	轴流通风机 7.5kW	台班	0.138	0.147	0.147	0.164	0.164	0.130
机械	电动空气压缩机 6m^3/min	台班	0.397	0.435	0.459	0.466	0.493	0.520

计量单位：t

编号			3-4-51	3-4-52	3-4-53	3-4-54	3-4-55	3-4-56
项目			球罐容量：1 500m^3					
			球板厚度（mm 以内）					
			16	20	24	28	32	36
名称		单位	消耗量					
人工	合计工日	工日	5.738	5.456	5.174	4.934	4.686	4.520
	其中 普工	工日	1.148	1.091	1.035	0.988	0.937	0.905
	其中 一般技工	工日	2.008	1.910	1.811	1.727	1.640	1.582
	其中 高级技工	工日	2.582	2.456	2.329	2.219	2.109	2.034
材料	低碳钢焊条 J427	kg	13.443	14.828	16.191	17.617	18.750	20.271
	氧气	m^3	2.459	2.292	2.116	1.948	1.815	1.672
	乙炔气	kg	0.946	0.882	0.814	0.749	0.698	0.643
	尼龙砂轮片 ϕ150	片	15.661	13.089	11.248	9.966	8.750	7.933
	碳精棒 ϕ8～12	根	13.357	11.127	9.535	8.340	7.276	6.557
	钢垫板（综合）	kg	25.540	21.300	18.260	15.990	13.970	12.590
	其他材料费	%	5.00	5.00	5.00	5.00	5.00	5.00
机械	弧焊机 32kV·A	台班	2.958	3.041	3.100	3.141	3.314	3.363
	电焊条烘干箱 80×80×100（cm^3）	台班	0.295	0.305	0.310	0.315	0.326	0.341
	电焊条恒温箱	台班	0.295	0.305	0.310	0.315	0.326	0.341
	汽车式起重机 25t	台班	0.269	0.252	0.228	0.210	0.193	0.176
	汽车式起重机 40t	台班	0.073	0.073	0.065	0.065	0.057	0.057
	载货汽车－普通货车 12t	台班	0.049	0.041	0.041	0.041	0.041	0.032
	轴流通风机 7.5kW	台班	0.130	0.130	0.130	0.130	0.130	0.130
	电动空气压缩机 6m^3/min	台班	0.259	0.286	0.281	0.291	0.295	0.320

计量单位：t

编　号			3-4-57	3-4-58	3-4-59	3-4-60	3-4-61	3-4-62
项　目			球罐容量：1 500m^3					
			球板厚度（mm 以内）					
			40	44	48	52	56	60
名　称		单位	消　耗　量					
人工	合计工日	工日	4.499	4.458	4.370	4.288	4.263	4.180
	其中 普工	工日	0.900	0.891	0.874	0.857	0.853	0.836
	其中 一般技工	工日	1.575	1.561	1.529	1.501	1.492	1.463
	其中 高级技工	工日	2.024	2.006	1.967	1.930	1.919	1.881
材料	低碳钢焊条 J427	kg	21.814	25.034	26.455	28.020	29.568	31.176
	氧气	m^3	1.539	1.430	1.362	1.296	1.228	1.195
	乙炔气	kg	0.592	0.550	0.524	0.498	0.472	0.460
	尼龙砂轮片 ϕ150	片	7.268	6.737	6.247	5.877	5.533	5.210
	碳精棒 ϕ8～12	根	5.967	5.474	5.034	4.678	4.369	4.097
	钢垫板（综合）	kg	11.460	11.790	9.670	8.990	8.400	7.870
	其他材料费	%	5.00	5.00	5.00	5.00	5.00	5.00
机械	弧焊机 32kV·A	台班	3.164	3.353	3.461	3.465	3.599	3.733
	电焊条烘干箱 80×80×100（cm^3）	台班	0.316	0.335	0.347	0.347	0.360	0.373
	电焊条恒温箱	台班	0.316	0.335	0.347	0.347	0.360	0.373
	汽车式起重机 25t	台班	0.160	0.143	0.134	0.127	0.118	0.106
	汽车式起重机 40t	台班	0.049	0.049	0.041	0.041	0.041	0.032
	载货汽车－普通货车 12t	台班	0.025	0.025	0.025	0.025	0.025	0.016
	轴流通风机 7.5kW	台班	0.138	0.147	0.147	0.147	0.155	0.155
	电动空气压缩机 6m^3/min	台班	0.344	0.377	0.399	0.405	0.428	0.450

计量单位：t

编号				3-4-63	3-4-64	3-4-65	3-4-66	3-4-67
项目				球罐容量：2 000m^3				
				球板厚度（mm 以内）				
				16	20	24	28	32
名称			单位	消耗量				
人工	合计工日		工日	5.666	5.286	4.900	4.650	4.493
	其中	普工	工日	1.133	1.057	0.980	0.929	0.899
		一般技工	工日	1.983	1.850	1.715	1.628	1.572
		高级技工	工日	2.549	2.379	2.205	2.093	2.021
材料	低碳钢焊条 J427		kg	13.386	14.776	16.143	17.574	18.800
	氧气		m^3	2.425	2.258	2.082	1.915	1.773
	乙炔气		kg	0.933	0.868	0.801	0.737	0.682
	尼龙砂轮片 ϕ150		片	15.594	13.044	11.215	9.941	8.774
	碳精棒 ϕ8～12		根	13.300	11.089	9.507	8.319	7.296
	钢垫板（综合）		kg	28.580	23.820	20.430	17.880	15.680
	其他材料费		%	5.00	5.00	5.00	5.00	5.00
机械	弧焊机 32kV·A		台班	2.965	3.034	3.090	3.147	3.252
	电焊条烘干箱 80×80×100（cm^3）		台班	0.296	0.303	0.309	0.314	0.325
	电焊条恒温箱		台班	0.296	0.303	0.309	0.314	0.325
	汽车式起重机 25t		台班	0.049	0.049	0.049	0.041	0.041
	汽车式起重机 40t		台班	0.197	0.178	0.159	0.148	0.128
	汽车式起重机 60t		台班	0.065	0.065	0.057	0.057	0.049
	载货汽车－普通货车 12t		台班	0.049	0.049	0.049	0.041	0.041
	轴流通风机 7.5kW		台班	0.130	0.130	0.130	0.130	0.130
	电动空气压缩机 6m^3/min		台班	0.258	0.285	0.280	0.290	0.296

计量单位：t

编　号				3-4-68	3-4-69	3-4-70	3-4-71	3-4-72
项　目				球罐容量：2 000m³				
				球板厚度（mm 以内）				
				36	40	44	48	52
名　称			单位	消　耗　量				
人工	合计工日		工日	4.368	4.322	4.317	4.269	4.166
	其中	普工	工日	0.874	0.865	0.863	0.854	0.833
		一般技工	工日	1.529	1.512	1.511	1.495	1.459
		高级技工	工日	1.966	1.945	1.943	1.921	1.874
材料	低碳钢焊条 J427		kg	20.322	21.865	25.089	26.531	28.098
	氧气		m³	1.619	1.484	1.376	1.309	1.242
	乙炔气		kg	0.623	0.571	0.529	0.503	0.478
	尼龙砂轮片 φ150		片	7.953	7.285	6.752	6.266	5.893
	碳精棒 φ8～12		根	6.574	5.981	5.486	5.049	4.691
	钢垫板（综合）		kg	14.130	12.850	11.790	10.850	10.080
	其他材料费		%	5.00	5.00	5.00	5.00	5.00
机械	弧焊机 32kV·A		台班	3.060	3.171	3.362	3.472	3.475
	电焊条烘干箱 80×80×100（cm³）		台班	0.306	0.317	0.336	0.347	0.347
	电焊条恒温箱		台班	0.306	0.317	0.336	0.347	0.347
	汽车式起重机 25t		台班	0.032	0.025	0.025	0.025	0.025
	汽车式起重机 40t		台班	0.123	0.118	0.106	0.099	0.092
	汽车式起重机 60t		台班	0.049	0.041	0.041	0.032	0.032
	载货汽车－普通货车 12t		台班	0.032	0.025	0.025	0.025	0.025
	轴流通风机 7.5kW		台班	0.130	0.138	0.147	0.147	0.147
	电动空气压缩机 6m³/min		台班	0.321	0.345	0.378	0.400	0.407

计量单位：t

编　号			3-4-73	3-4-74	3-4-75	3-4-76
项　目			球罐容量：3 000m³			
			球板厚度（mm 以内）			
			16	20	24	28
名　称		单位	消　耗　量			
人工	合计工日	工日	5.648	5.223	4.828	4.607
	其中 普工	工日	1.129	1.046	0.965	0.920
	其中 一般技工	工日	1.977	1.828	1.690	1.613
	其中 高级技工	工日	2.542	2.350	2.174	2.074
材料	低碳钢焊条 J427	kg	14.462	15.912	17.343	18.846
	氧气	m^3	2.278	2.111	1.969	1.801
	乙炔气	kg	0.876	0.812	0.757	0.693
	尼龙砂轮片 ϕ150	片	16.848	14.046	12.048	10.661
	碳精棒 ϕ8～12	根	14.370	11.941	10.213	8.921
	钢垫板（综合）	kg	26.870	22.330	19.100	16.680
	其他材料费	%	5.00	5.00	5.00	5.00
机械	弧焊机 32kV·A	台班	3.253	3.320	3.472	3.516
	电焊条烘干箱 80×80×100（cm^3）	台班	0.325	0.332	0.347	0.351
	电焊条恒温箱	台班	0.325	0.332	0.347	0.351
	汽车式起重机 25t	台班	0.032	0.032	0.025	0.025
	汽车式起重机 40t	台班	0.155	0.143	0.129	0.123
	汽车式起重机 80t	台班	0.041	0.032	0.032	0.032
	载货汽车－普通货车 12t	台班	0.032	0.032	0.025	0.025
	轴流通风机 7.5kW	台班	0.114	0.114	0.114	0.114
	电动空气压缩机 $6m^3/min$	台班	0.278	0.307	0.300	0.311

计量单位：t

编号				3-4-77	3-4-78	3-4-79	3-4-80
项目				球罐容量：3 000m³			
				球板厚度（mm 以内）			
				32	36	40	44
名称			单位	消耗量			
人工	合计工日		工日	4.405	4.343	4.323	4.265
	其中	普工	工日	0.881	0.869	0.865	0.854
		一般技工	工日	1.541	1.520	1.513	1.493
		高级技工	工日	1.982	1.955	1.946	1.919
材料	低碳钢焊条 J427		kg	20.406	22.004	23.629	27.070
	氧气		m^3	1.659	1.525	1.424	1.326
	乙炔气		kg	0.638	0.587	0.548	0.510
	尼龙砂轮片 $\phi150$		片	9.523	8.612	7.873	7.285
	碳精棒 $\phi8\sim12$		根	7.919	7.118	6.464	5.919
	钢垫板（综合）		kg	14.810	13.310	12.090	11.070
	其他材料费		%	5.00	5.00	5.00	5.00
机械	弧焊机 32kV·A		台班	3.218	3.313	3.427	3.627
	电焊条烘干箱 80×80×100（cm^3）		台班	0.322	0.331	0.343	0.363
	电焊条恒温箱		台班	0.322	0.331	0.343	0.363
	汽车式起重机 25t		台班	0.025	0.016	0.016	0.016
	汽车式起重机 40t		台班	0.110	0.104	0.097	0.090
	汽车式起重机 80t		台班	0.032	0.032	0.032	0.032
	载货汽车－普通货车 12t		台班	0.025	0.016	0.016	0.016
	轴流通风机 7.5kW		台班	0.114	0.122	0.122	0.122
	电动空气压缩机 6m^3/min		台班	0.321	0.347	0.372	0.407

计量单位：t

编号			3-4-81	3-4-82	3-4-83	3-4-84	3-4-85	3-4-86
项目			球罐容量：4 000m³					
			球板厚度（mm 以内）					
			16	20	24	28	32	36
名称		单位	消耗量					
人工	合计工日	工日	5.194	4.839	4.457	4.172	4.044	3.957
	其中 普工	工日	1.039	0.968	0.891	0.834	0.809	0.791
	其中 一般技工	工日	1.817	1.694	1.561	1.461	1.415	1.385
	其中 高级技工	工日	2.338	2.177	2.006	1.877	1.820	1.781
材料	低碳钢焊条 J427	kg	12.734	14.155	15.316	16.660	18.051	19.476
	氧气	m^3	2.194	2.018	1.851	1.709	1.575	1.440
	乙炔气	kg	0.844	0.776	0.712	0.657	0.606	0.554
	尼龙砂轮片 ϕ150	片	14.835	12.495	10.640	9.424	8.425	7.623
	碳精棒 ϕ8～12	根	12.653	10.623	9.020	7.886	7.005	6.300
	钢垫板（综合）	kg	28.970	24.140	20.690	18.100	16.080	14.470
	其他材料费	%	5.00	5.00	5.00	5.00	5.00	5.00
机械	弧焊机 32kV·A	台班	2.846	2.876	2.932	3.018	3.135	3.286
	电焊条烘干箱 80×80×100（cm^3）	台班	0.284	0.287	0.293	0.301	0.313	0.328
	电焊条恒温箱	台班	0.284	0.287	0.293	0.301	0.313	0.328
	汽车式起重机 25t	台班	0.032	0.032	0.025	0.025	0.025	0.016
	汽车式起重机 40t	台班	0.143	0.136	0.123	0.110	0.104	0.097
	汽车式起重机 80t	台班	0.041	0.032	0.032	0.032	0.032	0.032
	载货汽车－普通货车 12t	台班	0.032	0.032	0.025	0.025	0.025	0.016
	轴流通风机 7.5kW	台班	0.106	0.106	0.106	0.106	0.106	0.106
	电动空气压缩机 $6m^3/min$	台班	0.246	0.272	0.266	0.275	0.285	0.307

计量单位：t

编号				3-4-87	3-4-88	3-4-89	3-4-90	3-4-91
项目				球罐容量：5 000m^3				
				球板厚度（mm 以内）				
				16	20	24	28	32
名称			单位	消耗量				
人工	合计工日		工日	4.845	4.566	4.293	4.029	3.722
	其中	普工	工日	0.969	0.913	0.860	0.806	0.745
		一般技工	工日	1.696	1.598	1.502	1.410	1.303
		高级技工	工日	2.180	2.055	1.931	1.814	1.675
材料	低碳钢焊条 J427		kg	13.056	14.337	15.604	16.520	16.966
	氧气		m^3	2.079	1.902	1.769	1.627	1.493
	乙炔气		kg	0.800	0.732	0.680	0.626	0.574
	尼龙砂轮片 $\phi150$		片	15.210	12.655	10.840	9.345	7.918
	碳精棒 $\phi8\sim12$		根	12.973	10.759	9.189	7.820	6.584
	钢垫板（综合）		kg	24.710	20.630	17.710	15.510	13.790
	其他材料费		%	5.00	5.00	5.00	5.00	5.00
机械	弧焊机 32kV·A		台班	2.676	2.851	2.986	3.013	3.127
	电焊条烘干箱 80×80×100（cm^3）		台班	0.267	0.285	0.299	0.301	0.312
	电焊条恒温箱		台班	0.267	0.285	0.299	0.301	0.312
	汽车式起重机 25t		台班	0.032	0.032	0.025	0.025	0.025
	汽车式起重机 40t		台班	0.143	0.129	0.116	0.110	0.097
	汽车式起重机 80t		台班	0.041	0.032	0.032	0.032	0.032
	载货汽车－普通货车 12t		台班	0.032	0.032	0.025	0.025	0.025
	轴流通风机 7.5kW		台班	0.089	0.089	0.098	0.098	0.098
	电动空气压缩机 6m^3/min		台班	0.251	0.277	0.270	0.272	0.268

计量单位：t

编号				3-4-92	3-4-93	3-4-94	3-4-95	3-4-96
项目				球罐容量：6 000m³				
				球板厚度（mm 以内）				
				16	20	24	28	32
名称			单位	消耗量				
人工	合计工日		工日	4.895	4.647	4.366	4.161	4.006
	其中	普工	工日	0.978	0.929	0.873	0.832	0.801
		一般技工	工日	1.714	1.627	1.529	1.457	1.402
		高级技工	工日	2.203	2.091	1.964	1.873	1.803
材料	低碳钢焊条 J427		kg	14.647	16.162	17.753	18.935	20.830
	氧气		m^3	2.025	1.857	1.724	1.581	1.448
	乙炔气		kg	0.779	0.714	0.663	0.608	0.557
	尼龙砂轮片 $\phi150$		片	17.064	14.267	12.333	10.711	9.721
	碳精棒 $\phi8\sim12$		根	14.554	12.129	10.455	8.963	8.083
	钢垫板（综合）		kg	26.690	22.320	19.180	16.810	14.960
	其他材料费		%	5.00	5.00	5.00	5.00	5.00
机械	弧焊机 32kV·A		台班	3.268	3.285	3.398	3.437	3.501
	电焊条烘干箱 80×80×100（cm^3）		台班	0.326	0.328	0.339	0.343	0.350
	电焊条恒温箱		台班	0.326	0.328	0.339	0.343	0.350
	汽车式起重机 25t		台班	0.032	0.032	0.025	0.025	0.025
	汽车式起重机 60t		台班	0.028	0.026	0.024	0.023	0.021
	履带式起重机 100t		台班	0.086	0.081	0.070	0.065	0.060
	载货汽车－普通货车 12t		台班	0.032	0.032	0.025	0.025	0.025
	轴流通风机 7.5kW		台班	0.089	0.089	0.089	0.089	0.089
	电动空气压缩机 $6m^3/min$		台班	0.283	0.311	0.307	0.313	0.328

计量单位：t

编号				3-4-97	3-4-98	3-4-99	3-4-100	3-4-101
项目				球罐容量：8 000m³				
				球板厚度（mm 以内）				
				16	20	24	28	32
名称			单位	消耗量				
人工	合计工日		工日	4.333	4.142	3.897	3.780	3.679
	其中	普工	工日	0.866	0.829	0.779	0.756	0.736
		一般技工	工日	1.517	1.449	1.364	1.323	1.288
		高级技工	工日	1.950	1.864	1.754	1.701	1.655
材料	低碳钢焊条 J427		kg	12.452	13.830	15.176	16.577	18.021
	氧气		m³	1.868	1.735	1.593	1.459	1.358
	乙炔气		kg	0.718	0.667	0.613	0.561	0.522
	尼龙砂轮片 ϕ150		片	14.507	12.208	10.543	9.377	8.410
	碳精棒 ϕ8～12		根	12.373	10.379	8.937	7.847	6.993
	钢垫板（综合）		kg	33.760	28.310	24.380	21.400	19.070
	其他材料费		%	5.00	5.00	5.00	5.00	5.00
机械	弧焊机 32kV·A		台班	2.843	2.862	2.906	2.972	3.067
	电焊条烘干箱 80×80×100（cm³）		台班	0.284	0.286	0.290	0.297	0.306
	电焊条恒温箱		台班	0.284	0.286	0.290	0.297	0.306
	汽车式起重机 25t		台班	0.032	0.032	0.025	0.025	0.025
	汽车式起重机 60t		台班	0.028	0.026	0.024	0.023	0.021
	履带式起重机 100t		台班	0.086	0.081	0.070	0.065	0.060
	载货汽车－普通货车 12t		台班	0.032	0.032	0.025	0.025	0.025
	轴流通风机 7.5kW		台班	0.082	0.082	0.082	0.082	0.082
	电动空气压缩机 6m³/min		台班	0.240	0.268	0.263	0.273	0.284

计量单位：t

编号				3-4-102	3-4-103	3-4-104	3-4-105	3-4-106
项目				球罐容量：10 000m³				
				球板厚度（mm 以内）				
				16	20	24	28	32
名称			单位	消耗量				
人工	合计工日		工日	3.833	3.711	3.565	3.497	3.434
	其中	普工	工日	0.767	0.742	0.713	0.699	0.686
		一般技工	工日	1.342	1.299	1.248	1.224	1.202
		高级技工	工日	1.724	1.670	1.604	1.574	1.545
材料	低碳钢焊条 J427		kg	10.594	11.961	13.284	14.646	16.041
	氧气		m^3	1.716	1.574	1.503	1.339	1.230
	乙炔气		kg	0.660	0.605	0.578	0.515	0.473
	尼龙砂轮片 ϕ150		片	12.342	10.558	9.229	8.285	7.486
	碳精棒 ϕ8～12		根	10.526	8.976	7.823	6.933	6.225
	钢垫板（综合）		kg	33.080	26.960	23.250	20.440	18.730
	其他材料费		%	5.00	5.00	5.00	5.00	5.00
机械	弧焊机 32kV·A		台班	2.651	2.673	2.743	2.829	2.930
	电焊条烘干箱 80×80×100（cm^3）		台班	0.266	0.268	0.274	0.282	0.293
	电焊条恒温箱		台班	0.266	0.268	0.274	0.282	0.293
	汽车式起重机 25t		台班	0.032	0.032	0.025	0.025	0.025
	汽车式起重机 60t		台班	0.028	0.026	0.024	0.023	0.021
	履带式起重机 100t		台班	0.086	0.081	0.070	0.065	0.060
	轴流通风机 7.5kW		台班	0.073	0.073	0.073	0.073	0.073
	载货汽车－普通货车 12t		台班	0.032	0.032	0.025	0.025	0.025
	电动空气压缩机 6m^3/min		台班	0.204	0.230	0.230	0.242	0.252

二、球形罐组装胎具制作、安装、拆除

1. 球形罐组装胎具制作

工作内容：材料机具运输、放样号料、切割、组对、焊接等。　　　　**计量单位：**台

编　号		3-4-107	3-4-108	3-4-109	3-4-110	3-4-111	3-4-112	3-4-113
项　目		球罐容量（m^3以内）						
		50	120	200	400	650	1 000	1 500
名　称	单位	消　耗　量						
人工 合计工日	工日	12.605	18.776	21.609	28.258	36.507	43.869	50.069
其中 普工	工日	2.522	3.755	4.322	5.651	7.301	8.773	10.013
其中 一般技工	工日	4.411	6.572	7.563	9.890	12.778	15.355	17.524
其中 高级技工	工日	5.672	8.449	9.725	12.716	16.428	19.742	22.532
材料 低碳钢焊条 J427	kg	11.424	15.530	17.315	20.885	26.597	31.595	34.366
材料 氧气	m^3	7.635	13.694	16.313	20.395	25.926	30.850	34.502
材料 乙炔气	kg	2.937	5.267	6.274	7.844	9.972	11.865	13.270
材料 热轧厚钢板 δ10～20	kg	286.927	492.408	476.482	1 074.018	1 553.588	1 894.207	2 569.519
材料 无缝钢管（综合）	kg	54.110	75.755	131.352	251.816	350.445	376.462	533.502
材料 型钢（综合）	kg	362.397	451.320	461.061	1 130.198	2 020.344	2 321.051	3 116.086
材料 夹具用钢	kg	403.333	807.333	989.333	1 709.333	2 168.667	2 731.333	3 454.667
材料 其他材料费	%	5.00	5.00	5.00	5.00	5.00	5.00	5.00
机械 弧焊机 32kV·A	台班	2.797	3.801	4.238	5.112	6.511	7.734	8.412
机械 电焊条烘干箱 80×80×100（cm^3）	台班	0.277	0.379	0.423	0.510	0.648	0.800	0.876
机械 电焊条恒温箱	台班	0.277	0.379	0.423	0.510	0.648	0.800	0.876
机械 半自动切割机 100mm	台班	0.437	0.546	0.656	1.093	1.638	1.967	2.512
机械 剪板机 20×2 000（安装用）	台班	0.219	0.284	0.306	0.437	0.525	0.656	0.786
机械 汽车式起重机 16t	台班	0.168	0.284	0.357	0.648	0.874	1.093	1.384
机械 载货汽车－普通货车 8t	台班	0.168	0.284	0.357	0.648	0.874	1.093	1.384

工作内容：材料机具运输、放样号料、切割、组对、焊接等。 **计量单位：**台

编号				3-4-114	3-4-115	3-4-116	3-4-117	3-4-118	3-4-119	3-4-120
项目				球罐容积（m^3 以内）						
				2 000	3 000	4 000	5 000	6 000	8 000	10 000
名称			单位	消耗量						
人工	合计工日		工日	58.880	61.847	72.129	76.594	79.584	87.008	94.428
	其中	普工	工日	11.777	12.370	14.426	15.319	15.917	17.402	18.886
		一般技工	工日	20.608	21.647	25.245	26.808	27.854	30.453	33.050
		高级技工	工日	26.496	27.831	32.458	34.467	35.813	39.153	42.492
材料	低碳钢焊条 J427		kg	37.222	39.185	45.990	47.600	52.105	58.140	61.880
	氧气		m^3	38.166	42.135	53.260	45.928	49.327	54.703	58.497
	乙炔气		kg	14.679	16.206	20.485	17.665	18.972	21.040	22.499
	无缝钢管（综合）		kg	643.277	460.795	690.850	1 395.770	1 605.140	1 845.910	2 023.500
	热轧厚钢板 δ10～20		kg	3 022.491	3 584.508	5 200.030	4 752.800	5 403.200	6 044.000	6 942.400
	型钢（综合）		kg	4 007.177	4 923.399	7 572.990	11 808.800	12 538.400	13 997.600	15 457.600
	夹具用钢		kg	4 175.333	4 616.640	4 717.980	4 796.820	5 164.113	5 898.693	6 633.480
	其他材料费		%	5.00	5.00	5.00	5.00	5.00	5.00	5.00
机械	弧焊机 32kV·A		台班	10.021	10.553	12.203	12.818	13.222	14.258	15.302
	电焊条烘干箱 80×80×100（cm^3）		台班	1.019	1.072	1.313	1.302	1.425	1.590	1.692
	电焊条恒温箱		台班	1.019	1.072	1.313	1.302	1.425	1.590	1.692
	半自动切割机 100mm		台班	2.874	3.532	4.451	4.977	5.503	6.474	7.445
	剪板机 20×2 000（安装用）		台班	0.874	1.056	1.376	1.578	1.780	2.145	2.509
	汽车式起重机 16t		台班	1.676	1.821	2.266	—	—	—	—
	汽车式起重机 30t		台班	—	—	—	2.469	2.630	2.792	—
	汽车式起重机 50t		台班	—	—	—	—	—	—	2.994
	载货汽车－普通货车 8t		台班	1.676	—	—	—	—	—	—
	载货汽车－普通货车 12t		台班	—	1.821	2.266	2.469	2.630	2.792	2.994

2. 球形罐组装胎具安装与拆除

工作内容： 工夹具、中心柱及支撑材料等的运输、安装、焊接、拆除、焊疤打磨、回收堆放等。

计量单位： 台

编号				3-4-121	3-4-122	3-4-123	3-4-124	3-4-125	3-4-126	3-4-127
项目				球罐容积（m^3 以内）						
				50	120	200	400	650	1 000	1 500
名称			单位	消耗量						
人工	合计工日		工日	27.286	54.496	62.549	74.155	88.625	125.846	145.649
	其中	普工	工日	5.456	10.899	12.509	14.831	17.725	25.169	29.130
		一般技工	工日	9.551	19.074	21.893	25.955	31.019	44.046	50.978
		高级技工	工日	12.279	24.523	28.148	33.370	39.881	56.631	65.542
材料	低碳钢焊条 J427		kg	9.588	18.270	20.370	24.570	31.290	32.170	40.430
	氧气		m^3	37.256	43.562	49.139	68.654	82.885	100.019	122.739
	乙炔气		kg	14.329	16.755	18.900	26.405	31.879	38.469	47.207
	尼龙砂轮片 ϕ150		片	15.470	36.550	42.194	67.592	80.852	106.182	135.558
	其他材料费		%	5.00	5.00	5.00	5.00	5.00	5.00	5.00
机械	弧焊机 32kV·A		台班	3.688	7.027	7.835	9.450	8.188	12.373	15.550
	电焊条烘干箱 80×80×100（cm^3）		台班	0.310	0.365	0.407	0.442	0.445	0.537	1.156
	电焊条恒温箱		台班	0.310	0.365	0.407	0.442	0.445	0.537	1.156
	汽车式起重机 16t		台班	2.787	2.787	3.584	3.584	1.265	3.645	—
	汽车式起重机 40t		台班	—	—	—	—	2.841	3.178	4.237
	汽车式起重机 75t		台班	—	—	—	—	—	—	1.830
	载货汽车－普通货车 12t		台班	0.138	0.228	0.283	0.444	0.715	0.998	1.211

工作内容：工夹具、中心柱及支撑材料等的运输、安装、焊接、拆除、焊疤打磨、回收堆放等。

计量单位：台

编　　号			3-4-128	3-4-129	3-4-130	3-4-131	3-4-132	3-4-133	3-4-134
项　　目			球罐容量（m^3 以内）						
			2 000	3 000	4 000	5 000	6 000	8 000	10 000
名　　称		单位	消　耗　量						
人工	合计工日	工日	157.471	177.467	205.916	227.119	259.518	283.269	298.898
人工	其中 普工	工日	31.493	35.494	41.183	45.424	51.904	56.654	59.780
人工	其中 一般技工	工日	55.115	62.114	72.071	79.492	90.831	99.144	104.615
人工	其中 高级技工	工日	70.862	79.860	92.663	102.203	116.783	127.471	134.504
材料	低碳钢焊条 J427	kg	123.012	136.935	163.800	166.390	188.220	207.790	235.400
材料	氧气	m^3	43.790	46.100	47.990	50.400	52.580	56.070	58.900
材料	乙炔气	kg	16.842	17.731	18.458	19.385	20.223	21.565	22.654
材料	尼龙砂轮片 ϕ150	片	166.124	216.376	277.380	301.660	331.010	381.930	432.580
材料	其他材料费	%	5.00	5.00	5.00	5.00	5.00	5.00	5.00
机械	弧焊机 32kV·A	台班	47.312	52.667	63.000	63.996	72.392	79.919	90.538
机械	电焊条烘干箱 80×80×100（cm^3）	台班	1.706	1.899	2.272	2.308	2.611	2.882	3.265
机械	电焊条恒温箱	台班	1.706	1.899	2.272	2.308	2.611	2.882	3.265
机械	汽车式起重机 40t	台班	4.237	5.008	5.891	6.797	6.797	7.728	7.728
机械	汽车式起重机 75t	台班	1.830	2.242	2.638	2.929	3.116	3.116	3.560
机械	载货汽车－普通货车 12t	台班	1.397	1.548	2.072	2.274	2.444	2.711	2.913

三、球形罐试验

1. 球形罐水压试验

工作内容：临时管线、阀门、试压泵、压力表、盲板安装、拆除，充水、升压，稳压检查，降压放水，整理记录等。

计量单位：台

编　　号				3-4-135	3-4-136	3-4-137	3-4-138	3-4-139	3-4-140	3-4-141
项　　目				球罐容积（m^3 以内）						
				50	120	200	400	650	1 000	1 500
名　　称			单位	消　耗　量						
人工	合计工日		工日	9.866	11.864	15.541	23.075	25.571	29.210	38.806
	其中	普工	工日	1.973	2.373	3.108	4.616	5.114	5.842	7.760
		一般技工	工日	3.454	4.152	5.439	8.076	8.950	10.223	13.583
		高级技工	工日	4.439	5.339	6.994	10.384	11.507	13.145	17.463
材料	低碳钢焊条 J427		kg	3.000	3.000	3.000	10.300	10.300	12.300	15.200
	氧气		m^3	1.503	1.503	1.503	7.302	7.302	7.302	10.650
	乙炔气		kg	0.578	0.578	0.578	2.808	2.808	2.808	4.096
	水		t	（61.200）	（142.600）	（224.900）	（489.300）	（769.700）	（1 169.200）	（1 829.250）
	焊接钢管 *DN*50		m	6.000	6.000	6.000	—	—	—	—
	焊接钢管 *DN*100		m	—	—	—	6.000	6.000	6.000	—
	焊接钢管 *DN*150		m	—	—	—	—	—	—	6.000
	法兰截止阀 *DN*50		个	0.050	0.050	0.050	—	—	—	—
	法兰截止阀 J41T−16 *DN*100		个	—	—	—	0.050	0.050	0.050	—
	法兰截止阀 J41T−16 *DN*150		个	—	—	—	—	—	—	0.050
	平焊法兰 1.6MPa *DN*50		副	0.100	0.100	0.100	—	—	—	—
	平焊法兰 1.6MPa *DN*100		副	—	—	—	0.100	0.100	0.100	—
	平焊法兰 1.6MPa *DN*150		副	—	—	—	—	—	—	0.100
	压制弯头 90°R=1.5D *DN*50		个	0.100	0.100	0.100	—	—	—	—
	压制弯头 90°R=1.5D *DN*100		个	—	—	—	0.100	0.100	0.100	—
	压制弯头 90°R=1.5D *DN*150		个	—	—	—	—	—	—	0.100
	盲板（综合）		kg	0.840	0.840	0.840	3.300	3.300	3.300	5.800
	无石棉橡胶板 高压 δ1～6		kg	2.882	2.882	2.913	2.913	3.121	3.121	6.004
	其他材料费		%	2.00	2.00	2.00	2.00	2.00	2.00	2.00
机械	弧焊机 32kV·A		台班	1.999	2.314	2.589	2.881	3.359	3.925	4.993
	汽车式起重机 16t		台班	0.065	0.065	0.065	0.065	0.097	0.097	0.162
	试压泵 60MPa		台班	0.081	0.146	0.243	0.421	0.712	1.230	2.064
	电动单级离心清水泵 100mm		台班	0.081	0.146	0.243	0.405	0.809	1.214	2.023

工作内容：临时管线、阀门、试压泵、压力表、盲板安装、拆除，充水、升压，稳压检查，降压放水，整理记录等。

计量单位：台

编号				3-4-142	3-4-143	3-4-144	3-4-145	3-4-146	3-4-147	3-4-148
项目				球罐容积（m^3以内）						
				2 000	3 000	4 000	5 000	6 000	8 000	10 000
名称			单位	消耗量						
人工	合计工日		工日	49.988	63.765	71.931	77.418	82.905	98.680	114.455
	其中	普工	工日	9.997	12.752	14.387	15.483	16.581	19.736	22.892
		一般技工	工日	17.496	22.319	25.175	27.097	29.017	34.538	40.059
		高级技工	工日	22.495	28.694	32.369	34.838	37.307	44.406	51.505
材料	低碳钢焊条 J427		kg	18.000	21.000	33.800	33.800	33.800	33.800	33.800
	氧气		m^3	14.001	14.000	27.000	27.000	27.000	27.000	27.000
	乙炔气		kg	5.385	5.385	10.385	10.385	10.385	10.385	10.385
	水		t	(2 431.500)	(3 540.000)	(4 640.000)	(5 700.000)	(6 720.000)	(8 800.000)	(10 900.000)
	焊接钢管 *DN*150		m	6.000	6.000	8.000	8.000	8.000	8.000	8.000
	法兰截止阀 J41T-16 *DN*150		个	0.050	0.050	0.150	0.050	0.050	0.050	0.050
	平焊法兰 1.6MPa *DN*150		副	0.100	0.100	0.100	0.100	0.100	0.100	0.100
	压制弯头 90°*R*=1.5*D* *DN*150		个	0.100	0.100	0.100	0.100	0.100	0.100	0.100
	盲板（综合）		kg	5.800	5.800	8.700	8.700	8.700	8.700	8.700
	无石棉橡胶板 高压 δ1～6		kg	6.004	6.300	6.300	6.300	6.300	6.300	6.300
	其他材料费		%	2.00	2.00	2.00	2.00	2.00	2.00	2.00
机械	弧焊机 32kV·A		台班	6.053	7.153	9.710	10.924	12.066	14.339	16.694
	汽车式起重机 16t		台班	0.162	0.259	0.259	0.346	0.346	0.486	0.486
	试压泵 60MPa		台班	2.897	3.674	4.014	4.192	5.285	7.704	9.338
	电动单级离心清水泵 100mm		台班	2.509	3.035	4.046	5.058	5.722	8.343	10.107

2. 球形罐气密性试验

工作内容：试压泵、压力表、盲板安装、拆除，充气打压，稳压检查，卸压，整理记录等。

计量单位：台

编号				3-4-149	3-4-150	3-4-151	3-4-152	3-4-153	3-4-154
项目				1.6MPa（16kg/cm^2）					
				球罐容量（m^3 以内）					
				50	120	200	400	650	1 000
名称			单位	消耗量					
人工	合计工日		工日	1.661	3.857	6.526	13.812	21.188	32.470
	其中	普工	工日	0.333	0.772	1.306	2.763	4.238	6.494
		一般技工	工日	0.581	1.349	2.284	4.834	7.416	11.365
		高级技工	工日	0.747	1.736	2.936	6.215	9.534	14.612
材料	低碳钢焊条 J427		kg	2.000	2.500	3.000	5.000	7.000	8.000
	氧气		m^3	3.003	4.023	5.004	7.003	8.011	9.000
	乙炔气		kg	1.155	1.547	1.925	2.693	3.081	3.462
	无石棉橡胶板 高压 δ1～6		kg	2.880	2.880	2.910	2.910	3.120	3.120
	其他材料费		%	5.00	5.00	5.00	5.00	5.00	5.00
机械	弧焊机 32kV·A		台班	0.269	0.365	0.543	0.906	1.165	1.530
	电动空气压缩机 6m^3/min		台班	0.203	0.478	0.818	1.789	2.638	4.046
	电动空气压缩机 9m^3/min		台班	0.146	0.324	0.543	1.077	1.764	2.695

计量单位：台

编号				3-4-155	3-4-156	3-4-157	3-4-158	3-4-159	3-4-160
项目				1.6MPa（16kg/cm^2）					
				球罐容量（m^3 以内）					
				1 500	2 000	3 000	4 000	5 000	6 000
名称			单位	消耗量					
人工	合计工日		工日	38.095	50.829	69.188	87.547	105.907	124.266
	其中	普工	工日	7.619	10.166	13.837	17.509	21.182	24.854
		一般技工	工日	13.334	17.790	24.216	30.642	37.067	43.493
		高级技工	工日	17.143	22.873	31.135	39.396	47.658	55.919
材料	低碳钢焊条 J427		kg	9.000	10.000	12.000	14.000	16.000	18.000
	氧气		m^3	10.500	12.003	15.100	18.200	21.300	24.400
	乙炔气		kg	4.038	4.617	5.808	7.000	8.192	9.385
	无石棉橡胶板 高压 δ1～6		kg	6.000	6.000	8.400	8.400	10.800	10.800
	其他材料费		%	5.00	5.00	5.00	5.00	5.00	5.00
机械	弧焊机 32kV·A		台班	1.805	2.080	2.767	3.237	3.699	4.159
	电动空气压缩机 9m^3/min		台班	4.055	5.414	8.011	10.520	13.109	15.860
	电动空气压缩机 20m^3/min		台班	1.829	2.444	3.641	4.855	6.069	7.364

计量单位：台

编号				3-4-161	3-4-162	3-4-163	3-4-164	3-4-165	3-4-166
项目				1.6MPa（$16kg/cm^2$）		2.5MPa（$25kg/cm^2$）			
				球罐容量（m^3 以内）					
				8 000	10 000	50	120	200	400
名称			单位	消耗量					
人工	合计工日		工日	151.804	193.116	2.848	6.839	11.396	22.808
	其中	普工	工日	30.361	38.623	0.569	1.367	2.279	4.561
		一般技工	工日	53.132	67.591	0.997	2.393	3.989	7.983
		高级技工	工日	68.312	86.903	1.282	3.078	5.129	10.264
材料	低碳钢焊条 J427		kg	21.000	25.500	2.000	2.500	3.500	6.000
	氧气		m^3	28.600	32.800	3.000	4.000	5.000	7.000
	乙炔气		kg	11.000	12.615	1.154	1.538	1.923	2.692
	无石棉橡胶板 高压 δ1～6		kg	11.200	11.200	2.880	2.880	2.910	2.910
	其他材料费		%	5.00	5.00	5.00	5.00	5.00	5.00
机械	弧焊机 32kV·A		台班	4.855	5.900	0.264	0.365	0.721	1.497
	电动空气压缩机 $6m^3/min$		台班	—	—	0.348	0.858	1.457	3.059
	电动空气压缩机 $9m^3/min$		台班	21.039	26.704	0.146	0.324	0.543	1.077
	电动空气压缩机 $20m^3/min$		台班	9.710	12.138	—	—	—	—

计量单位：台

编号				3-4-167	3-4-168	3-4-169	3-4-170	3-4-171	3-4-172
项目				2.5MPa（25kg/cm^2）					
				球罐容量（m^3 以内）					
				650	1 000	1 500	2 000	3 000	4 000
名称			单位	消耗量					
人工	合计工日		工日	37.067	57.041	78.880	105.215	129.305	153.395
	其中	普工	工日	7.414	11.408	15.776	21.044	25.861	30.679
		一般技工	工日	12.974	19.964	27.608	36.825	45.257	53.688
		高级技工	工日	16.680	25.669	35.495	47.346	58.188	69.028
材料	低碳钢焊条 J427		kg	8.000	9.500	11.500	14.000	20.000	23.330
	氧气		m^3	8.011	9.000	10.500	12.003	15.100	18.200
	乙炔气		kg	3.081	3.462	4.038	4.617	5.808	7.000
	无石棉橡胶板 高压 δ1～6		kg	3.120	3.120	6.000	6.000	8.400	8.400
	其他材料费		%	5.00	5.00	5.00	5.00	5.00	5.00
机械	弧焊机 32kV·A		台班	1.537	1.805	2.460	3.172	4.621	5.398
	电动空气压缩机 6m^3/min		台班	4.621	4.105	—	—	—	—
	电动空气压缩机 9m^3/min		台班	1.764	2.695	7.113	9.476	9.710	10.520
	电动空气压缩机 20m^3/min		台班	—	1.829	2.444	2.444	3.828	5.098

计量单位：台

编　号			3-4-173	3-4-174	3-4-175	3-4-176	3-4-177	3-4-178
项　目			2.5MPa（$25kg/cm^2$）				4MPa（$40kg/cm^2$）	
			球罐容量（m^3 以内）					
			5 000	6 000	8 000	10 000	50	120
名　称		单位	消　耗　量					
人工	合计工日	工日	177.485	201.575	237.712	273.848	4.478	10.760
	其中 普工	工日	35.498	40.315	47.543	54.770	0.896	2.152
	其中 一般技工	工日	62.120	70.551	83.199	95.847	1.568	3.767
	其中 高级技工	工日	79.868	90.709	106.970	123.232	2.015	4.842
材料	低碳钢焊条 J427	kg	26.670	30.000	35.000	42.500	2.500	3.000
	氧气	m^3	21.300	24.400	28.600	32.800	3.000	4.000
	乙炔气	kg	8.192	9.385	11.000	12.615	1.154	1.538
	无石棉橡胶板 高压 δ1～6	kg	10.800	10.800	11.200	11.200	2.880	2.880
	其他材料费	%	5.00	5.00	5.00	5.00	5.00	5.00
机械	弧焊机 32kV·A	台班	6.166	6.935	8.092	9.824	0.365	0.575
	电动空气压缩机 $6m^3/min$	台班	—	—	—	—	0.761	1.829
	电动空气压缩机 $9m^3/min$	台班	13.109	15.860	21.039	26.704	0.170	0.405
	电动空气压缩机 $20m^3/min$	台班	6.376	7.728	10.196	12.745	—	—

计量单位：台

编号				3-4-179	3-4-180	3-4-181	3-4-182	3-4-183	3-4-184
项目				4MPa（40kg/cm²）					
				球罐容量（m³ 以内）					
				200	400	650	1 000	1 500	2 000
名称			单位	消耗量					
人工	合计工日		工日	17.932	35.909	58.373	89.843	121.388	161.959
	其中	普工	工日	3.586	7.181	11.675	17.969	24.278	32.393
		一般技工	工日	6.277	12.569	20.430	31.445	42.486	56.685
		高级技工	工日	8.069	16.159	26.268	40.430	54.625	72.881
材料	低碳钢焊条 J427		kg	4.000	7.000	10.000	13.000	16.000	20.000
	氧气		m³	5.000	7.000	8.011	9.000	10.500	12.003
	乙炔气		kg	1.923	2.692	3.081	3.462	4.038	4.617
	无石棉橡胶板 高压 δ1～6		kg	2.910	2.910	3.120	3.120	6.000	6.000
	其他材料费		%	5.00	5.00	5.00	5.00	5.00	5.00
机械	弧焊机 32kV·A		台班	0.834	1.165	2.080	2.816	3.488	4.240
	电动空气压缩机 6m³/min		台班	3.051	6.101	10.325	15.270	—	—
	电动空气压缩机 9m³/min		台班	0.680	1.359	2.201	3.391	7.745	10.319
	电动空气压缩机 20m³/min		台班	—	—	—	—	3.228	3.228

计量单位：台

编号				3-4-185	3-4-186	3-4-187	3-4-188	3-4-189	3-4-190
项目				4MPa（40kg/cm²）					
				球罐容量（m³ 以内）					
				3 000	4 000	5 000	6 000	8 000	10 000
名称			单位	消耗量					
人工	合计工日		工日	193.931	227.026	259.127	290.270	337.550	383.387
	其中	普工	工日	38.786	45.405	51.826	58.053	67.510	76.678
		一般技工	工日	67.876	79.459	90.695	101.595	118.142	134.186
		高级技工	工日	87.269	102.162	116.607	130.622	151.898	172.524
材料	低碳钢焊条 J427		kg	29.000	33.830	38.670	43.500	50.750	61.630
	氧气		m³	15.100	18.200	21.300	24.400	28.600	32.800
	乙炔气		kg	5.808	7.000	8.192	9.385	11.000	12.615
	无石棉橡胶板 高压 δ1～6		kg	8.400	8.400	10.800	10.800	11.200	11.200
	其他材料费		%	5.00	5.00	5.00	5.00	5.00	5.00
机械	弧焊机 32kV·A		台班	6.175	7.202	8.238	9.266	10.811	13.125
	电动空气压缩机 9m³/min		台班	9.613	12.624	15.731	19.057	25.247	30.710
	电动空气压缩机 20m³/min		台班	4.596	5.513	7.655	9.273	12.235	14.655

四、球形罐焊接防护棚制作、安装、拆除

1. 金属防护棚

工作内容：材料运输，挂、拆铁皮，清理，堆放等。

计量单位：台

编号				3-4-191	3-4-192	3-4-193	3-4-194	3-4-195	3-4-196	3-4-197
项目				球罐容量（m³ 以内）						
				50	120	200	400	650	1 000	1 500
名称			单位	消耗量						
人工	合计工日		工日	25.700	34.554	41.771	57.697	77.255	89.093	131.984
	其中	普工	工日	5.141	6.911	8.354	11.540	15.452	17.819	26.398
		一般技工	工日	8.995	12.094	14.620	20.194	27.039	31.183	46.194
		高级技工	工日	11.564	15.550	18.797	25.964	34.764	40.092	59.393
材料	无缝钢管 *D*57～219		kg	173.210	228.700	271.500	374.000	457.400	553.300	682.000
	镀锌钢板（综合）		kg	432.768	633.664	783.453	1 155.966	1 469.857	1 853.546	2 343.171
	镀锌铁丝（综合）		kg	13.650	19.100	24.100	33.800	43.550	54.150	66.150
	其他材料费		%	5.00	5.00	5.00	5.00	5.00	5.00	5.00
机械	汽车式起重机 16t		台班	0.320	0.449	0.566	0.793	1.125	1.396	—
	汽车式起重机 30t		台班	—	—	—	—	—	—	1.861
	载货汽车－普通货车 8t		台班	0.041	0.041	0.041	0.041	0.041	0.041	0.041

计量单位：台

编号				3-4-198	3-4-199	3-4-200	3-4-201	3-4-202	3-4-203	3-4-204
项目				球罐容量（m³ 以内）						
				2 000	3 000	4 000	5 000	6 000	8 000	10 000
名称			单位	消耗量						
人工	合计工日		工日	152.162	175.952	219.755	246.282	275.807	311.397	349.114
	其中	普工	工日	30.432	35.191	43.952	49.256	55.162	62.279	69.824
		一般技工	工日	53.257	61.583	76.914	86.199	96.533	108.989	122.189
		高级技工	工日	68.474	79.178	98.889	110.827	124.112	140.129	157.101
材料	无缝钢管 *D*57～219		kg	793.300	951.600	1 141.920	1 370.300	1 644.360	1 973.240	2 367.890
	镀锌钢板（综合）		kg	2 780.907	3 508.156	4 119.992	4 677.193	5 249.948	6 192.340	7 125.583
	镀锌铁丝（综合）		kg	78.250	96.900	114.300	124.950	141.950	166.450	190.500
	其他材料费		%	5.00	5.00	5.00	5.00	5.00	5.00	5.00
机械	汽车式起重机 30t		台班	2.205	2.727	3.488	3.812	4.330	5.078	6.037
	载货汽车－普通货车 8t		台班	0.081	0.081	0.081	0.081	0.081	0.081	0.081

2. 防火篷布防护棚

工作内容：材料运输，挂、拆防火篷布，清理，堆放等。　　　　**计量单位：**台

编　号				3-4-205	3-4-206	3-4-207	3-4-208	3-4-209	3-4-210	3-4-211
项　目				球罐容量（m^3 以内）						
				50	120	200	400	650	1 000	1 500
名　称			单位	消　耗　量						
人工	合计工日		工日	11.045	14.852	17.830	24.618	32.073	40.337	54.650
	其中	普工	工日	2.209	2.971	3.567	4.924	6.415	8.067	10.930
		一般技工	工日	3.866	5.198	6.240	8.616	11.225	14.118	19.127
		高级技工	工日	4.970	6.683	8.023	11.078	14.433	18.152	24.593
材料	篷布		m^2	104.018	152.305	188.308	277.843	353.289	445.510	563.195
	无缝钢管 *D*57 ~ 219		kg	171.500	228.800	271.500	374.050	456.090	553.300	682.000
	镀锌铁丝（综合）		kg	13.650	19.100	24.100	33.800	43.550	54.150	66.150
	其他材料费		%	5.00	5.00	5.00	5.00	5.00	5.00	5.00
机械	汽车式起重机 16t		台班	0.080	0.111	0.141	0.197	0.279	0.347	—
	汽车式起重机 30t		台班	—	—	—	—	—	—	0.464
	载货汽车 – 普通货车 8t		台班	0.025	0.025	0.025	0.025	0.025	0.025	0.049

计量单位：台

编　号				3-4-212	3-4-213	3-4-214	3-4-215	3-4-216	3-4-217	3-4-218
项　目				球罐容量（m^3 以内）						
				2 000	3 000	4 000	5 000	6 000	8 000	10 000
名　称			单位	消　耗　量						
人工	合计工日		工日	63.847	78.840	95.095	104.940	117.545	138.167	164.589
	其中	普工	工日	12.770	15.769	19.019	20.988	23.509	27.634	32.918
		一般技工	工日	22.346	27.594	33.283	36.729	41.141	48.359	57.606
		高级技工	工日	28.731	35.477	42.793	47.223	52.895	62.175	74.065
材料	篷布		m^2	668.407	843.205	990.264	1 124.190	1 261.855	1 488.364	1 712.675
	无缝钢管 *D*57 ~ 219		kg	794.000	952.800	1 124.300	1 292.950	1 554.000	1 864.800	2 237.760
	镀锌铁丝（综合）		kg	78.250	96.900	114.300	124.950	141.950	166.450	190.500
	其他材料费		%	5.00	5.00	5.00	5.00	5.00	5.00	5.00
机械	汽车式起重机 30t		台班	0.645	0.797	1.020	1.114	1.265	1.482	1.762
	载货汽车 – 普通货车 8t		台班	0.057	0.057	0.057	0.057	0.057	0.057	0.057

第五章　气柜制作、安装

说　　明

一、本章内容包括螺旋式气柜、低压干式气柜及直升式气柜的制作与安装工程。

二、本章包括气柜制作、安装，胎具制作、安装与拆除及气柜充水、气密、快速升降试验。

三、本章不包括以下工作内容。

1. 导轮、法兰及特种螺栓、配重块的制作和加工。
2. 无损探伤检测。
3. 除锈、刷油、防腐。
4. 基础工程及荷载预压试验。
5. 防雷接地。
6. 组装平台的铺设与拆除。

四、有关说明：

1. 胎具主材已将回收值从消耗量内扣除。
2. 实际采用的施工方法与消耗量取定不同时，除另有规定外，消耗量不得调整。

工程量计算规则

一、气柜制作、安装应根据气柜的结构形式和不同容积，按设计排版图（如无设计排版图时，可按经过批准的下料配版图）所示几何尺寸计算，不扣除孔洞和切角面积所占质量，以“t”为计量单位。

二、螺旋式气柜、直升式气柜计算质量时应包括气柜本体结构（底板、水槽壁、中节、钟罩、轨道、导轮、法兰）、放散装置、人孔、接管、加强板、平台、梯子、栏杆等全部金属质量，不含配重块质量。低压干式气柜计算质量时应包括气柜本体结构、放散装置、人孔、接管、加强板、平台、梯子、栏杆等全部金属质量，不含配重块质量。

三、配重块安装中混凝土预制块按实有体积以“m^3”为计量单位，铸铁块按实际质量以“t”为计量单位。若实际采用的配重块与定额取定不同时，可按实换算配重块的主材费，但其余不得调整。

四、气柜组装胎具制作、安装与拆除，按气柜结构形式和不同容积，以“座”为计量单位。

五、螺旋式气柜轨道煨弯胎具制作，按不同容积以“套”为计量单位。本项目是以单套胎具考虑的，如根据施工图需要制作多套胎具时，其工程量按 $1+0.6(N-1)$ 计算（N 为胎具的套数）。

六、气柜型钢煨弯胎具制作，按不同容积以“套”为计量单位。本消耗量是以单套胎具考虑的，如根据施工图需要制作多套胎具时，其工程量按 $1+0.4(N-1)$ 计算（N 为胎具的套数）。

七、气柜充水、气密、快速升降试验，按气柜结构形式和不同容积，以“座”为计量单位，并包括临时水管线的敷设、拆除和材料摊销量。

一、气柜制作、安装

1. 螺旋式气柜制作、安装

工作内容：型钢调直、平板、摆料、放样号料、剪切、坡口、冷热成型、组对、焊接、成品矫正、本体附件梯子、平台、栏杆制作、安装等。

计量单位：t

编号				3-5-1	3-5-2	3-5-3	3-5-4	3-5-5	3-5-6	3-5-7	3-5-8
项目				螺旋式气柜湿式							
				螺旋式气柜容量（m^3 以内）							
				1 000	2 500	5 000	10 000	20 000	30 000	50 000	100 000
名称			单位	消耗量							
人工	合计工日		工日	18.878	18.198	17.074	15.743	14.425	13.441	12.438	11.130
	其中	普工	工日	5.663	5.459	5.123	4.723	4.327	4.032	3.732	3.339
		一般技工	工日	7.552	7.279	6.829	6.297	5.770	5.377	4.975	4.452
		高级技工	工日	5.663	5.460	5.122	4.723	4.328	4.032	3.731	3.339
材料	主材		t	（1.128）	（1.128）	（1.128）	（1.128）	（1.128）	（1.128）	（1.128）	（1.128）
	低碳钢焊条 J427		kg	29.564	29.089	27.512	25.232	24.186	23.250	22.004	19.935
	碳钢 CO_2 焊丝		kg	0.893	0.827	0.770	0.722	0.677	0.623	0.573	0.504
	氧气		m^3	15.099	15.014	14.811	13.848	13.544	13.093	12.070	11.151
	乙炔气		kg	5.807	5.775	5.697	5.326	5.209	5.036	4.642	4.289
	二氧化碳气体		m^3	0.473	0.438	0.408	0.383	0.359	0.330	0.304	0.267
	尼龙砂轮片 $\phi150$		片	3.800	3.762	3.743	3.715	3.657	3.571	3.431	3.231
	薄砂轮片 500×25×4		片	0.931	0.912	0.912	0.893	0.884	0.865	0.837	0.810
	碳精棒 $\phi8\sim12$		根	3.325	3.040	2.945	2.850	2.820	2.604	2.457	2.340
	道木		m^3	0.010	0.010	0.010	0.010	0.009	0.009	0.009	0.009
	其他材料费		%	3.00	3.00	3.00	3.00	3.00	3.00	3.00	3.00
机械	弧焊机 32kV·A		台班	6.511	6.226	5.872	5.445	4.992	4.669	4.356	3.896
	二氧化碳气体保护焊机 250A		台班	0.187	0.169	0.151	0.134	0.114	0.113	0.102	0.093
	电焊条烘干箱 80×80×100（cm^3）		台班	0.651	0.622	0.587	0.544	0.500	0.467	0.435	0.390
	电焊条恒温箱		台班	0.651	0.622	0.587	0.544	0.500	0.467	0.435	0.390
	半自动切割机 100mm		台班	0.862	0.826	0.791	0.782	0.659	0.600	0.553	0.496
	砂轮切割机 $\phi500$		台班	0.249	0.223	0.195	0.178	0.158	0.148	0.136	0.126
	剪板机 20×2 500（安装用）		台班	0.071	0.071	0.071	0.071	0.070	0.069	0.068	0.067
	卷板机 20×2 500（安装用）		台班	0.160	0.142	0.124	0.107	0.088	0.087	0.077	0.067
	卷板机 40×3 500（安装用）		台班	0.036	0.036	0.036	0.036	0.036	0.035	0.034	0.034
	刨边机 12 000（安装用）		台班	0.045	0.045	0.045	0.045	0.044	0.044	0.043	0.043
	摩擦压力机 1 600kN		台班	0.063	0.053	0.045	0.036	0.036	0.035	0.034	0.025
	摇臂钻床 63mm		台班	0.107	0.098	0.080	0.071	0.070	0.061	0.060	0.042
	汽车式起重机 12t		台班	0.134	0.124	0.116	0.098	0.096	0.095	0.085	0.084
	汽车式起重机 16t		台班	0.382	0.338	0.285	0.267	0.264	0.261	0.256	0.244
	汽车式起重机 40t		台班	0.062	0.062	0.062	0.062	0.062	0.062	0.062	0.062
	履带式起重机 15t		台班	0.320	0.284	0.223	0.187	0.184	0.165	0.153	0.143
	载货汽车－普通货车 5t		台班	0.177	0.171	0.166	0.161	0.158	0.156	0.145	0.143
	载货汽车－普通货车 12t		台班	0.160	0.142	0.116	0.107	0.096	0.095	0.085	0.084
	真空泵 $204m^3/h$		台班	0.009	0.009	0.009	0.009	0.008	0.008	0.008	0.008
	轴流通风机 7.5kW		台班	0.338	0.302	0.276	0.240	0.220	0.218	0.204	0.194
	电动空气压缩机 $9m^3/min$		台班	0.355	0.338	0.320	0.294	0.272	0.252	0.230	0.202

2. 低压干式气柜制作、安装

工作内容：施工准备、来料验收、调平调直、平板、放样号料、切割、剪切、开坡口、冷热成型、吊装、组对成型、焊接、矫正、放散装置安装、调整、配合检查验收，本体附件梯子、平台、栏杆制作、安装等。

计量单位：t

编号				3-5-9	3-5-10	3-5-11
项目				低压干式气柜干式		
				低压干式气柜容量（m^3 以内）		
				20 000	30 000	50 000
名称			单位	消耗量		
人工	合计工日		工日	12.440	11.813	11.215
	其中	普工	工日	3.732	3.543	3.364
		一般技工	工日	4.976	4.726	4.486
		高级技工	工日	3.732	3.544	3.365
材料	主材		t	（1.130）	（1.130）	（1.130）
	道木		m^3	0.014	0.013	0.012
	木板		m^3	0.011	0.011	0.010
	氧气		m^3	17.500	17.133	16.413
	乙炔气		kg	6.731	6.590	6.313
	尼龙砂轮片 ϕ150		片	4.930	4.810	4.620
	薄砂轮片 500×25×4		片	0.960	0.930	0.910
	钢丝绳 ϕ14.1～15.0		kg	0.410	0.407	0.405
	碳精棒 ϕ8～12		根	3.000	2.800	2.600
	低碳钢焊条 J427		kg	32.140	31.250	30.720
	其他材料费		%	3.00	3.00	3.00
机械	汽车式起重机 16t		台班	0.047	0.047	0.041
	汽车式起重机 50t		台班	0.065	0.059	0.052
	汽车式起重机 100t		台班	0.009	0.009	0.008
	载货汽车－普通货车 10t		台班	0.047	0.047	0.040
	载货汽车－平板拖车组 20t		台班	0.039	0.037	0.035
	电动葫芦单速 5t		台班	0.061	0.061	0.058
	摇臂钻床 63mm		台班	0.093	0.084	0.075
	剪板机 20×2 500（安装用）		台班	0.075	0.071	0.068
	卷板机 30×2 000（安装用）		台班	0.144	0.144	0.140
	半自动切割机 100mm		台班	0.636	0.524	0.467
	硅整流弧焊机 20kV·A		台班	4.198	3.833	3.665
	电动空气压缩机 10m^3/min		台班	0.234	0.229	0.224
	真空泵 204m^3/h		台班	0.252	0.243	0.237
	轴流通风机 7.5kW		台班	0.187	0.187	0.182
	电焊条恒温箱		台班	0.421	0.383	0.365
	电焊条烘干箱 80×80×100（cm^3）		台班	0.421	0.383	0.365

3. 直升式气柜制作、安装

工作内容： 型钢调直、平板、摆料、放样号料、剪切、坡口、冷热成型、组对、焊接、成品矫正、本体附件梯子、平台、栏杆制作、安装等。

计量单位： t

编号				3-5-12	3-5-13	3-5-14	3-5-15	3-5-16
项目				直升式气柜				
				直升式气柜容量（m^3 以内）				
				100	200	400	600	1 000
名称			单位	消耗量				
人工	合计工日		工日	19.802	19.363	18.914	18.085	16.578
	其中	普工	工日	5.940	5.809	5.674	5.425	4.974
		一般技工	工日	7.921	7.745	7.566	7.234	6.631
		高级技工	工日	5.941	5.809	5.674	5.426	4.973
材料	主材		t	（1.100）	（1.100）	（1.100）	（1.100）	（1.100）
	低碳钢焊条 J427		kg	29.844	29.241	27.792	26.568	24.345
	氧气		m^3	13.292	12.982	12.655	12.123	11.062
	乙炔气		kg	5.112	4.993	4.867	4.663	4.255
	尼龙砂轮片 $\phi150$		片	3.321	3.231	3.141	3.107	3.078
	薄砂轮片 500×25×4		片	1.071	1.008	0.954	0.909	0.873
	碳精棒 $\phi8\sim12$		根	6.210	6.030	5.850	5.580	5.130
	道木		m^3	0.027	0.027	0.027	0.018	0.018
	木板		m^3	0.009	0.009	0.009	0.009	0.009
	木柴		kg	3.150	3.150	3.150	2.700	2.700
	焦炭		kg	31.500	31.500	31.500	27.000	27.000
	其他材料费		%	3.00	3.00	3.00	3.00	3.00
机械	弧焊机 32kV·A		台班	6.765	6.597	6.420	6.142	5.638
	电焊条烘干箱 80×80×100（cm^3）		台班	0.757	0.737	0.715	0.685	0.628
	电焊条恒温箱		台班	0.757	0.737	0.715	0.685	0.628
	砂轮切割机 $\phi500$		台班	0.294	0.261	0.261	0.244	0.219
	半自动切割机 100mm		台班	0.875	0.858	0.833	0.799	0.732
	剪板机 20×2 500（安装用）		台班	0.042	0.042	0.042	0.034	0.034
	卷板机 20×2 500（安装用）		台班	0.135	0.126	0.126	0.118	0.109
	桥式起重机 15t		台班	0.042	0.042	0.042	0.034	0.034
	刨边机 12 000（安装用）		台班	0.122	0.115	0.115	0.107	0.100
	摩擦压力机 1 600kN		台班	0.084	0.076	0.076	0.076	0.067
	摇臂钻床 63mm		台班	0.109	0.109	0.109	0.101	0.093
	汽车式起重机 12t		台班	0.084	0.084	0.084	0.076	0.067
	汽车式起重机 16t		台班	0.160	0.152	0.152	0.143	0.135
	履带式起重机 15t		台班	0.724	0.707	0.690	0.656	0.606
	载货汽车－普通货车 5t		台班	0.160	0.151	0.151	0.143	0.135
	载货汽车－普通货车 12t		台班	0.236	0.227	0.219	0.210	0.194
	真空泵 204m^3/h		台班	0.008	0.008	0.008	0.008	0.008
	电动空气压缩机 6m^3/min		台班	0.362	0.353	0.345	0.328	0.303

4. 配重块安装

工作内容：吊装、就位、固定等。

编号				3-5-17	3-5-18
项目				混凝土预制块	铸铁块
				m^3	t
名称			单位	消耗量	
人工	合计工日		工日	0.200	0.163
	其中	普工	工日	0.060	0.049
		一般技工	工日	0.080	0.065
		高级技工	工日	0.060	0.049
材料	混凝土预制块（综合）		m^3	（1.030）	—
	铸铁块		t	—	（1.000）
	角钢 63 以外		kg	52.000	39.500
	氧气		m^3	0.375	0.294
	乙炔气		kg	0.144	0.113
	低碳钢焊条 J427		kg	2.200	1.880
	其他材料费		%	5.00	5.00
机械	载货汽车－普通货车 5t		台班	0.103	0.080
	汽车式起重机 16t		台班	0.084	0.065
	弧焊机 32kV·A		台班	0.421	0.346

5. 密封装置制作、安装

工作内容：施工准备、密封帘吊入柜内、开箱检查、展开、密封角型钢清扫、抹密封胶泥、安装铁压条、密封帘安装、配合检查验收等。

计量单位：套

编　号				3-5-19	3-5-20	3-5-21
项　目				密封装置制作、安装		
				干式气柜容量（m^3 以内）		
				20 000	30 000	50 000
名　称			单位	消　耗　量		
人工	合计工日		工日	147.801	174.229	224.893
	其中	普工	工日	44.340	52.269	67.468
		一般技工	工日	59.121	69.692	89.957
		高级技工	工日	44.340	52.268	67.468
材料	篷布		m^2	320.800	367.902	478.273
	木板		m^3	1.180	1.430	1.860
	其他材料费		%	5.00	5.00	5.00
机械	汽车式起重机　16t		台班	1.683	2.019	2.618
	汽车式起重机　100t		台班	2.216	2.739	3.553
	载货汽车－普通货车　10t		台班	1.683	2.019	2.618
	电动空气压缩机　$10m^3/min$		台班	5.610	6.778	8.414

二、胎具制作、安装与拆除

1. 直升式气柜组装胎具制作

工作内容: 调直、摆料、放样号料、切割、成型、组对、焊接、矫正、打磨等。　　**计量单位:** 座

编号				3-5-22	3-5-23	3-5-24	3-5-25	3-5-26
项目				直升式气柜				
				直升式气柜容量(m^3以内)				
				100	200	400	600	1 000
名称			单位	消耗量				
人工	合计工日		工日	10.449	13.854	19.854	26.597	37.653
	其中	普工	工日	3.135	4.156	5.956	7.979	11.296
		一般技工	工日	4.179	5.542	7.942	10.639	15.061
		高级技工	工日	3.135	4.156	5.956	7.979	11.296
材料	钢板 δ4～16		kg	62.000	88.000	148.000	256.000	331.000
	角钢 50×5 以外		kg	163.000	233.000	302.000	370.000	750.000
	槽钢 14#～20#		kg	466.000	666.000	1 131.000	1 467.000	2 037.000
	圆钢 ϕ37 以内		kg	68.000	97.000	125.000	190.000	209.000
	无缝钢管 D57～219		kg	64.000	91.000	118.000	267.000	447.000
	低碳钢焊条 J427		kg	24.690	34.080	51.070	68.850	98.120
	氧气		m^3	13.174	18.213	27.360	35.700	50.949
	乙炔气		kg	5.067	7.005	10.523	13.731	19.596
	尼龙砂轮片 ϕ150		片	2.900	3.900	5.800	7.500	10.400
	其他材料费		%	3.00	3.00	3.00	3.00	3.00
机械	弧焊机 32kV·A		台班	5.133	6.638	9.546	12.621	17.305
	电焊条烘干箱 80×80×100(cm^3)		台班	0.513	0.664	0.955	1.262	1.731
	电焊条恒温箱		台班	0.513	0.664	0.955	1.262	1.731
	汽车式起重机 16t		台班	1.187	1.617	2.440	3.263	4.703
	载货汽车－普通货车 5t		台班	1.066	1.458	2.197	2.936	4.235
	摇臂钻床 63mm		台班	1.683	1.870	2.150	2.337	2.524

2. 直升式气柜组装胎具安装、拆除

工作内容: 组装、焊接、紧固螺栓、切割、拆除等。　　　　**计量单位:** 座

编　　号				3-5-27	3-5-28	3-5-29	3-5-30	3-5-31
项　　目				直升式气柜				
				直升式气柜容量(m^3 以内)				
				100	200	400	600	1 000
名　　称			单位	消　耗　量				
人工	合计工日		工日	8.957	12.258	18.199	23.830	32.520
	其中	普工	工日	2.687	3.678	5.459	7.149	9.756
		一般技工	工日	3.583	4.903	7.280	9.532	13.008
		高级技工	工日	2.687	3.677	5.460	7.149	9.756
材料	低碳钢焊条 J427		kg	6.570	7.240	8.880	11.790	16.590
	氧气		m^3	6.582	9.174	13.887	18.360	26.421
	乙炔气		kg	2.532	3.528	5.341	7.062	10.162
	其他材料费		%	3.00	3.00	3.00	3.00	3.00
机械	弧焊机 32kV·A		台班	2.066	2.421	2.823	3.805	5.423
	电焊条烘干箱 80×80×100(cm^3)		台班	0.207	0.242	0.283	0.381	0.542
	电焊条恒温箱		台班	0.207	0.242	0.283	0.381	0.542
	汽车式起重机 16t		台班	1.384	1.954	3.001	4.058	5.927
	载货汽车－普通货车 5t		台班	1.795	2.543	3.899	5.273	7.704

3. 螺旋式气柜组装胎具制作

工作内容： 调直、摆料、放样号料、切割、剪切、卷弧、钻孔、成型、组对、焊接、矫正等。　**计量单位：** 座

编号			3-5-32	3-5-33	3-5-34	3-5-35	3-5-36	3-5-37	3-5-38	3-5-39
项目			螺旋湿式气柜							
			螺旋式气柜容量（m^3 以内）							
			1 000	2 500	5 000	10 000	20 000	30 000	50 000	100 000
名称		单位	消耗量							
人工	合计工日	工日	30.597	52.423	66.481	96.367	117.562	156.142	216.927	332.258
	其中 普工	工日	9.179	15.727	19.944	28.910	35.268	46.842	65.078	99.677
	其中 一般技工	工日	12.239	20.969	26.593	38.547	47.025	62.457	86.771	132.903
	其中 高级技工	工日	9.179	15.727	19.944	28.910	35.269	46.843	65.078	99.678
材料	钢板 δ4～16	kg	847.000	1 830.000	2 192.000	2 440.000	2 451.000	3 081.000	3 786.000	3 870.000
	角钢 50×5 以外	kg	438.000	876.000	1 198.000	1 600.000	1 628.000	1 693.000	2 146.000	2 618.000
	槽钢 14#～20#	kg	1 409.000	1 742.000	1 870.000	2 076.000	2 691.000	3 760.000	4 574.000	5 418.000
	无缝钢管 D57～219	kg	617.000	1 120.000	1 128.000	1 437.000	1 705.000	2 412.000	3 396.000	6 695.000
	低碳钢焊条 J427	kg	82.780	136.420	153.340	177.000	194.000	246.290	305.840	399.920
	氧气	m^3	43.932	66.282	73.239	105.162	126.703	144.183	168.990	279.921
	乙炔气	kg	16.897	25.493	28.169	40.447	48.732	55.455	64.996	107.662
	尼龙砂轮片 φ150	片	9.100	15.200	20.100	23.700	28.700	34.400	39.700	51.200
	其他材料费	%	3.00	3.00	3.00	3.00	3.00	3.00	3.00	3.00
机械	弧焊机 32kV·A	台班	14.538	26.916	29.674	36.621	41.127	48.036	50.149	64.463
	汽车式起重机 16t	台班	3.871	6.507	8.536	10.088	12.191	14.622	16.866	21.737
	载货汽车－普通货车 5t	台班	3.487	5.853	7.685	9.078	10.976	13.164	15.183	19.568
	摇臂钻床 63mm	台班	2.431	2.618	3.366	4.114	4.862	5.983	6.731	8.601

4. 螺旋式气柜组装胎具安装、拆除

工作内容：组装、焊接、紧固螺栓、切割、拆除、清理现场、材料堆放等。　　　　**计量单位：**座

编号				3-5-40	3-5-41	3-5-42	3-5-43	3-5-44	3-5-45	3-5-46	3-5-47
项目				螺旋式气柜							
				螺旋式气柜容量（m³ 以内）							
				1 000	2 500	5 000	10 000	20 000	30 000	50 000	100 000
名称			单位	消耗量							
人工	合计工日		工日	28.950	37.825	49.638	71.587	95.324	125.195	172.222	187.636
	其中	普工	工日	8.685	11.347	14.892	21.476	28.597	37.559	51.667	56.292
		一般技工	工日	11.580	15.130	19.855	28.635	38.130	50.078	68.888	75.054
		高级技工	工日	8.685	11.348	14.891	21.476	28.597	37.558	51.667	56.290
材料	低碳钢焊条 J427		kg	6.650	9.450	13.600	15.200	21.000	30.670	32.800	60.560
	氧气		m^3	23.181	38.427	43.449	50.610	55.944	71.154	88.968	117.192
	乙炔气		kg	8.916	14.780	16.711	19.465	21.517	27.367	34.218	45.074
	其他材料费		%	3.00	3.00	3.00	3.00	3.00	3.00	3.00	3.00
机械	弧焊机 32kV·A		台班	3.431	4.908	7.105	7.900	11.434	16.455	17.072	21.279
	电焊条烘干箱 80×80×100（cm^3）		台班	0.344	0.491	0.711	0.791	1.144	1.645	1.708	2.129
	电焊条恒温箱		台班	0.344	0.491	0.711	0.791	1.144	1.645	1.708	2.129
	汽车式起重机 16t		台班	0.776	1.300	1.711	2.019	2.440	2.926	3.375	4.347
	载货汽车－普通货车 5t		台班	1.010	1.692	2.225	2.627	3.169	4.394	4.800	5.656

5. 干式气柜组装胎具制作

工作内容：施工准备、放样下料、卷弧、钻孔、组对、焊接、矫正、调整、配合检查验收等。

计量单位：座

编号				3-5-48	3-5-49	3-5-50
项目				气柜容量（m^3 以内）		
				20 000	30 000	50 000
名称			单位	消耗量		
人工	合计工日		工日	123.312	162.677	222.383
	其中	普工	工日	36.993	48.803	66.715
		一般技工	工日	49.325	65.071	88.953
		高级技工	工日	36.994	48.803	66.715
材料	氧气		m^3	128.190	145.050	166.808
	乙炔气		kg	49.304	55.788	64.157
	尼龙砂轮片 ϕ150		片	31.000	37.000	42.000
	槽钢 18# 以内		kg	1 775.000	3 467.250	4 410.340
	热轧厚钢板 δ12～20		kg	3 089.600	3 459.330	4 400.000
	角钢 63 以内		kg	399.000	399.000	705.500
	无缝钢管（综合）		m	537.240	746.770	949.890
	低碳钢焊条 J427		kg	208.360	260.330	319.260
	其他材料费		%	5.00	5.00	5.00
机械	汽车式起重机 16t		台班	13.182	15.623	18.982
	载货汽车－普通货车 5t		台班	11.845	13.295	16.152
	摇臂钻床 63mm		台班	5.245	6.386	7.479
	硅整流弧焊机 20kV·A		台班	44.399	55.469	52.916
	电焊条恒温箱		台班	4.441	5.544	5.292
	电焊条烘干箱 80×80×100（cm^3）		台班	4.441	5.544	5.292

6. 干式气柜组装胎具安装、拆除

工作内容：施工准备、组装、焊接、紧固螺栓、拆除等。　　　　**计量单位：**座

编　　号				3-5-51	3-5-52	3-5-53
项　　目				干式气柜		
				气柜容量（m^3 以内）		
				20 000	30 000	50 000
名　　称			单位	消　耗　量		
人工	合计工日		工日	99.195	129.335	175.215
	其中	普工	工日	29.758	38.801	52.564
		一般技工	工日	39.678	51.734	70.086
		高级技工	工日	29.759	38.800	52.565
材料	氧气		m^3	57.150	73.152	88.120
	乙炔气		kg	21.981	28.135	33.892
	尼龙砂轮片 $\phi150$		片	18.000	23.040	28.000
	低碳钢焊条 J427		kg	48.290	61.811	72.628
	其他材料费		%	5.00	5.00	5.00
机械	汽车式起重机 16t		台班	5.404	7.012	8.064
	载货汽车－普通货车 5t		台班	3.422	4.441	5.142
	硅整流弧焊机 20kV·A		台班	14.360	19.633	21.971
	电焊条恒温箱		台班	1.437	1.963	2.197
	电焊条烘干箱 80×80×100（cm^3）		台班	1.437	1.963	2.197

7. 螺旋式气柜轨道摵弯胎具制作

工作内容：调直、摆料、放样号料、切割、剪切、卷弧、钻孔、成型、组对、焊接、矫正等。　　**计量单位：**套

编号				3-5-54	3-5-55	3-5-56	3-5-57	3-5-58	3-5-59	3-5-60	3-5-61
项目				螺旋式气柜容量（m^3 以内）							
				1 000	2 500	5 000	10 000	20 000	30 000	50 000	100 000
名称			单位	消耗量							
人工	合计工日		工日	9.479	10.426	11.374	12.322	13.269	13.746	14.452	16.112
	其中	普工	工日	2.843	3.128	3.412	3.697	3.980	4.124	4.335	4.834
		一般技工	工日	3.792	4.170	4.550	4.928	5.308	5.498	5.781	6.444
		高级技工	工日	2.844	3.128	3.412	3.697	3.981	4.124	4.336	4.834
材料	热轧厚钢板 δ8.0～20.0		kg	550.000	590.000	628.000	648.000	661.000	675.000	730.000	785.000
	角钢 63 以外		kg	48.000	96.000	145.000	192.000	216.000	241.000	241.000	265.000
	槽钢 5#～16#		kg	620.000	620.000	689.000	689.000	758.000	827.000	827.000	1 033.000
	低碳钢焊条 J427		kg	17.400	22.400	24.500	26.500	27.500	28.600	30.600	32.600
	氧气		m^3	5.799	5.799	5.799	8.703	8.703	8.703	8.703	11.604
	乙炔气		kg	2.230	2.230	2.230	3.347	3.347	3.347	3.347	4.463
	尼龙砂轮片 ϕ150		片	4.000	4.300	4.600	4.800	5.000	5.200	5.400	5.600
	其他材料费		%	3.00	3.00	3.00	3.00	3.00	3.00	3.00	3.00
机械	弧焊机 32kV·A		台班	1.907	2.861	3.814	3.814	4.291	4.291	4.768	5.722
	电焊条烘干箱 80×80×100（cm^3）		台班	0.191	0.287	0.381	0.381	0.429	0.429	0.477	0.572
	电焊条恒温箱		台班	0.191	0.287	0.381	0.381	0.429	0.429	0.477	0.572
	剪板机 20×2 500（安装用）		台班	0.365	0.365	0.449	0.449	0.449	0.449	0.542	0.720
	汽车式起重机 16t		台班	0.935	1.028	1.122	1.309	1.412	1.505	1.683	1.870
	载货汽车－普通货车 5t		台班	0.841	0.926	1.010	1.178	1.271	1.356	1.515	1.683

8. 螺旋式气柜型钢摵弯胎具制作

工作内容：调直、摆料、放样号料、切割、剪切、卷弧、钻孔、成型、组对、焊接、矫正等。　**计量单位：**套

编　号				3-5-62	3-5-63	3-5-64	3-5-65	3-5-66	3-5-67	3-5-68
项　目				螺旋式气柜容量（m^3 以内）						
				2 500	5 000	10 000	20 000	30 000	50 000	100 000
名　称			单位	消　耗　量						
人工	合计工日		工日	8.489	9.197	9.905	10.140	10.613	11.083	11.319
	其中	普工	工日	2.546	2.759	2.972	3.042	3.184	3.325	3.395
		一般技工	工日	3.396	3.679	3.962	4.056	4.245	4.433	4.528
		高级技工	工日	2.547	2.759	2.971	3.042	3.184	3.325	3.396
材料	热轧厚钢板 δ8.0～20.0		kg	400.000	550.000	652.000	730.000	770.000	810.000	870.000
	工字钢 18# 以外		kg	100.000	150.000	160.000	180.000	190.000	200.000	217.000
	无缝钢管 D(77～90)×(4.5～7)		kg	—	—	—	35.000	36.000	38.000	40.000
	低碳钢焊条 J427		kg	15.600	18.700	20.700	21.800	22.800	23.800	24.800
	氧气		m^3	8.802	11.704	11.704	13.602	14.604	16.599	18.501
	乙炔气		kg	3.385	4.502	4.502	5.232	5.617	6.384	7.116
	尼龙砂轮片 ϕ150		片	2.100	2.300	2.500	2.600	2.700	2.800	2.900
	其他材料费		%	3.00	3.00	3.00	3.00	3.00	3.00	3.00
机械	弧焊机 32kV·A		台班	2.421	2.898	3.384	3.384	3.581	3.674	3.871
	电焊条烘干箱 80×80×100(cm^3)		台班	0.242	0.290	0.339	0.339	0.358	0.368	0.387
	电焊条恒温箱		台班	0.242	0.290	0.339	0.339	0.358	0.368	0.387
	剪板机 20×2 500(安装用)		台班	0.486	0.580	0.673	0.776	0.776	0.869	0.963
	汽车式起重机 16t		台班	1.028	1.122	1.309	1.496	1.589	1.683	1.870
	载货汽车－普通货车 5t		台班	0.926	1.060	1.178	1.346	1.430	1.515	1.683

三、气柜充水、气密、快速升降试验

工作内容：临时管线、阀门、盲板安装与拆除、气柜内部清理、设备封口、装水、充气、检查调整导轮、配重块及快速升降试验等。

计量单位：座

编号			3-5-69	3-5-70	3-5-71	3-5-72	3-5-73	3-5-74
项目			直升式	螺旋式				
			气柜容量（m^3以内）					
			1 000	1 000	2 500	5 000	10 000	20 000
名称		单位	消耗量					
人工	合计工日	工日	15.646	18.592	25.396	31.518	41.267	45.122
人工	其中 普工	工日	4.694	5.577	7.618	9.455	12.380	13.536
人工	其中 一般技工	工日	6.258	7.437	10.159	12.607	16.507	18.049
人工	其中 高级技工	工日	4.694	5.578	7.619	9.456	12.380	13.537
材料	焊接钢管 *DN*50	m	10.000	10.000	—	—	—	—
材料	焊接钢管 *DN*100	m	—	—	10.000	10.000	10.000	10.000
材料	法兰截止阀 J41H-16 *DN*50	个	0.050	0.050	—	—	—	—
材料	法兰截止阀 J41H-16 *DN*100	个	—	—	0.050	0.050	0.050	0.050
材料	平焊法兰 1.6MPa *DN*50	副	0.100	0.100	—	—	—	—
材料	平焊法兰 1.6MPa *DN*100	副	—	—	0.100	0.100	0.100	0.100
材料	压制弯头 90°*R*=1.5*D* *DN*50	个	0.100	0.100	—	—	—	—
材料	压制弯头 90°*R*=1.5*D* *DN*100	个	—	—	0.100	0.100	0.100	0.100
材料	盲板（综合）	kg	2.000	3.300	5.800	14.500	14.500	19.500
材料	低碳钢焊条 J427	kg	4.000	6.000	8.000	10.000	12.000	13.000
材料	氧气	m^3	6.004	9.023	12.000	15.012	18.002	19.500
材料	乙炔气	kg	2.309	3.470	4.615	5.774	6.924	7.500
材料	水	t	556.000	1 324.000	3 000.000	3 623.000	4 624.000	8 130.000
材料	无石棉橡胶板 高压 $\delta1\sim6$	kg	2.181	4.820	6.422	8.261	10.574	10.790
材料	橡胶板 $\delta1\sim3$	kg	1.000	1.000	2.000	2.000	2.000	2.500
材料	其他材料费	%	2.00	2.00	2.00	2.00	2.00	2.00
机械	弧焊机 32kV·A	台班	1.870	2.805	3.740	4.675	5.610	6.077
机械	电焊条烘干箱 $80\times80\times100(cm^3)$	台班	0.189	0.281	0.375	0.468	0.561	0.608
机械	电焊条恒温箱	台班	0.189	0.281	0.375	0.468	0.561	0.608
机械	鼓风机 $8m^3/min$	台班	—	—	—	—	—	6.545
机械	电动空气压缩机 $9m^3/min$	台班	1.870	1.870	3.740	4.675	—	—
机械	电动空气压缩机 $40m^3/min$	台班	—	—	—	—	2.805	—
机械	电动单级离心清水泵 50mm	台班	1.870	3.740	—	—	—	—
机械	电动单级离心清水泵 100mm	台班	—	—	5.610	6.544	9.349	—
机械	电动单级离心清水泵 150mm	台班	—	—	—	—	—	10.752

计量单位：座

编　号				3-5-75	3-5-76	3-5-77	3-5-78	3-5-79	3-5-80
项　目				螺旋式			干式气柜		
				气柜容量（m^3 以内）					
				30 000	50 000	100 000	20 000	30 000	50 000
名　称			单位	消　耗　量					
人工	合计工日		工日	48.070	54.872	83.442	43.278	48.606	56.264
	其中	普工	工日	14.421	16.461	25.033	12.983	14.582	16.879
		一般技工	工日	19.228	21.949	33.377	17.311	19.442	22.505
		高级技工	工日	14.421	16.462	25.032	12.984	14.582	16.880
材料	焊接钢管 *DN*150		m	10.000	10.000	10.000	10.000	10.000	10.000
	法兰截止阀 J41H-16 *DN*100		个	0.050	0.050	—	0.050	—	—
	法兰截止阀 J41H-16 *DN*150		个	0.050	0.050	0.100	—	0.050	0.050
	平焊法兰 1.6MPa *DN*100		副	—	—	—	0.100	—	—
	平焊法兰 1.6MPa *DN*150		副	0.100	0.100	0.100	—	0.100	0.100
	压制弯头 90°*R*=1.5*D* *DN*100		个	—	—	—	0.100	—	—
	压制弯头 90°*R*=1.5*D* *DN*150		个	0.100	0.100	0.100	—	0.100	0.100
	盲板（综合）		kg	24.500	24.500	42.300	21.450	25.725	26.093
	低碳钢焊条 J427		kg	14.000	16.000	20.000	7.150	7.350	8.520
	氧气		m^3	21.005	24.003	30.000	10.725	11.030	12.780
	乙炔气		kg	8.079	9.232	11.538	4.125	4.242	4.915
	水		t	11 636.000	15 263.000	32 084.000	—	—	—
	无石棉橡胶板 高压 $\delta1\sim6$		kg	11.001	12.122	14.100	11.869	11.550	12.908
	橡胶板 $\delta1\sim3$		kg	3.000	3.000	4.000	2.750	3.150	3.195
	其他材料费		%	2.00	2.00	2.00	5.00	5.00	5.00
机械	弧焊机 32kV·A		台班	6.544	7.479	9.349	—	—	—
	鼓风机 $8m^3/min$		台班	3.740	3.740	5.610	3.908	4.114	4.114
	电动空气压缩机 $40m^3/min$		台班	2.805	2.805	1.870	3.272	3.740	4.675
	电动单级离心清水泵 100mm		台班	—	—	37.397	—	—	—
	电动单级离心清水泵 150mm		台班	12.154	15.894	—	12.864	13.369	17.483
	硅整流弧焊机 20kV·A		台班	—	—	—	3.038	3.272	3.740

第六章　工艺金属结构制作、安装

说　　明

一、本章内容包括金属结构、烟囱、料斗、料仓、火炬及排气筒的制作与安装，钢板组合工字钢与型钢圈的制作。

二、本章不包括以下工作内容。

1. 除锈、刷油、防腐衬里和防火层。

2. 无损探伤检测。

3. 焊缝的预热与后热。

4. 不锈钢料斗、料仓的酸洗、钝化、脱脂、气密性试验及内壁抛光。

5. 烟囱、火炬等的防雷接地。

6. 烟囱揽风绳地锚的埋设。

7. 火炬点火装置、自控装置的安装。

8. 高强螺栓副扭矩系数试验、连接件的摩擦系数试验。

9. 建筑基础地脚螺栓与安装物底座预留孔不匹配所发生的费用。

10. 150t 以上（含 150t）大型吊装机械使用费用、停滞费用和进退场费用。

11. 二次灌浆。

12. 现场组装平台的铺设与拆除、吊耳、胎具、加固件制作、安装。

13. 胎具和加固件制作、安装及运输。

三、关于下列各项内容的规定。

1. 角钢掰八字按角钢圈摵制，定额乘以系数 1.10。

2. 操作高度增加费：

（1）金属结构构件安装高度超过 30m 时，超过部分工程量消耗量人工乘以系数 1.10，实际使用的大型吊装机械另计，原吊装机械不做调整。

（2）平台、梯子、栏杆安装高度超过 40m 时，超过部分工程量定额人工、机械乘以系数 1.10。

3. 火炬、排气筒的筒体制作组对是按钢板卷管计算的，如采用无缝钢管时，按相应定额乘以系数 0.60。

四、有关说明：

1. 本章消耗量系综合取定，除另有规定外，不得因施工方法不同而进行调整。

2. 金属结构的格栅板安装是按比例综合取定其螺栓连接和焊接的工程量，执行定额时不得调整。

3. 花纹板平台制作与安装项目按原材料供货考虑，格栅板平台安装项目按成品供货考虑。

4. 高强螺栓连接钢结构安装项目中已包括连接螺栓安装，但不包括连接螺栓的用量，螺栓按主材另计（螺栓损耗率按 3% 计算）。

5. 设备支架、零星小型金属制作与安装，属于不锈钢材质应套用相对应的碳钢项目，人工乘以系数 1.15，焊条按实际替换，消耗量不变。

6. 大型金属构件吊装需要的临时加固件，可根据批准的施工方案计算加固件工程量，执行“设备整体安装加固件”的项目。

7. 本章适用于与安装工程有关的工艺金属结构制作、安装工程。工业厂房的主体钢结构执行本章设备框架制作与安装相关项目。

8. 工艺金属结构制作、安装中制作和安装的人工、材料、机械比例见下表。

人工、材料、机械比例表

序号	项目名称	制作（%）			安装（%）		
		人工	材料	机械	人工	材料	机械
1	设备框架制作与安装	72	71	47	28	29	53
2	管廊制作与安装	60	50	57	40	50	43
3	桁架制作与安装	60	70	60	40	30	40
4	单梁结构制作与安装	40	75	52	60	25	48
5	设备支架制作与安装	72	77	69	28	23	31
6	平台制作与安装	67	63	71	33	37	29
7	梯子、栏杆、扶手制作与安装	71	74	71	29	26	29
8	联合平台制作与安装	72	70	37	28	30	63

9. 烟囱、火炬、排气筒吊装是按整体吊装就位取定的，如实际工程中采用其他方法，施工时另行计算。

10. 火炬头安装是按火炬整体吊装前在地面安装考虑的，若采用高空安装时按实另行计算。

11. 型钢摵制胎具如一个工地同时摵制同样的材料、规格、直径型钢圈，无论摵制批量多少，只能计算一次胎具制作，胎具用料已将回收值从消耗量内扣除。

12. 不锈钢材质的料斗、料仓制作、安装实际采用的焊接材料与消耗量取定不同时，可按实换算焊接材料单价。

13. 格栅板材料供货说明：

（1）在施工现场需全部下料制作的，属于原材料供货；

（2）部分已经加工好，部分需要在施工现场下料制作的，属于半成品供货；

（3）在施工现场不需要下料制作，只需要焊接固定或螺栓紧固进行组对安装的，属于成品供货。

14. 大型金属结构采用整体或分片、分段安装需要临时加固的，可根据批准的施工方案计算加固件的工程量，执行“设备整体安装加固件”消耗量。

15. 金属结构构件在基础上安装，需要二次灌浆时，执行相应消耗量项目。

16. 高强螺栓连接钢结构安装中已综合考虑零星焊接连接工作，套用消耗量时不予调整；但未考虑栓焊混（并）用连接头安装中的焊接，发生时以连接板质量套用本册消耗量零星小型金属结构件相关子目。

17. 零星小型金属结构件适用于各种配套的小型金属结构件，如有短缺或少量增加由施工单位在现场加工制作时，才能使用；且单体质量在 100kg 以内（含 100kg）；超过 100kg 的执行本套消耗量第四册《电气设备线缆安装工程》铁构件制作与安装子目。

工程量计算规则

一、金属结构制作、安装，按施工图纸所示尺寸计算，不扣除孔眼和切角所占质量，以“t”为计量单位，零星小型金属结构件制作、安装以“100kg”为计量单位。

二、多角形联接筋板质量以图示最长边和最宽边尺寸，按矩形面积计算质量。

三、金属结构制作、安装消耗量内已考虑安装时焊接或螺栓连接的质量，不得另行计算。

四、联合平台界定为两台及以上设备的平台互相联接组成便于操作检修使用的平台。计算其工程量时应包括联合平台上的梯子、栏杆、扶手等整体质量。单台设备上不同空间的几个平台均不应按联合平台计算。

五、格栅板平台安装，按安装形式以“t”为计量单位。

六、料斗、料仓预制安装，按经过批准的实际下料配板图所示几何尺寸，以“t”为计量单位；不扣除人孔、检查孔、清扫孔等所占面积质量。

七、烟囱制作、安装，按经过批准的实际下料配板图所示几何尺寸，以“t”为计量单位；不扣除人孔、检查孔、清扫孔等所占面积的质量。其质量包括筒体、弯头、异径过渡段、加强圈、人孔、检查孔、清扫孔等全部金属质量。

八、火炬、排气筒筒体现场制作组对，根据不同筒体直径，按施工图纸所示几何尺寸，以“t”为计量单位；其质量包括火炬或排气筒筒体、引火管等的质量（不扣除孔眼所占面积的质量）。

九、火炬、排气筒型钢或钢管式塔架现场制作、组装，根据塔架形式、质量，按所示几何尺寸以“t”为计量单位；其质量包括塔架本体（主体、腹杆、松杆节、筋板）、底部铰腕、管架等金属件的质量，不扣除孔洞和切角所占的质量。塔架上的平台、梯子、栏杆应按相应消耗量另行计算。

十、火炬、排气筒整体吊装，按高度以“座”为计量单位。火炬、排气筒整体吊装包括：火炬或排气筒筒体、引火管、塔架（塔架式火炬、排气筒）、风缆绳（拉绳式火炬、排气筒）、平台、梯子、栏杆、火炬头、分子密封器、工艺配管、电气、仪表、点火装置、避雷装置、临时加固支撑等构件。

十一、火炬头安装，按火炬头直径以“套”为计量单位；计量单位“套”中包括火炬头、分子密封器。

十二、型钢圈摵制按型钢规格和型钢圈直径，以“t”为计量单位。

十三、型钢圈摵制胎具，根据胎具规格，以“个”为计量单位。

十四、钢板组合工字钢（H 型钢）制作，按所示几何尺寸，以“t”为计量单位；不扣除孔眼和切角面积所占的质量。

一、金属结构制作、安装

1. 桁架、管廊、设备框架、单梁结构制作、安装

工作内容：放样、号料、切割、剪切、调直、坡口、修口、组对、焊接、吊装就位、找正、焊接、垫铁点固、紧固螺栓等。

计量单位：t

编号				3-6-1	3-6-2	3-6-3	3-6-4	3-6-5	3-6-6	3-6-7	3-6-8
项目				桁架制作、安装				管廊制作、安装			
				每组质量(t)				高度(m)			
				2以内	2~5	5~10	10以外	3以内	3~5	5~10	10以外
名称			单位	消耗量							
人工	合计工日		工日	8.467	7.411	7.056	6.657	6.585	6.914	7.327	7.745
	其中	普工	工日	2.539	2.224	2.117	1.997	1.975	2.074	2.198	2.323
		一般技工	工日	3.387	2.964	2.822	2.663	2.634	2.766	2.931	3.098
		高级技工	工日	2.541	2.223	2.117	1.997	1.976	2.074	2.198	2.324
材料	主材		t	(1.060)	(1.060)	(1.060)	(1.060)	(1.060)	(1.060)	(1.060)	(1.060)
	乙炔气		kg	3.667	2.877	2.158	2.035	2.847	2.992	3.170	3.348
	氧气		m^3	9.535	7.479	5.611	5.292	7.401	7.780	8.243	8.705
	尼龙砂轮片 ϕ100		片	1.611	1.530	1.467	1.386	1.422	1.503	1.593	1.674
	低碳钢焊条 J427		kg	24.440	21.411	20.368	19.413	23.825	25.028	26.552	28.031
	木方		m^3	0.002	0.002	0.002	0.002	0.001	0.001	0.001	0.001
	钢板垫板		kg	—	—	—	—	11.700	12.150	12.600	12.600
	其他材料费		%	4.00	4.00	4.00	4.00	4.00	4.00	4.00	4.00
机械	弧焊机 32kV·A		台班	3.783	3.314	3.155	3.138	3.545	3.728	3.950	4.173
	汽车式起重机 16t		台班	0.711	0.711	0.678	0.644	0.695	0.678	0.661	—
	汽车式起重机 25t		台班	—	—	—	—	—	—	—	0.644
	载货汽车－普通货车 8t		台班	0.059	0.059	0.059	0.059	0.059	0.059	0.059	0.059
	载货汽车－普通货车 10t		台班	0.017	0.017	0.017	0.017	0.017	0.017	0.017	0.017
	载货汽车－平板拖车组 30t		台班	—	—	—	0.109	—	—	—	—
	剪板机 20×2 500(安装用)		台班	0.184	0.159	0.151	0.142	0.059	0.059	0.059	0.067
	立式钻床 25mm		台班	0.226	0.209	0.184	0.167	0.126	0.092	0.092	0.100
	立式钻床 50mm		台班	—	—	—	—	—	0.042	0.042	0.050
	电焊条恒温箱		台班	0.379	0.332	0.316	0.314	0.355	0.373	0.395	0.418
	电焊条烘干箱 80×80×100(cm^3)		台班	0.379	0.332	0.316	0.314	0.355	0.373	0.395	0.418

计量单位：t

编号				3-6-9	3-6-10	3-6-11	3-6-12
项目				设备框架制作、安装			单梁
				跨度（m）			结构
				10 以内	20 以内	20 以外	
名称			单位	消耗量			
人工	合计工日		工日	7.103	7.890	8.757	6.792
	其中	普工	工日	2.131	2.367	2.626	2.038
		一般技工	工日	2.841	3.156	3.503	2.717
		高级技工	工日	2.131	2.367	2.628	2.037
材料	主材		t	（1.060）	（1.060）	（1.060）	（1.060）
	乙炔气		kg	5.903	6.305	6.793	3.115
	氧气		m^3	15.347	16.392	17.661	8.100
	尼龙砂轮片 ϕ100		片	1.935	2.259	2.421	1.719
	低碳钢焊条 J427		kg	23.344	24.948	26.730	17.820
	木方		m^3	0.004	0.004	0.004	0.004
	钢板垫板		kg	4.950	4.500	4.050	—
	其他材料费		%	4.00	4.00	4.00	4.00
机械	弧焊机 32kV·A		台班	3.188	3.402	3.648	2.305
	汽车式起重机 16t		台班	0.720	0.544	0.410	0.627
	汽车式起重机 40t		台班	0.100	0.109	0.117	—
	载货汽车－普通货车 8t		台班	0.059	0.059	0.059	0.059
	载货汽车－普通货车 10t		台班	0.017	0.017	0.017	0.017
	载货汽车－平板拖车组 15t		台班	—	—	—	0.167
	载货汽车－平板拖车组 30t		台班	0.117	0.109	0.100	—
	剪板机 20×2 500（安装用）		台班	0.126	0.109	0.092	0.109
	立式钻床 25mm		台班	0.100	0.100	0.100	0.142
	电焊条恒温箱		台班	0.319	0.340	0.365	0.231
	电焊条烘干箱 80×80×100（cm^3）		台班	0.354	0.379	0.405	0.257

2. 高强度螺栓连接管廊钢结构制作、安装

工作内容：施工准备、放样下料、调直、组对、焊接、吊装就位、安装找正、紧固螺栓、配合检查验收等。

计量单位：t

编号				3-6-13	3-6-14
项目				制作	安装
名称			单位	消耗量	
人工	合计工日		工日	5.484	9.675
	其中	普工	工日	1.646	2.903
		一般技工	工日	2.193	3.869
		高级技工	工日	1.645	2.903
材料	主材		t	（1.060）	—
	木方		m^3	0.020	0.011
	氧气		m^3	6.772	—
	乙炔气		kg	2.605	—
	尼龙砂轮片 $\phi100$		片	2.554	—
	尼龙砂轮片 $\phi500\times25\times4$		片	2.356	—
	低碳钢焊条 J427		kg	8.432	—
	钢板垫板		kg	—	14.700
	其他材料费		%	6.00	6.00
机械	汽车式起重机 16t		台班	0.092	—
	汽车式起重机 25t		台班	—	0.231
	桥式起重机 5t		台班	0.580	—
	载货汽车－普通货车 8t		台班	0.231	0.102
	立式钻床 25mm		台班	0.078	—
	摇臂钻床 63mm		台班	0.206	—
	剪板机 20×2 500（安装用）		台班	0.129	—
	型钢矫正机 60×800（安装用）		台班	0.184	—
	硅整流弧焊机 20kV·A		台班	1.086	—
	电焊条恒温箱		台班	0.109	—
	电焊条烘干箱 80×80×100（cm^3）		台班	0.109	—

3. 高强度螺栓连接设备框架钢结构安装

工作内容: 施工准备、吊装组对、焊接、吊装就位、安装找正、紧固螺栓、配合检查验收等。

计量单位: t

编号				3-6-15	3-6-16	3-6-17	3-6-18
项目				高度(m以内)			
				3	8	15	40
名称			单位	消耗量			
人工	合计工日		工日	9.930	8.635	7.855	6.980
	其中	普工	工日	2.979	2.590	2.356	2.095
		一般技工	工日	3.972	3.454	3.143	2.791
		高级技工	工日	2.979	2.591	2.356	2.094
材料	主材		t	(1.060)	(1.060)	(1.060)	(1.060)
	木方		m^3	0.010	0.010	0.010	0.010
	钢板垫板		kg	7.560	7.350	7.140	6.825
	其他材料费		%	8.00	8.00	8.00	8.00
机械	汽车式起重机 16t		台班	0.352	0.312	0.098	0.095
	汽车式起重机 25t		台班	—	—	0.195	—
	汽车式起重机 50t		台班	—	—	—	0.190
	载货汽车 - 普通货车 10t		台班	0.147	0.117	0.098	0.095

4. 联合平台制作、安装

工作内容：放样、号料、切割、剪切、调直、型钢摵制、坡口、修口、组对、焊接、吊装就位、找正、焊接、垫铁点固、紧固螺栓等。

计量单位：t

编号				3-6-19	3-6-20	3-6-21	3-6-22	3-6-23	3-6-24
项目				花纹板式平台					
				每组质量（t）					
				10 以内	20 以内	40 以内	60 以内	80 以内	80 以外
名称			单位	消耗量					
人工	合计工日		工日	9.240	8.783	8.685	8.130	7.858	7.300
	其中	普工	工日	2.772	2.635	2.606	2.439	2.358	2.190
		一般技工	工日	3.696	3.513	3.473	3.252	3.143	2.920
		高级技工	工日	2.772	2.635	2.606	2.439	2.357	2.190
材料	主材		t	（1.060）	（1.060）	（1.060）	（1.060）	（1.060）	（1.060）
	低碳钢焊条 J427		kg	22.290	21.537	21.161	20.503	19.647	19.299
	氧气		m^3	17.063	16.381	15.863	15.020	14.507	13.481
	乙炔气		kg	6.563	6.300	6.101	5.777	5.580	5.185
	尼龙砂轮片 ϕ100		片	1.425	1.378	1.349	1.264	1.216	1.197
	道木		m^3	0.007	0.007	0.006	0.006	0.003	0.003
	木方		m^3	0.003	0.003	0.002	0.002	0.001	0.001
	钢板垫板		kg	12.350	8.360	4.750	4.275	4.275	4.275
	其他材料费		%	4.00	4.00	4.00	4.00	4.00	4.00
机械	弧焊机 32kV·A		台班	3.617	3.507	3.398	3.331	3.180	3.146
	电焊条恒温箱		台班	0.362	0.351	0.340	0.333	0.318	0.314
	电焊条烘干箱 80×80×100（cm^3）		台班	0.362	0.351	0.340	0.333	0.318	0.314
	剪板机 20×2 500（安装用）		台班	0.230	0.177	0.168	0.115	0.115	0.115
	立式钻床 25mm		台班	0.018	0.018	0.018	0.009	0.009	0.009
	汽车式起重机 16t		台班	0.804	0.777	0.760	0.760	0.707	0.707
	汽车式起重机 30t		台班	0.398	—	—	—	—	—
	汽车式起重机 40t		台班	—	0.380	—	—	—	—
	汽车式起重机 75t		台班	—	—	0.353	—	—	—
	汽车式起重机 100t		台班	—	—	—	0.327	0.300	0.274
	载货汽车－普通货车 8t		台班	0.062	0.062	0.062	0.062	0.062	0.062
	载货汽车－普通货车 10t		台班	0.018	0.018	0.018	0.018	0.018	0.018
	载货汽车－平板拖车组 30t		台班	—	0.115	0.115	0.115	0.115	0.115

计量单位：t

编号				3-6-25	3-6-26	3-6-27	3-6-28	3-6-29	3-6-30
项目				格栅板式平台					
				每组质量(t)					
				10 以内	10～20	20～40	40～60	60～80	80 以外
名称			单位	消耗量					
人工	合计工日		工日	10.534	10.009	9.797	9.273	8.954	8.216
	其中	普工	工日	3.160	3.002	2.939	2.782	2.686	2.465
		一般技工	工日	4.214	4.004	3.919	3.709	3.582	3.286
		高级技工	工日	3.160	3.003	2.939	2.782	2.686	2.465
材料	主材		t	(1.060)	(1.060)	(1.060)	(1.060)	(1.060)	(1.060)
	低碳钢焊条 J427		kg	25.412	24.651	24.143	23.381	22.365	21.857
	氧气		m^3	19.277	18.497	17.927	16.969	16.379	15.228
	乙炔气		kg	7.414	7.114	6.895	6.527	6.300	5.857
	尼龙砂轮片 ϕ100		片	1.568	1.520	1.473	1.387	1.330	1.311
	道木		m^3	0.007	0.007	0.006	0.006	0.003	0.003
	木方		m^3	0.002	0.002	0.002	0.001	0.001	0.001
	钢板垫板		kg	12.350	8.360	4.750	4.275	4.275	4.275
	其他材料费		%	4.00	4.00	4.00	4.00	4.00	4.00
机械	弧焊机 32kV·A		台班	4.010	3.884	3.808	3.692	3.533	3.448
	电焊条恒温箱		台班	0.401	0.389	0.381	0.369	0.353	0.345
	电焊条烘干箱 80×80×100(cm^3)		台班	0.401	0.389	0.381	0.369	0.353	0.345
	剪板机 20×2 500(安装用)		台班	0.194	0.177	0.168	0.159	0.151	0.141
	立式钻床 25mm		台班	1.599	1.501	1.202	0.795	0.707	0.530
	立式钻床 50mm		台班	0.857	0.804	0.645	0.416	0.371	0.274
	汽车式起重机 16t		台班	0.804	0.777	0.760	0.760	0.707	0.707
	汽车式起重机 30t		台班	0.398	—	—	—	—	—
	汽车式起重机 40t		台班	—	0.380	—	—	—	—
	汽车式起重机 75t		台班	—	—	0.353	—	—	—
	汽车式起重机 100t		台班	—	—	—	0.327	0.300	0.274
	载货汽车－普通货车 8t		台班	0.062	0.062	0.062	0.062	0.062	0.062
	载货汽车－普通货车 10t		台班	0.018	0.018	0.018	0.018	0.018	0.018
	载货汽车－平板拖车组 30t		台班	—	0.115	0.115	0.115	0.115	0.115

5. 平台制作、安装

工作内容：放样、号料、切割、剪切、调直、型钢摵制、坡口、修口、组对、焊接、吊装就位、找正、焊接、紧固螺栓等。

计量单位：t

编号				3-6-31	3-6-32	3-6-33	3-6-34	3-6-35	3-6-36
项目				花纹板式平台					
				扇形（质量 t）			矩形（质量 t）		
				0.5 以内	0.5～1	1 以外	0.5 以内	0.5～1	1 以外
名称			单位	消耗量					
人工	合计工日		工日	9.472	7.954	7.198	6.914	6.798	5.667
	其中	普工	工日	2.841	2.386	2.159	2.074	2.040	1.700
		一般技工	工日	3.789	3.182	2.879	2.766	2.719	2.267
		高级技工	工日	2.842	2.386	2.160	2.074	2.039	1.700
材料	主材		t	（1.080）	（1.080）	（1.080）	（1.060）	（1.060）	（1.060）
	低碳钢焊条 J427		kg	19.224	17.108	14.992	17.964	16.017	13.929
	氧气		m^3	10.112	9.301	8.493	6.167	5.387	4.571
	乙炔气		kg	3.889	3.577	3.267	2.372	2.072	1.758
	尼龙砂轮片 ϕ100		片	1.292	1.188	1.007	0.798	0.703	0.618
	木方		m^3	0.002	0.002	0.002	0.003	0.003	0.003
	其他材料费		%	4.00	4.00	4.00	4.00	4.00	4.00
机械	弧焊机 32kV·A		台班	3.037	2.702	2.366	2.836	2.526	2.198
	电焊条恒温箱		台班	0.304	0.271	0.237	0.284	0.253	0.219
	电焊条烘干箱 80×80×100（cm^3）		台班	0.304	0.271	0.237	0.284	0.253	0.219
	剪板机 20×2 500（安装用）		台班	0.141	0.133	0.115	0.274	0.265	0.230
	汽车式起重机 16t		台班	0.433	0.459	0.475	0.433	0.459	0.475
	载货汽车－普通货车 8t		台班	0.062	0.062	0.062	0.062	0.062	0.062
	载货汽车－普通货车 10t		台班	0.018	0.018	0.018	0.018	0.018	0.018

计量单位：t

编　号				3-6-37	3-6-38	3-6-39	3-6-40	3-6-41	3-6-42
项　目				格栅板平台					
				扇形（质量 t）			矩形（质量 t）		
				0.5 以内	0.5～1	1 以外	0.5 以内	0.5～1	1 以外
名　称			单位	消　耗　量					
人工	合计工日		工日	10.775	9.483	8.082	8.851	7.687	6.460
	其中	普工	工日	3.233	2.845	2.425	2.656	2.306	1.938
		一般技工	工日	4.310	3.793	3.233	3.540	3.075	2.584
		高级技工	工日	3.232	2.845	2.424	2.655	2.306	1.938
材料	主材		t	（1.080）	（1.080）	（1.080）	（1.060）	（1.060）	（1.060）
	低碳钢焊条 J427		kg	24.058	21.650	19.008	20.164	18.095	15.876
	氧气		m^3	10.214	9.502	8.473	7.476	6.413	5.626
	乙炔气		kg	3.928	3.655	3.259	2.875	2.467	2.164
	尼龙砂轮片 ϕ100		片	1.359	1.226	1.083	1.074	0.960	0.846
	木方		m^3	0.001	0.001	0.001	0.001	0.001	0.001
	其他材料费		%	4.00	4.00	4.00	4.00	4.00	4.00
机械	弧焊机 32kV·A		台班	3.893	3.507	3.079	3.180	2.862	2.508
	电焊条恒温箱		台班	0.390	0.351	0.308	0.318	0.286	0.251
	电焊条烘干箱 80×80×100（cm^3）		台班	0.390	0.351	0.308	0.318	0.286	0.251
	剪板机 20×2 500（安装用）		台班	0.124	0.106	0.098	0.247	0.212	0.194
	立式钻床 25mm		台班	0.610	0.548	0.486	0.610	0.548	0.486
	立式钻床 50mm		台班	0.336	0.292	0.265	0.336	0.292	0.265
	汽车式起重机 16t		台班	0.433	0.459	0.345	0.433	0.459	0.345
	载货汽车－普通货车 8t		台班	0.618	0.618	0.618	0.618	0.618	0.618
	载货汽车－普通货车 10t		台班	0.018	0.018	0.018	0.018	0.018	0.018

6. 格栅板平台安装

工作内容：施工准备、吊装组对、焊接、吊装就位、安装找正、紧固螺栓、配合检查验收等。

计量单位：t

编号			3-6-43	3-6-44
项目			固定方式	
			焊接固定	螺栓紧固
名称		单位	消耗量	
人工	合计工日	工日	2.066	1.958
	其中 普工	工日	0.620	0.588
	其中 一般技工	工日	0.826	0.783
	其中 高级技工	工日	0.620	0.587
材料	主材	t	（1.030）	（1.030）
	氧气	m^3	0.069	—
	乙炔气	kg	0.027	—
	低碳钢焊条 J427	kg	4.455	—
	钢板垫板	kg	7.128	6.930
	其他材料费	%	5.00	5.00
机械	汽车式起重机 25t	台班	0.140	0.140
	载货汽车－普通货车 5t	台班	0.033	0.033
	硅整流弧焊机 15kV·A	台班	0.893	—
	电焊条恒温箱	台班	0.089	—
	电焊条烘干箱 80×80×100（cm^3）	台班	0.089	—

7. 设备支架制作、安装

工作内容：放样、号料、切割、剪切、调直、型钢揻制、坡口、修口、组对、焊接、吊装就位、找正、焊接、紧固螺栓等。

计量单位：t

编号				3-6-45	3-6-46	3-6-47	3-6-48	3-6-49	3-6-50	3-6-51
项目				每组质量(t)						
				0.2以内	0.2～0.5	0.5～1	1～3	3～5	5～10	10以外
名称			单位	消耗量						
人工	合计工日		工日	8.962	8.003	7.362	6.720	6.162	5.521	4.963
	其中	普工	工日	2.688	2.401	2.209	2.016	1.849	1.657	1.489
		一般技工	工日	3.585	3.201	2.945	2.688	2.465	2.208	1.985
		高级技工	工日	2.689	2.401	2.208	2.016	1.848	1.656	1.489
材料	主材		t	(1.060)	(1.060)	(1.060)	(1.060)	(1.060)	(1.060)	(1.060)
	低碳钢焊条 J427		kg	21.246	19.713	18.725	17.738	15.970	14.192	12.227
	氧气		m^3	7.575	6.766	6.421	6.090	5.415	4.874	4.266
	乙炔气		kg	2.913	2.602	2.470	2.342	2.083	1.875	1.641
	尼龙砂轮片 ϕ100		片	1.197	1.121	1.074	1.007	0.912	0.817	0.694
	木方		m^3	0.006	0.006	0.006	0.005	0.005	0.004	0.004
	其他材料费		%	4.00	4.00	4.00	4.00	4.00	4.00	4.00
机械	弧焊机 32kV·A		台班	3.281	3.037	2.794	2.727	2.458	2.190	1.888
	电焊条恒温箱		台班	0.328	0.304	0.280	0.272	0.246	0.219	0.189
	电焊条烘干箱 80×80×100(cm^3)		台班	0.328	0.304	0.280	0.272	0.246	0.219	0.189
	剪板机 20×2 500(安装用)		台班	0.247	0.212	0.186	0.159	0.159	0.133	0.133
	立式钻床 25mm		台班	0.168	0.133	0.124	0.115	0.106	0.098	0.080
	立式钻床 50mm		台班	—	0.027	0.027	0.027	0.018	0.018	0.018
	汽车式起重机 16t		台班	0.239	0.442	0.424	0.380	0.353	0.319	0.283
	载货汽车－普通货车 8t		台班	0.062	0.062	0.062	0.062	0.062	0.062	0.062
	载货汽车－普通货车 10t		台班	0.018	0.018	0.018	0.018	0.018	0.018	0.018

8. 梯子、栏杆扶手制作、安装

工作内容：放样、号料、切割、剪切、调直、型钢摵制、坡口、修口、组对、焊接、吊装就位、找正、焊接、紧固螺栓等。

计量单位：t

编号				3-6-52	3-6-53	3-6-54	3-6-55	3-6-56	3-6-57
项目				斜梯制作、安装		直梯	螺旋盘梯制作、安装		栏杆、扶手
				花纹板踏步	格栅板踏步	制作、安装	花纹板踏步	格栅板踏步	制作、安装
名称			单位	消耗量					
人工	合计工日		工日	16.760	18.623	17.224	25.057	26.970	14.300
	其中	普工	工日	5.028	5.587	5.167	7.517	8.091	4.290
		一般技工	工日	6.704	7.449	6.890	10.023	10.788	5.720
		高级技工	工日	5.028	5.587	5.167	7.517	8.091	4.290
材料	主材		t	(1.060)	(1.060)	(1.060)	(1.060)	(1.060)	(1.060)
	低碳钢焊条 J427		kg	33.310	42.700	24.460	44.240	52.220	10.500
	氧气		m^3	15.732	18.090	16.500	28.521	31.140	16.944
	乙炔气		kg	6.051	6.958	6.346	10.970	11.977	6.517
	尼龙砂轮片 $\phi100$		片	1.050	1.340	2.080	2.780	3.120	2.080
	木方		m^3	—	—	—	0.006	0.004	—
	其他材料费		%	4.00	4.00	4.00	4.00	4.00	4.00
机械	弧焊机 32kV·A		台班	7.102	8.162	3.932	8.107	9.566	2.147
	电焊条恒温箱		台班	0.711	0.817	0.393	0.811	0.957	0.215
	电焊条烘干箱 80×80×100(cm^3)		台班	0.711	0.817	0.393	0.811	0.957	0.215
	剪板机 20×2 500(安装用)		台班	0.558	—	0.065	0.605	0.605	—
	卷板机 30×2 000(安装用)		台班	—	—	—	0.233	0.233	—
	摩擦压力机 3 000kN		台班	—	—	—	0.140	0.140	—
	立式钻床 25mm		台班	0.037	0.037	2.008	—	—	—
	汽车式起重机 16t		台班	0.902	0.902	0.716	0.855	0.855	0.986
	载货汽车－普通货车 8t		台班	0.065	0.065	0.065	0.065	0.065	0.065
	载货汽车－普通货车 10t		台班	0.019	0.019	0.019	0.019	0.019	0.019

9. 零星小型金属结构件制作、安装

工作内容：画线、下料、平直、加工、组对、焊接、安装等。　　　　**计量单位：**100kg

编　号				3-6-58	3-6-59	3-6-60	3-6-61
项　目				制作		安装	
				金属结构件（单体质量 kg）			
				50 以内	50 以外	50 以内	50 以外
名　称			单位	消　耗　量			
人工	合计工日		工日	2.252	1.914	1.507	1.282
	其中	普工	工日	0.675	0.574	0.504	0.289
		一般技工	工日	0.901	0.766	0.573	0.703
		高级技工	工日	0.676	0.574	0.430	0.290
材料	主材		t	（0.105）	（0.105）	—	—
	低碳钢焊条 J427		kg	1.800	1.710	1.400	1.330
	砂轮片 ϕ350		片	0.050	0.050	—	—
	其他材料费		%	3.00	3.00	3.00	3.00
机械	刨边机 12 000		台班	0.093	0.093	—	—
	卷板机 20×2 000		台班	0.093	0.093	—	—
	弧焊机 20kV·A		台班	0.236	0.214	0.186	0.186
	砂轮切割机 ϕ350		台班	0.093	0.093	—	—
	联合冲剪机 16mm		台班	0.093	0.093	—	—

二、烟囱、风道制作、安装

1. 烟囱制作、安装

工作内容：放样、号料、切割、剪切、坡口、修口、卷圆压头、找圆、型钢摵制、异径弯头制作、组对、焊接、吊装就位、固定风缆绳等。

计量单位：t

编号				3-6-62	3-6-63	3-6-64	3-6-65	3-6-66	3-6-67
项目				烟囱制作、安装（直径 mm）					
				制作			安装		
				600	1 200	1 200 以外	600	1 200	1 200 以外
名称			单位	消耗量					
人工	合计工日		工日	6.304	4.872	4.464	3.008	2.646	2.034
	其中	普工	工日	1.892	1.462	1.339	0.902	0.793	0.611
		一般技工	工日	2.521	1.948	1.785	1.203	1.059	0.813
		高级技工	工日	1.891	1.462	1.340	0.903	0.794	0.610
材料	主材		t	（1.060）	（1.060）	（1.060）	—	—	—
	低碳钢焊条 J427		kg	20.280	18.048	17.008	2.426	1.940	1.683
	氧气		m^3	4.650	4.371	4.217	1.200	0.801	0.713
	乙炔气		kg	1.788	1.681	1.622	0.462	0.308	0.274
	道木		m^3	—	—	0.010	0.010	0.010	0.010
	木方		m^3	0.003	0.003	—	—	—	—
	钢板垫板		kg	—	—	—	3.900	3.700	3.584
	无石棉板衬垫		kg	—	—	—	2.800	2.200	1.980
	无石棉绳		kg	—	—	—	0.440	0.390	0.347
	其他材料费		%	4.00	4.00	4.00	4.00	4.00	4.00
机械	弧焊机 32kV·A		台班	2.919	2.251	2.025	0.365	0.226	0.184
	电焊条烘干箱 80×80×100（cm^3）		台班	0.292	0.225	0.203	0.036	0.022	0.019
	剪板机 20×2 500（安装用）		台班	0.140	0.112	0.101	—	—	—
	卷板机 30×2 000（安装用）		台班	0.140	0.112	0.092	—	—	—
	汽车式起重机 16t		台班	0.205	0.167	—	0.065	0.065	—
	汽车式起重机 40t		台班	—	—	0.147	—	—	0.047
	汽车式起重机 75t		台班	—	—	—	0.174	0.158	—
	汽车式起重机 100t		台班	—	—	—	—	—	0.139
	载货汽车－普通货车 8t		台班	0.019	0.019	0.019	—	—	—
	载货汽车－普通货车 10t		台班	—	—	—	0.065	0.065	0.047
	电动空气压缩机 6m^3/min		台班	0.167	0.140	0.129	—	—	—
	电焊条恒温箱		台班	0.292	0.225	0.203	0.036	0.022	0.019

2. 风道制作、安装

工作内容：放样、号料、切割、剪切、坡口、修口、卷圆压头、找圆、型钢摵制、异径弯头制作、组对、焊接、吊装就位、固定风缆绳等。

计量单位：t

编号				3-6-68	3-6-69
项目				烟（风）道	
				烟（风）道制作、安装	
				圆筒形	矩形
名称			单位	消耗量	
人工	合计工日		工日	11.360	15.339
	其中	普工	工日	3.408	4.602
		一般技工	工日	4.544	6.135
		高级技工	工日	3.408	4.602
材料	主材		t	（1.080）	（1.100）
	低碳钢焊条 J427		kg	23.294	35.124
	氧气		m^3	9.108	12.746
	乙炔气		kg	3.503	4.902
	道木		m^3	0.010	0.010
	木方		m^3	0.004	0.004
	其他材料费		%	4.00	4.00
机械	弧焊机 32kV·A		台班	3.101	4.568
	电焊条烘干箱 80×80×100（cm^3）		台班	0.310	0.457
	电焊条恒温箱		台班	0.310	0.457
	剪板机 20×2 500（安装用）		台班	0.074	0.127
	卷板机 30×2 000（安装用）		台班	0.249	0.363
	汽车式起重机 16t		台班	0.391	0.456
	汽车式起重机 40t		台班	0.205	0.288
	载货汽车－普通货车 8t		台班	0.019	0.019
	载货汽车－普通货车 10t		台班	0.065	0.065

三、料斗、料仓制作、安装

1. 方形碳钢料斗、料仓预制、安装

工作内容：施工准备、放样下料、调整、组对、焊接、吊装就位安装、配合检查验收等。 **计量单位：**t

编号			3-6-70	3-6-71	3-6-72	3-6-73	3-6-74
项目			普通方型				
			质量（t）				
			0.2 以内	0.5 以内	1 以内	2 以内	2 以外
名称		单位	消耗量				
人工	合计工日	工日	10.019	9.609	8.981	8.276	7.765
人工	其中 普工	工日	3.005	2.883	2.694	2.483	2.330
人工	其中 一般技工	工日	4.008	3.843	3.592	3.310	3.106
人工	其中 高级技工	工日	3.006	2.883	2.695	2.483	2.329
材料	主材	t	（1.100）	（1.100）	（1.100）	（1.100）	（1.100）
材料	道木	m^3	0.010	0.010	0.010	0.010	0.010
材料	氧气	m^3	13.779	12.407	11.642	10.437	9.408
材料	乙炔气	kg	5.300	4.772	4.478	4.014	3.618
材料	尼龙砂轮片 ϕ150	片	2.058	1.666	1.568	1.470	1.274
材料	低碳钢焊条 J427	kg	33.565	28.322	27.244	26.558	25.970
材料	其他材料费	%	4.00	4.00	4.00	4.00	4.00
机械	汽车式起重机 16t	台班	0.276	0.246	0.246	0.184	0.184
机械	载货汽车－普通货车 5t	台班	0.047	0.047	0.047	0.047	0.047
机械	硅整流弧焊机 15kV·A	台班	4.602	4.096	3.929	3.828	3.754
机械	剪板机 20×2 500（安装用）	台班	0.092	0.092	0.092	0.073	0.073
机械	电动空气压缩机 $6m^3/min$	台班	0.073	0.073	0.073	0.047	0.047
机械	电焊条烘干箱 80×80×100（cm^3）	台班	0.461	0.410	0.393	0.383	0.376
机械	电焊条恒温箱	台班	0.461	0.410	0.393	0.383	0.376

2. 圆形碳钢料斗、料仓预制、安装

工作内容： 施工准备、放样下料、卷弧、调整、组对、焊接、吊装就位安装、配合检查验收等。

计量单位： t

编　　号				3-6-75	3-6-76	3-6-77	3-6-78	3-6-79
项　　目				普通圆形				
				质量（t）				
				0.2 以内	0.5 以内	1 以内	2 以内	2 以外
名　　称			单位	消　耗　量				
人工	合计工日		工日	9.177	8.587	8.118	7.687	7.387
	其中	普工	工日	2.753	2.576	2.435	2.306	2.216
		一般技工	工日	3.671	3.435	3.247	3.075	2.955
		高级技工	工日	2.753	2.576	2.436	2.306	2.216
材料	主材		t	（1.080）	（1.080）	（1.080）	（1.080）	（1.080）
	道木		m^3	0.010	0.010	0.010	0.010	0.010
	氧气		m^3	12.603	10.819	9.849	9.114	8.467
	乙炔气		kg	4.847	4.161	3.788	3.505	3.257
	尼龙砂轮片 $\phi150$		片	1.764	1.568	1.470	1.372	1.176
	低碳钢焊条 J427		kg	27.048	26.264	25.382	24.696	24.206
	其他材料费		%	4.00	4.00	4.00	4.00	4.00
机械	汽车式起重机 16t		台班	0.307	0.246	0.231	0.184	0.184
	载货汽车 – 普通货车 5t		台班	0.047	0.047	0.047	0.047	0.047
	剪板机 20×2 500（安装用）		台班	0.092	0.073	0.055	0.055	0.047
	卷板机 30×2 000（安装用）		台班	0.184	0.184	0.184	0.147	0.147
	电焊条烘干箱 80×80×100（cm^3）		台班	0.378	0.367	0.358	0.350	0.323
	电焊条恒温箱		台班	0.378	0.367	0.358	0.350	0.323
	电动空气压缩机 $6m^3/min$		台班	0.073	0.073	0.047	0.047	0.047
	硅整流弧焊机 15kV·A		台班	3.782	3.663	3.571	3.498	3.221

3. 铝合金料斗、料仓制作、安装

工作内容：施工准备、放样下料、切割、剪切、坡口、卷圆压头、找圆、组对、焊接、吊装就位等。

计量单位：t

编号			3-6-80	3-6-81	3-6-82	3-6-83
项目			铝合金仓、料斗 质量(t)			
			2 以内	5 以内	8 以内	8 以外
名称		单位	消耗量			
人工	合计工日	工日	34.142	33.268	31.536	30.286
人工	其中 普工	工日	10.242	9.981	9.460	9.087
人工	其中 一般技工	工日	13.657	13.307	12.615	12.114
人工	其中 高级技工	工日	10.243	9.980	9.461	9.085
材料	主材	t	(1.120)	(1.120)	(1.120)	(1.120)
材料	氧气	m^3	9.600	9.600	9.000	8.300
材料	乙炔气	kg	3.692	3.692	3.462	3.192
材料	氩气	m^3	24.300	24.300	21.800	20.100
材料	尼龙砂轮片 $\phi150$	片	3.000	3.000	2.500	2.000
材料	木方	m^3	0.010	0.010	0.010	0.010
材料	铝焊条 铝 109 $\phi4.0$	kg	13.100	12.400	11.500	11.000
材料	碳精棒 $\phi8\sim12$	根	26.000	24.000	22.000	20.000
材料	钍钨棒	kg	0.800	0.800	0.800	0.800
材料	硝酸	kg	25.500	25.000	24.000	22.000
材料	丙酮	kg	2.200	2.200	2.200	2.200
材料	氢氧化钠(烧碱)	kg	4.500	4.500	4.500	4.500
材料	其他材料费	%	5.00	5.00	5.00	5.00
机械	氩弧焊机 500A	台班	4.908	4.295	3.885	3.580
机械	剪板机 20×2 500(安装用)	台班	0.205	0.205	0.205	0.205
机械	卷板机 30×2 000(安装用)	台班	0.102	0.102	0.102	0.102
机械	电动空气压缩机 $6m^3/min$	台班	0.223	0.223	0.205	0.205
机械	汽车式起重机 20t	台班	0.358	0.358	0.307	0.307
机械	载货汽车－普通货车 10t	台班	0.051	0.051	0.051	0.051

4. 铝镁合金料斗、料仓制作

(1)整 体 制 作

工作内容: 施工准备、放样下料、卷弧、调整、组对、焊接、配合检查验收等。　　　　**计量单位:** t

编　号			3-6-84	3-6-85	3-6-86	3-6-87	3-6-88	3-6-89	3-6-90	3-6-91	3-6-92
项　目			容积(m³以内)								
			1	2	5	10	15	20	30	40	65
名　称		单位	消　耗　量								
人工	合计工日	工日	61.900	51.575	42.272	40.664	39.933	39.526	38.207	36.654	34.007
	其中 普工	工日	18.570	15.472	12.682	12.198	11.980	11.858	11.462	10.997	10.202
	其中 一般技工	工日	24.760	20.630	16.909	16.266	15.973	15.810	15.283	14.661	13.603
	其中 高级技工	工日	18.570	15.473	12.681	12.200	11.980	11.858	11.462	10.996	10.202
材料	主材	t	(1.140)	(1.140)	(1.140)	(1.140)	(1.140)	(1.140)	(1.140)	(1.140)	(1.140)
	水	t	13.864	8.773	8.773	7.673	7.316	6.776	5.850	5.850	5.850
	木方	m³	0.059	0.059	0.059	0.059	0.059	0.059	0.059	0.059	0.059
	煤油	kg	2.345	2.345	2.345	2.345	2.345	2.341	2.341	2.121	2.121
	氩气	m³	79.486	79.108	77.977	75.407	72.839	70.151	67.388	64.624	61.312
	氧气	m³	11.092	7.023	3.951	3.565	3.178	2.756	2.106	2.106	2.106
	乙炔气	kg	4.266	2.701	1.520	1.371	1.222	1.060	0.810	0.810	0.810
	白垩	kg	1.900	1.900	1.900	1.876	1.876	1.873	1.696	1.696	1.696
	尼龙砂轮片 ϕ150	片	54.926	54.520	53.190	53.190	52.767	52.767	52.401	52.401	49.856
	钢板(综合)	kg	—	—	—	—	—	—	—	4.176	4.176
	无缝钢管(综合)	kg	—	—	—	—	—	—	—	13.272	10.018
	铝板(综合)	kg	66.492	66.177	65.230	63.653	62.076	60.499	58.922	57.345	54.980
	铈钨棒	g	158.973	158.217	155.954	150.814	145.678	140.302	134.775	129.248	122.623
	铝锰合金焊丝 丝321 ϕ1~6	kg	28.388	28.253	27.849	26.931	26.014	25.054	24.067	23.080	21.897
	脱脂剂	L	17.221	16.977	16.363	15.291	14.217	13.145	11.000	10.514	7.028
	其他材料费	%	6.00	6.00	6.00	6.00	6.00	6.00	6.00	6.00	6.00
机械	桥式起重机 5t	台班	4.805	4.780	4.705	4.579	4.455	4.330	4.188	4.044	3.831
	摇臂钻床 25mm	台班	0.137	0.103	0.028	0.025	0.023	0.020	0.015	0.015	0.015
	摇臂钻床 63mm	台班	0.189	0.125	0.106	0.259	0.228	0.198	0.137	0.137	0.137
	剪板机 20×2 500(安装用)	台班	2.085	2.073	2.032	1.966	1.900	1.845	1.791	1.734	1.653
	卷板机 2×1 600(安装用)	台班	6.923	5.749	4.934	3.940	1.921	1.644	1.538	1.436	1.283
	刨边机 12 000(安装用)	台班	0.317	0.317	0.317	0.317	0.317	0.317	0.317	0.317	0.317
	氩弧焊机 500A	台班	9.467	9.518	9.672	9.919	10.175	10.357	9.489	9.329	8.266
	等离子切割机 400A	台班	7.868	8.553	9.055	9.534	9.930	9.052	8.137	7.221	6.434
	电动空气压缩机 1m³/min	台班	7.868	8.553	9.055	9.534	9.930	9.052	8.137	7.221	6.434
	电动空气压缩机 6m³/min	台班	0.011	0.011	0.025	0.025	0.030	0.030	0.030	0.030	0.030
	电动单级离心清水泵 50mm	台班	0.137	0.109	0.105	0.100	0.096	0.090	0.080	0.080	0.055
	电动滚胎机	台班	—	0.627	0.636	0.650	0.664	0.678	0.707	0.735	0.804

(2)分段制作

工作内容: 施工准备、放样下料、卷弧、调整、组对、焊接、配合检查验收等。 **计量单位:** t

编号			3-6-93	3-6-94	3-6-95	3-6-96
项目			容积(m^3以内)			
			100	150	200	250
名称		单位	消耗量			
人工	合计工日	工日	26.413	24.398	22.383	20.369
其中	普工	工日	7.924	7.319	6.715	6.111
	一般技工	工日	10.565	9.759	8.953	8.147
	高级技工	工日	7.924	7.320	6.715	6.111
材料	主材	t	(1.140)	(1.140)	(1.140)	(1.140)
	木方	m^3	0.040	0.040	0.040	0.040
	煤油	kg	1.602	1.511	1.420	1.330
	氩气	m^3	59.097	57.708	56.316	53.332
	氧气	m^3	1.333	0.902	0.662	0.662
	乙炔气	kg	0.513	0.347	0.255	0.255
	白垩	kg	1.281	1.208	0.902	0.902
	尼龙砂轮片 $\phi150$	片	35.105	32.076	29.066	26.591
	铝板(综合)	kg	40.644	37.667	35.608	33.550
	铈钨棒	g	118.194	115.416	112.633	106.663
	铝锰合金焊丝 丝321 $\phi1\sim6$	kg	21.106	20.610	20.113	19.047
	脱脂剂	L	10.144	11.193	12.242	13.291
	其他材料费	%	6.00	6.00	6.00	6.00
机械	桥式起重机 5t	台班	2.185	1.891	1.595	1.298
	摇臂钻床 25mm	台班	0.008	0.007	0.005	0.005
	摇臂钻床 63mm	台班	0.179	0.185	0.139	0.139
	剪板机 20×2 500(安装用)	台班	0.202	0.168	0.136	0.104
	剪板机 32×4 000(安装用)	台班	0.651	0.584	0.518	0.452
	卷板机 2×1 600(安装用)	台班	0.801	0.741	0.682	0.622
	刨边机 12 000(安装用)	台班	0.219	0.219	0.219	0.219
	氩弧焊机 500A	台班	6.137	5.525	4.912	4.300
	等离子切割机 400A	台班	5.324	4.786	4.247	3.711
	电动空气压缩机 $1m^3/min$	台班	5.324	4.786	4.247	3.711
	电动空气压缩机 $6m^3/min$	台班	0.021	0.021	0.021	0.021
	电动滚胎机	台班	0.698	1.256	1.158	1.057

(3)分片制作

工作内容：施工准备、放样下料、卷弧、调整、组对、焊接、配合检查验收等。 **计量单位：**t

编号			3-6-97	3-6-98	3-6-99	3-6-100	3-6-101
项目			容积（m^3以内）				
			300	400	500	600	700
名称		单位	消耗量				
人工	合计工日	工日	6.369	6.220	5.927	5.633	5.339
	其中 普工	工日	1.911	1.866	1.778	1.690	1.602
	其中 一般技工	工日	2.547	2.488	2.371	2.253	2.136
	其中 高级技工	工日	1.911	1.866	1.778	1.690	1.601
材料	主材	t	（1.140）	（1.140）	（1.140）	（1.140）	（1.140）
	木方	m^3	0.030	0.030	0.030	0.030	0.030
	氩气	m^3	0.090	0.087	0.084	0.081	0.078
	氧气	m^3	0.559	0.606	0.652	0.698	0.745
	乙炔气	kg	0.215	0.233	0.251	0.268	0.287
	尼龙砂轮片 ϕ150	片	3.465	3.168	3.069	2.970	2.831
	铝板（综合）	kg	1.742	1.624	1.495	1.376	1.257
	铈钨棒	g	0.179	0.174	0.168	0.162	0.157
	铝焊丝 丝301 ϕ4.0	kg	0.032	0.031	0.030	0.029	0.028
	其他材料费	%	3.00	3.00	3.00	3.00	3.00
机械	桥式起重机 5t	台班	1.633	1.520	1.407	1.294	1.182
	摇臂钻床 25mm	台班	0.008	0.007	0.005	0.003	0.001
	摇臂钻床 63mm	台班	0.060	0.064	0.069	0.072	0.115
	剪板机 20×2 500（安装用）	台班	0.135	0.162	0.190	0.218	0.246
	剪板机 32×4 000（安装用）	台班	0.335	0.274	0.214	0.154	0.094
	卷板机 2×1 600（安装用）	台班	0.285	0.285	0.285	0.285	0.285
	刨边机 12 000（安装用）	台班	0.199	0.199	0.199	0.199	0.115
	氩弧焊机 500A	台班	0.027	0.025	0.023	0.022	0.020
	等离子切割机 400A	台班	2.795	2.508	2.222	1.938	1.815
	电动空气压缩机 1m^3/min	台班	2.795	2.508	2.222	1.938	1.815

5. 铝镁合金料斗、料仓安装

(1)整 体 安 装

工作内容:施工准备、吊装就位、找正、配合检查验收等。 **计量单位:**t

编号				3-6-102	3-6-103	3-6-104	3-6-105	3-6-106	3-6-107	3-6-108	3-6-109	3-6-110
项目				容积(m^3 以内)								
				1	2	5	10	15	20	30	40	65
名称			单位	消耗量								
人工	合计工日		工日	16.070	13.264	11.683	8.470	5.265	4.751	3.995	3.231	2.637
	其中	普工	工日	4.821	3.979	3.505	2.541	1.580	1.425	1.198	0.968	0.791
		一般技工	工日	6.428	5.306	4.673	3.388	2.106	1.900	1.598	1.293	1.055
		高级技工	工日	4.821	3.979	3.505	2.541	1.579	1.426	1.199	0.970	0.791
材料	道木		m^3	0.099	0.099	0.099	0.069	0.069	0.059	0.059	0.050	0.050
	氧气		m^3	1.188	1.030	1.010	0.990	0.960	0.851	0.782	0.673	0.634
	乙炔气		kg	0.457	0.396	0.388	0.381	0.369	0.327	0.301	0.259	0.244
	低碳钢焊条 J427		kg	1.782	1.742	1.703	1.594	1.515	1.168	1.049	0.990	0.941
	垫铁		kg	6.336	6.237	5.841	5.742	5.742	5.148	4.930	4.554	4.158
	其他材料费		%	3.00	3.00	3.00	3.00	3.00	3.00	3.00	3.00	3.00
机械	弧焊机 32kV·A		台班	0.250	0.244	0.238	0.223	0.212	0.164	0.147	0.139	0.132
	汽车式起重机 16t		台班	2.997	2.925	2.587	2.026	1.321	0.724	0.654	0.587	0.533
	汽车式起重机 25t		台班	—	—	—	—	—	0.386	0.301	0.219	—
	汽车式起重机 40t		台班	—	—	—	—	—	—	—	—	0.100
	载货汽车 - 普通货车 5t		台班	0.355	0.300	0.273	0.182	0.182	—	—	—	—
	载货汽车 - 普通货车 8t		台班	—	—	—	0.255	0.228	0.209	0.091	0.091	0.091
	载货汽车 - 普通货车 15t		台班	—	—	—	—	—	—	0.182	0.164	0.137

(2)分 段 安 装

工作内容：施工准备、吊装就位、组对焊接、找正、配合检查验收等。　　　　**计量单位：**t

编号				3-6-111	3-6-112	3-6-113	3-6-114
项目				容积（m^3以内）			
				100	150	200	250
名称			单位	消耗量			
人工	合计工日		工日	5.069	4.657	4.240	3.824
	其中	普工	工日	1.521	1.397	1.272	1.147
		一般技工	工日	2.027	1.863	1.696	1.530
		高级技工	工日	1.521	1.397	1.272	1.147
材料	水		t	6.081	4.520	3.463	2.551
	道木		m^3	0.395	0.353	0.312	0.270
	煤油		kg	0.193	0.173	0.153	0.134
	氩气		m^3	1.918	1.714	1.509	1.305
	白垩		kg	0.153	0.138	0.122	0.106
	尼龙砂轮片 ϕ150		片	5.414	4.836	4.258	3.676
	铝板（综合）		kg	2.999	2.677	2.355	2.033
	铈钨棒		g	3.836	3.427	3.018	2.610
	钢丝绳 ϕ15		m	0.850	0.734	0.617	0.500
	铝锰合金焊丝 丝321 ϕ1～6		kg	0.685	0.612	0.539	0.466
	其他材料费		%	5.00	5.00	5.00	5.00
机械	汽车式起重机 16t		台班	0.678	0.568	0.500	0.454
	汽车式起重机 25t		台班	0.314	0.209	—	—
	汽车式起重机 40t		台班	—	—	0.159	—
	汽车式起重机 50t		台班	—	—	—	0.116
	载货汽车－普通货车 5t		台班	0.066	0.044	0.032	0.020
	载货汽车－平板拖车组 15t		台班	0.246	0.083	0.061	0.039
	载货汽车－平板拖车组 20t		台班	—	0.098	0.072	0.047
	氩弧焊机 500A		台班	0.872	0.778	0.685	0.583
	等离子切割机 400A		台班	0.197	0.139	0.114	0.091
	电动空气压缩机 1m^3/min		台班	0.197	0.139	0.114	0.091
	电动空气压缩机 6m^3/min		台班	0.004	0.003	0.002	0.001
	电动单级离心清水泵 50mm		台班	0.055	0.042	0.032	0.022

(3)分片安装

工作内容：施工准备、吊装就位、组对焊接、找正、配合检查验收等。 **计量单位：**t

编号				3-6-115	3-6-116	3-6-117	3-6-118	3-6-119
项目				容积（m^3以内）				
				300	400	500	600	700
名称			单位	消耗量				
人工	合计工日		工日	17.305	16.947	16.588	16.212	15.751
	其中	普工	工日	5.191	5.084	4.977	4.864	4.725
		一般技工	工日	6.922	6.779	6.635	6.484	6.301
		高级技工	工日	5.192	5.084	4.976	4.864	4.725
材料	水		t	2.897	2.601	2.305	2.009	1.713
	道木		m^3	0.257	0.238	0.218	0.198	0.178
	煤油		kg	1.443	1.376	1.309	1.241	1.175
	氩气		m^3	37.999	39.427	40.855	42.286	43.716
	氧气		m^3	0.148	0.134	0.120	0.106	0.092
	脱脂剂		L	7.397	7.188	6.980	6.772	6.564
	乙炔气		kg	0.057	0.052	0.046	0.041	0.035
	白垩		kg	1.154	1.100	1.046	0.992	0.939
	尼龙砂轮片 ϕ150		片	122.860	124.483	126.105	127.738	129.350
	铝板（综合）		kg	22.054	22.677	23.299	23.921	24.544
	铈钨棒		g	75.998	78.854	81.710	84.571	87.433
	铝锰合金焊丝 丝321 ϕ1～6		kg	13.571	14.081	14.591	15.102	15.613
	其他材料费		%	5.00	5.00	5.00	5.00	5.00
机械	汽车式起重机 16t		台班	1.147	1.192	1.236	1.282	1.328
	汽车式起重机 50t		台班	0.228	0.034	0.057	0.078	0.091
	汽车式起重机 80t		台班	0.133	0.253	0.226	0.199	0.173
	载货汽车－普通货车 10t		台班	0.104	0.103	0.102	0.102	0.101
	剪板机 20×2 000（安装用）		台班	0.004	0.004	0.004	0.004	0.004
	卷板机 2×1 600（安装用）		台班	0.150	0.169	0.190	0.209	0.231
	氩弧焊机 500A		台班	5.877	5.858	5.840	5.822	5.804
	等离子切割机 400A		台班	0.910	0.925	0.939	0.954	0.968
	电动空气压缩机 1m^3/min		台班	0.910	0.925	0.939	0.954	0.968
	电动空气压缩机 6m^3/min		台班	0.020	0.020	0.019	0.018	0.017
	电动单级离心清水泵 50mm		台班	0.020	0.020	0.019	0.018	0.017

6. 铝镁合金料斗、料仓接管制作、安装

工作内容: 施工准备、放样下料、卷弧、组对安装、焊接、配合检查验收等。　　　　**计量单位:** 套

编号			3-6-120	3-6-121	3-6-122	3-6-123	3-6-124	3-6-125	3-6-126	3-6-127
项目			接管公称直径(*DN*)							
			25	50	80	100	125	150	200	250
名称		单位	消耗量							
人工	合计工日	工日	0.300	0.357	0.588	1.097	1.235	1.373	1.696	2.007
人工	其中 普工	工日	0.090	0.107	0.176	0.329	0.370	0.412	0.508	0.602
人工	其中 一般技工	工日	0.120	0.143	0.235	0.439	0.494	0.549	0.679	0.803
人工	其中 高级技工	工日	0.090	0.107	0.177	0.329	0.371	0.412	0.509	0.602
材料	铝镁合金接管	套	(1.000)	(1.000)	(1.000)	(1.000)	(1.000)	(1.000)	(1.000)	(1.000)
材料	氩气	m^3	0.063	0.126	0.203	0.531	0.833	1.000	1.333	1.684
材料	尼龙砂轮片 ϕ150	片	0.042	0.076	0.120	0.828	1.281	1.545	2.063	2.525
材料	铈钨棒	g	0.129	0.252	0.409	1.064	1.663	1.994	2.666	3.371
材料	铝锰合金焊丝 丝 321 ϕ1~6	kg	0.023	0.045	0.073	0.190	0.297	0.356	0.476	0.602
材料	脱脂剂	L	0.010	0.019	0.030	0.154	0.188	0.227	0.301	0.365
材料	其他材料费	%	5.00	5.00	5.00	5.00	5.00	5.00	5.00	5.00
机械	卷板机 2×1 600(安装用)	台班	—	—	—	0.001	0.001	0.001	0.003	0.003
机械	氩弧焊机 500A	台班	0.060	0.081	0.107	0.255	0.316	0.358	0.451	0.550
机械	等离子切割机 400A	台班	0.011	0.021	0.033	0.169	0.206	0.248	0.329	0.400
机械	电动空气压缩机 1m^3/min	台班	0.011	0.021	0.033	0.169	0.206	0.248	0.329	0.400

计量单位：套

编号			3-6-128	3-6-129	3-6-130	3-6-131	3-6-132	3-6-133	3-6-134
项目			接管公称直径（*DN*）						
			300	350	400	450	500	600	800
名称		单位	消耗量						
人工	合计工日	工日	2.260	2.608	2.908	3.319	3.784	4.657	6.089
人工	其中 普工	工日	0.678	0.783	0.873	0.996	1.135	1.397	1.827
人工	其中 一般技工	工日	0.904	1.043	1.163	1.327	1.514	1.863	2.436
人工	其中 高级技工	工日	0.678	0.782	0.872	0.996	1.135	1.397	1.826
材料	铝镁合金接管	套	（1.000）	（1.000）	（1.000）	（1.000）	（1.000）	（1.000）	（1.000）
材料	氩气	m^3	1.993	3.257	3.678	4.144	4.589	6.792	9.045
材料	脱脂剂	L	0.429	0.494	0.557	0.626	0.692	0.821	1.065
材料	尼龙砂轮片 ϕ150	片	2.979	3.442	3.901	4.098	4.849	6.891	8.988
材料	铈钨棒	g	3.987	6.507	7.286	8.294	9.184	13.586	18.099
材料	铝锰合金焊丝 丝321 ϕ1～6	kg	0.712	1.162	1.301	1.481	1.640	2.426	3.232
材料	其他材料费	%	5.00	5.00	5.00	5.00	5.00	5.00	5.00
机械	汽车式起重机 16t	台班	—	—	0.020	0.027	0.028	0.033	0.042
机械	卷板机 2×1 600（安装用）	台班	0.003	0.006	0.006	0.007	0.007	0.012	0.012
机械	氩弧焊机 500A	台班	0.625	0.862	0.969	1.111	1.260	1.761	2.311
机械	等离子切割机 400A	台班	0.471	0.540	0.611	0.685	0.758	0.898	1.166
机械	电动空气压缩机 1m^3/min	台班	0.471	0.540	0.611	0.685	0.758	0.898	1.166

7. 不锈钢料斗、料仓制作

(1)整 体 制 作

工作内容：施工准备、放样号料、切割、坡口、压头卷弧、找圆、组对、焊接、焊缝酸洗钝化、内部附件制作、组装、配合检查验收、成品倒运堆放等。　　**计量单位：**t

编　号			3-6-135	3-6-136	3-6-137	3-6-138	3-6-139	3-6-140	3-6-141	3-6-142	3-6-143
项　目			容积（m^3 以内）								
			1	2	5	10	15	20	30	40	65
名　称		单位	消　耗　量								
人工	合计工日	工日	26.776	22.310	18.285	17.511	17.274	17.099	16.526	15.853	14.712
人工	其中 普工	工日	8.033	6.693	5.485	5.253	5.182	5.130	4.958	4.756	4.414
人工	其中 一般技工	工日	10.710	8.924	7.314	7.005	6.910	6.839	6.610	6.341	5.885
人工	其中 高级技工	工日	8.033	6.693	5.486	5.253	5.182	5.130	4.958	4.756	4.413
材料	主材	t	(1.140)	(1.140)	(1.140)	(1.140)	(1.140)	(1.140)	(1.140)	(1.140)	(1.140)
材料	道木	m^3	0.010	0.010	0.010	0.010	0.010	0.010	0.010	0.010	0.010
材料	木方	m^3	0.030	0.030	0.030	0.030	0.030	0.030	0.030	0.030	0.030
材料	煤油	kg	1.146	1.146	1.121	1.067	1.029	1.021	0.930	0.920	0.918
材料	氢氟酸 45%	kg	0.128	0.128	0.138	0.148	0.158	0.158	0.138	0.138	0.138
材料	硝酸	kg	1.024	1.024	1.143	1.192	1.251	1.251	1.143	1.143	1.143
材料	氩气	m^3	0.030	0.030	0.030	0.030	0.030	0.030	0.030	0.030	0.030
材料	氧气	m^3	0.404	0.404	0.404	0.404	0.404	0.404	0.404	0.404	0.404
材料	乙炔气	kg	0.155	0.155	0.155	0.155	0.155	0.155	0.155	0.155	0.155
材料	飞溅净	kg	2.862	2.862	2.862	2.862	2.862	2.862	2.605	2.579	2.573
材料	酸洗膏	kg	2.325	2.325	2.325	2.325	2.325	2.325	2.285	2.263	2.257
材料	不锈钢专用砂轮片	片	11.919	11.623	11.613	12.194	12.194	12.194	11.718	11.600	11.572
材料	不锈钢焊条（综合）	kg	18.567	18.324	18.216	18.143	17.996	17.739	7.655	17.576	17.447
材料	不锈钢氩弧焊丝 1Cr18Ni9Ti $\phi3$	kg	0.010	0.010	0.010	0.010	0.010	0.010	0.010	0.010	0.010
材料	低碳钢焊条 J427	kg	0.483	0.483	0.483	0.483	0.483	0.483	0.475	0.470	0.469
材料	其他材料费	%	5.00	5.00	5.00	5.00	5.00	5.00	5.00	5.00	5.00
机械	汽车式起重机 16t	台班	1.173	1.071	0.586	0.403	0.376	0.202	0.092	0.046	0.046
机械	汽车式起重机 25t	台班	—	—	—	—	—	—	0.073	0.055	0.036
机械	桥式起重机 15t	台班	3.480	3.068	2.555	1.932	1.767	1.593	1.437	1.346	1.263
机械	门式起重机 20t	台班	1.200	0.843	0.550	0.540	0.467	0.394	0.321	0.312	0.302
机械	载货汽车－普通货车 5t	台班	1.886	1.054	0.568	0.385	0.366	0.284	0.092	—	—
机械	载货汽车－普通货车 10t	台班	0.028	0.024	0.019	0.019	0.019	0.019	0.092	0.055	0.046
机械	载货汽车－普通货车 15t	台班	—	—	—	—	—	—	—	0.046	0.046
机械	摇臂钻床 50mm	台班	0.138	0.138	0.138	0.138	0.138	0.138	0.138	0.138	0.138
机械	剪板机 20×2 500（安装用）	台班	0.083	0.083	0.083	0.083	0.083	0.083	0.083	0.083	0.083
机械	卷板机 20×2 500（安装用）	台班	0.092	0.092	0.092	0.092	0.092	0.092	0.092	0.092	0.092
机械	刨边机 12 000（安装用）	台班	0.062	0.062	0.062	0.062	0.062	0.062	0.062	0.061	0.061
机械	氩弧焊机 500A	台班	0.019	0.019	0.019	0.019	0.019	0.019	0.019	0.019	0.019
机械	等离子切割机 400A	台班	1.959	1.923	1.895	1.886	1.886	1.886	1.877	1.859	1.850
机械	硅整流弧焊机 20kV·A	台班	4.652	4.652	4.652	4.652	4.652	4.652	4.487	4.459	4.441
机械	电动空气压缩机 $1m^3/min$	台班	1.959	1.903	1.895	1.886	1.886	1.886	1.877	1.859	1.850
机械	电动空气压缩机 $6m^3/min$	台班	0.432	0.432	0.432	0.432	0.432	0.432	0.432	0.428	0.427
机械	电焊条恒温箱	台班	0.466	0.404	0.451	0.472	0.450	0.494	0.449	0.446	0.443
机械	电焊条烘干箱 80×80×100（cm^3）	台班	0.466	0.404	0.451	0.472	0.450	0.494	0.449	0.446	0.443

(2)分段制作

工作内容: 施工准备、放样号料、切割、坡口、压头卷弧、调整、焊接、焊缝酸洗钝化、内部附件制作、组装、配合检查验收、成品倒运堆放等。

计量单位: t

编号			3-6-144	3-6-145	3-6-146	3-6-147
项目			容积(m^3以内)			
			100	150	200	250
名称		单位	消耗量			
人工	合计工日	工日	13.510	12.481	11.437	10.417
人工	其中 普工	工日	4.053	3.744	3.431	3.125
人工	其中 一般技工	工日	5.404	4.993	4.575	4.167
人工	其中 高级技工	工日	4.053	3.744	3.431	3.125
材料	主材	t	(1.140)	(1.140)	(1.140)	(1.140)
材料	道木	m^3	0.070	0.067	0.065	0.060
材料	木方	m^3	0.030	0.030	0.030	0.030
材料	氢氟酸 45%	kg	0.160	0.154	0.150	0.142
材料	硝酸	kg	1.226	1.177	1.131	1.087
材料	氩气	m^3	0.030	0.030	0.030	0.030
材料	氧气	m^3	0.299	0.287	0.275	0.264
材料	乙炔气	kg	0.115	0.110	0.106	0.102
材料	飞溅净	kg	2.762	2.651	2.545	2.444
材料	酸洗膏	kg	2.413	2.316	2.223	2.135
材料	不锈钢专用砂轮片	片	13.360	12.821	12.363	11.964
材料	不锈钢焊条(综合)	kg	18.365	17.630	16.925	16.201
材料	不锈钢氩弧焊丝 1Cr18Ni9Ti $\phi3$	kg	0.010	0.010	0.010	0.010
材料	低碳钢焊条 J427	kg	0.499	0.479	0.460	0.441
材料	其他材料费	%	5.00	5.00	5.00	5.00
机械	汽车式起重机 16t	台班	0.110	0.105	0.100	0.091
机械	汽车式起重机 25t	台班	0.027	0.027	0.025	0.024
机械	桥式起重机 15t	台班	1.621	1.558	1.494	1.430
机械	门式起重机 20t	台班	0.300	0.292	0.273	0.255
机械	载货汽车-普通货车 10t	台班	0.091	0.091	0.091	0.091
机械	载货汽车-普通货车 15t	台班	0.082	—	—	—
机械	载货汽车-平板拖车组 20t	台班	—	0.064	0.055	—
机械	载货汽车-平板拖车组 40t	台班	—	—	—	0.046
机械	摇臂钻床 50mm	台班	0.338	0.338	0.328	0.328
机械	剪板机 20×2 500(安装用)	台班	0.127	0.127	0.110	0.110
机械	卷板机 20×2 500(安装用)	台班	0.155	0.137	0.127	0.118
机械	刨边机 12 000(安装用)	台班	0.108	0.108	0.104	0.099
机械	氩弧焊机 500A	台班	0.027	0.027	0.027	0.027
机械	等离子切割机 400A	台班	1.357	1.302	1.249	1.194
机械	硅整流弧焊机 20kV·A	台班	3.745	3.599	3.453	3.307
机械	电动空气压缩机 1m^3/min	台班	1.357	1.302	1.249	1.194
机械	电动空气压缩机 6m^3/min	台班	0.346	0.338	0.319	0.310
机械	电焊条恒温箱	台班	0.375	0.360	0.346	0.331
机械	电焊条烘干箱 80×80×100(cm^3)	台班	0.375	0.360	0.346	0.331

(3)分片制作

工作内容：施工准备、放样号料、切割、坡口、压头卷弧、调整、焊接、内部附件制作、配合检查验收、成品倒运堆放等。

计量单位：t

编号				3-6-148	3-6-149	3-6-150	3-6-151	3-6-152
项目				容积(m^3以内)				
				300	400	500	600	800
名称			单位	消耗量				
人工	合计工日		工日	3.260	3.181	3.029	2.883	2.725
	其中	普工	工日	0.978	0.955	0.908	0.865	0.818
		一般技工	工日	1.304	1.272	1.212	1.153	1.090
		高级技工	工日	0.978	0.954	0.909	0.865	0.817
材料	主材		t	(1.140)	(1.140)	(1.140)	(1.140)	(1.140)
	道木		m^3	0.080	0.080	0.080	0.070	0.070
	木方		m^3	0.020	0.020	0.020	0.020	0.020
	氢氟酸 45%		kg	0.179	0.179	0.179	0.169	0.169
	硝酸		kg	1.295	1.295	1.265	1.265	1.265
	氩气		m^3	0.030	0.030	0.030	0.025	0.025
	氧气		m^3	0.060	0.056	0.052	0.048	0.045
	乙炔气		kg	0.023	0.022	0.020	0.018	0.017
	不锈钢专用砂轮片		片	3.337	3.108	2.888	2.639	2.490
	不锈钢焊条(综合)		kg	0.428	0.398	0.371	0.345	0.321
	不锈钢氩弧焊丝 1Cr18Ni9Ti $\phi3$		kg	0.010	0.010	0.010	0.010	0.010
	低碳钢焊条 J427		kg	0.299	0.278	0.258	0.240	0.223
	其他材料费		%	5.00	5.00	5.00	5.00	5.00
机械	汽车式起重机 16t		台班	0.009	0.009	0.009	0.009	0.009
	汽车式起重机 50t		台班	0.028	0.026	0.024	0.022	0.020
	桥式起重机 15t		台班	0.632	0.586	0.540	0.504	0.458
	载货汽车－普通货车 10t		台班	0.019	0.019	0.019	0.019	0.019
	载货汽车－平板拖车组 40t		台班	0.073	0.064	0.064	—	—
	载货汽车－平板拖车组 60t		台班	—	—	—	0.055	0.055
	摇臂钻床 50mm		台班	0.055	0.055	0.046	0.046	0.041
	剪板机 20×2 500(安装用)		台班	0.092	0.092	0.092	0.092	0.092
	卷板机 20×2 500(安装用)		台班	0.284	0.264	0.246	0.228	0.213
	刨边机 12 000(安装用)		台班	0.241	0.224	0.209	0.194	0.181
	氩弧焊机 500A		台班	0.028	0.028	0.028	0.028	0.028
	等离子切割机 400A		台班	1.803	1.678	1.560	1.451	1.349
	硅整流弧焊机 20kV·A		台班	0.714	0.669	0.605	0.559	0.513
	电动空气压缩机 $6m^3/min$		台班	1.803	1.678	1.560	1.451	1.349
	电焊条恒温箱		台班	0.072	0.070	0.061	0.056	0.052
	电焊条烘干箱 80×80×100(cm^3)		台班	0.072	0.070	0.061	0.056	0.052

8. 不锈钢料斗、料仓安装

(1)整 体 安 装

工作内容：施工准备、吊装就位、安装找正、配合检查验收等。 **计量单位：**t

编号				3-6-153	3-6-154	3-6-155	3-6-156	3-6-157	3-6-158	3-6-159	3-6-160	3-6-161
项目				容积（m^3 以内）								
				1	2	5	10	15	20	30	40	65
名称			单位	消耗量								
人工	合计工日		工日	8.725	7.270	5.961	5.706	5.628	5.568	5.382	5.166	4.795
	其中	普工	工日	2.617	2.181	1.789	1.713	1.689	1.671	1.614	1.550	1.439
		一般技工	工日	3.490	2.908	2.384	2.282	2.251	2.227	2.153	2.066	1.918
		高级技工	工日	2.618	2.181	1.788	1.711	1.688	1.670	1.615	1.550	1.438
材料	道木		m^3	0.069	0.069	0.069	0.069	0.069	0.069	0.069	0.069	0.069
	氧气		m^3	0.591	0.591	0.571	0.571	0.571	0.571	0.571	0.571	0.571
	乙炔气		kg	0.227	0.227	0.220	0.220	0.220	0.220	0.220	0.220	0.220
	不锈钢专用砂轮片		片	1.182	1.182	1.182	1.084	1.084	1.084	0.985	0.985	0.985
	低碳钢焊条 J427		kg	0.591	0.571	0.571	0.561	0.542	0.532	0.532	0.512	0.493
	垫铁		kg	6.304	6.156	5.762	5.713	5.644	5.516	5.516	5.427	5.418
	其他材料费		%	8.00	8.00	8.00	8.00	8.00	8.00	8.00	8.00	8.00
机械	汽车式起重机 16t		台班	0.247	0.229	0.229	0.138	0.116	0.092	0.092	0.073	0.055
	汽车式起重机 50t		台班	—	—	—	0.183	0.147	0.138	0.110	0.092	0.092
	载货汽车－普通货车 10t		台班	0.119	0.100	0.092	0.073	—	0.055	0.055	—	—
	载货汽车－平板拖车组 20t		台班	—	—	—	—	0.055	—	—	0.046	0.046
	硅整流弧焊机 20kV·A		台班	0.266	0.266	0.266	0.266	0.257	0.257	0.257	0.238	0.238

(2)分段安装

工作内容：施工准备、分段组对、点焊、焊接、组合件安装、焊缝酸洗钝化、吊装就位安装、配合检查验收等。

计量单位：t

编号			3-6-162	3-6-163	3-6-164	3-6-165
项目			容积（m^3以内）			
			100	150	200	250
名称		单位	消耗量			
人工	合计工日	工日	2.594	2.398	2.181	1.990
	其中 普工	工日	0.778	0.720	0.655	0.597
	其中 一般技工	工日	1.038	0.959	0.872	0.796
	其中 高级技工	工日	0.778	0.719	0.654	0.597
材料	水	t	4.750	4.560	4.370	4.180
	道木	m^3	0.130	0.110	0.100	0.080
	木方	m^3	0.020	0.018	0.015	0.012
	煤油	kg	0.379	0.359	0.319	0.299
	氢氟酸 45%	kg	0.030	0.030	0.030	0.030
	硝酸	kg	0.040	0.040	0.038	0.035
	氩气	m^3	0.020	0.020	0.020	0.020
	氧气	m^3	1.416	1.359	1.305	1.250
	乙炔气	kg	0.545	0.523	0.502	0.481
	飞溅净	kg	0.538	0.518	0.499	0.479
	酸洗膏	kg	0.469	0.450	0.432	0.414
	不锈钢专用砂轮片	片	0.359	0.345	0.331	0.317
	型钢（综合）	kg	7.308	7.016	6.760	6.481
	不锈钢焊条（综合）	kg	3.649	3.503	3.363	3.221
	不锈钢氩弧焊丝 1Cr18Ni9Ti ϕ3	kg	0.010	0.010	0.010	0.010
	低碳钢焊条 J427	kg	0.788	0.756	0.726	0.698
	垫铁	kg	5.872	5.637	5.412	5.184
	其他材料费	%	5.00	5.00	5.00	5.00
机械	汽车式起重机 16t	台班	0.201	0.192	0.192	0.182
	汽车式起重机 25t	台班	0.110	0.110	0.100	0.100
	汽车式起重机 50t	台班	0.091	0.082	0.078	0.073
	载货汽车－普通货车 10t	台班	0.036	0.036	0.036	0.036
	载货汽车－平板拖车组 20t	台班	0.027	0.023	0.021	0.019
	等离子切割机 400A	台班	0.091	0.091	0.082	0.082
	硅整流弧焊机 20kV·A	台班	0.693	0.665	0.638	0.611
	电动空气压缩机 1m^3/min	台班	0.082	0.082	0.073	0.073
	电动空气压缩机 6m^3/min	台班	0.009	0.009	0.009	0.009
	电焊条恒温箱	台班	0.069	0.067	0.064	0.061
	电焊条烘干箱 80×80×100（cm^3）	台班	0.069	0.067	0.064	0.061

(3)分片安装

工作内容：施工准备、分片组对、点焊、焊接、清根、组合件安装、焊缝酸洗钝化、吊装就位安装、配合检查验收等。

计量单位：t

编号				3-6-166	3-6-167	3-6-168	3-6-169	3-6-170
项目				容积(m^3以内)				
				300	400	500	600	800
名称			单位	消耗量				
人工	合计工日		工日	8.853	8.648	8.236	7.829	7.417
	其中	普工	工日	2.656	2.595	2.471	2.349	2.225
		一般技工	工日	3.541	3.459	3.294	3.131	2.967
		高级技工	工日	2.656	2.594	2.471	2.349	2.225
材料	水		t	10.916	10.159	9.412	8.655	7.898
	道木		m^3	0.110	0.110	0.110	0.100	0.100
	木方		m^3	0.018	0.015	0.013	0.012	0.010
	煤油		kg	0.747	0.737	0.727	0.717	0.717
	氢氟酸 45%		kg	0.080	0.080	0.080	0.070	0.070
	硝酸		kg	1.992	1.992	1.892	1.892	1.892
	氧气		m^3	5.368	5.000	4.621	4.253	3.884
	乙炔气		kg	2.065	1.923	1.777	1.636	1.494
	飞溅净		kg	1.255	1.165	1.076	0.986	0.916
	酸洗膏		kg	1.096	1.016	0.946	0.876	0.787
	不锈钢专用砂轮片		片	6.972	6.574	5.976	5.478	5.179
	型钢(综合)		kg	33.286	30.996	28.695	26.364	24.701
	不锈钢焊条(综合)		kg	40.477	37.679	34.880	32.071	29.282
	不锈钢氩弧焊丝 1Cr18Ni9Ti $\phi3$		kg	0.010	0.010	0.010	0.010	0.010
	垫铁		kg	15.398	14.332	13.267	12.201	11.215
	其他材料费		%	5.00	5.00	5.00	5.00	5.00
机械	汽车式起重机 16t		台班	0.366	0.339	0.312	0.293	0.275
	汽车式起重机 50t		台班	0.138	0.119	0.110	0.100	0.092
	汽车式起重机 80t		台班	0.092	0.092	0.083	0.083	0.073
	汽车式起重机 120t		台班	—	—	—	0.019	0.019
	载货汽车－普通货车 10t		台班	0.019	0.019	0.014	0.014	0.009
	载货汽车－普通货车 15t		台班	0.019	0.019	0.019	0.009	0.009
	载货汽车－平板拖车组 20t		台班	0.009	0.009	—	—	—
	载货汽车－平板拖车组 40t		台班	—	—	0.009	0.009	0.009
	摇臂钻床 50mm		台班	0.001	0.001	0.001	0.001	0.001
	等离子切割机 400A		台班	0.275	0.257	0.238	0.219	0.202
	硅整流弧焊机 20kV·A		台班	7.014	6.528	6.044	5.558	5.073
	电动空气压缩机 $1m^3/min$		台班	0.348	0.321	0.302	0.275	0.247
	电动空气压缩机 $6m^3/min$		台班	0.183	0.183	0.165	0.147	0.138
	电焊条恒温箱		台班	0.702	0.653	0.605	0.556	0.508
	电焊条烘干箱 80×80×100(cm^3)		台班	0.702	0.653	0.605	0.556	0.508

四、火炬及排气筒制作、安装

1. 火炬、排气筒筒体制作、组对

工作内容：放样、号料、切割、坡口、滚圆、组对、焊接、引火管预制、组对、带风缆绳的吊耳制作与安装、外观检查等。

计量单位：t

编号				3-6-171	3-6-172	3-6-173	3-6-174	3-6-175
项目				制作、组对				
				筒体直径（mm 以内）				
				400	500	600	800	1 200
名称			单位	消耗量				
人工	合计工日		工日	12.216	11.780	11.435	10.904	10.364
	其中	普工	工日	3.664	3.534	3.430	3.272	3.109
		一般技工	工日	4.887	4.712	4.574	4.361	4.146
		高级技工	工日	3.665	3.534	3.431	3.271	3.109
材料	主材		t	（1.060）	（1.060）	（1.060）	（1.060）	（1.060）
	热轧厚钢板 δ12～20		kg	5.960	5.820	5.720	5.640	5.520
	角钢 63 以外		kg	8.940	8.730	8.580	8.450	8.280
	低碳钢焊条 J427		kg	30.820	30.450	30.170	29.930	28.850
	不锈钢焊条（综合）		kg	4.190	4.130	4.100	4.060	3.920
	氧气		m^3	3.600	3.100	2.600	2.200	2.100
	乙炔气		kg	1.385	1.192	1.000	0.846	0.808
	尼龙砂轮片 ϕ100		片	3.780	3.340	2.860	2.650	2.350
	尼龙砂轮片 ϕ180		片	0.110	0.100	0.080	0.070	0.070
	碳精棒 ϕ8～12		根	51.870	40.380	30.480	28.020	25.530
	道木		m^3	0.030	0.030	0.030	0.020	0.020
	钢丝绳 ϕ15		m	0.370	0.370	0.370	0.370	0.370
	其他材料费		%	5.00	5.00	5.00	5.00	5.00
机械	弧焊机 32kV·A		台班	6.729	6.438	6.323	6.139	5.803
	电焊条烘干箱 80×80×100（cm^3）		台班	0.673	0.644	0.632	0.614	0.580
	电焊条恒温箱		台班	0.673	0.644	0.632	0.614	0.580
	半自动切割机 100mm		台班	0.084	0.084	0.080	0.080	0.080
	等离子切割机 400A		台班	0.037	0.037	0.037	0.037	0.035
	剪板机 20×2 500（安装用）		台班	0.223	0.186	0.149	0.102	0.093
	卷板机 20×2 500（安装用）		台班	0.288	0.233	0.186	0.149	0.130
	刨边机 12 000（安装用）		台班	0.221	0.174	0.127	0.087	0.079
	电动滚胎机		台班	1.487	1.422	1.394	1.357	1.282
	液压机 2 000kN		台班	0.233	0.233	0.245	0.233	0.233
	摇臂钻床 63mm		台班	0.019	0.019	0.019	0.019	0.019
	箱式加热炉 75kW		台班	0.288	0.288	0.288	0.288	0.288
	汽车式起重机 16t		台班	0.130	0.121	0.112	0.102	0.093
	汽车式起重机 20t		台班	—	—	—	0.279	—
	门式起重机 20t		台班	0.344	0.316	0.298	—	0.260
	电动单筒慢速卷扬机 50kN		台班	0.019	0.019	0.019	0.019	0.019
	载货汽车－平板拖车组 8t		台班	0.074	0.065	—	—	—
	载货汽车－平板拖车组 15t		台班	—	—	0.056	—	—
	载货汽车－平板拖车组 20t		台班	—	—	—	0.047	—
	载货汽车－平板拖车组 30t		台班	—	—	—	—	0.047
	载货汽车－普通货车 10t		台班	0.102	0.093	0.084	0.074	0.074
	电动空气压缩机 6m^3/min		台班	0.363	0.326	0.298	0.279	0.260

2. 火炬、排气筒型钢塔架制作、组对

工作内容：型钢检查，摆料，放样，号料，切割，组对，焊接，整体组装，吊耳制作与安装，搭、拆道木堆，外观检查，清理现场等。

计量单位：t

编号			3-6-176	3-6-177	3-6-178	3-6-179	3-6-180	3-6-181
项目			制作、组对					
			组装质量（t 以内）					
			30	50	100	150	200	250
名称		单位	消耗量					
人工	合计工日	工日	12.122	11.625	11.175	10.814	10.296	9.913
	其中 普工	工日	3.636	3.487	3.353	3.244	3.088	2.974
	其中 一般技工	工日	4.849	4.650	4.470	4.326	4.119	3.965
	其中 高级技工	工日	3.637	3.488	3.352	3.244	3.089	2.974
材料	主材	t	（1.080）	（1.080）	（1.080）	（1.080）	（1.080）	（1.080）
	热轧厚钢板 δ12～20	kg	7.250	6.890	6.540	6.220	5.910	5.610
	渗透剂 500mL	瓶	8.590	8.160	7.750	7.360	7.000	6.650
	低碳钢焊条 J427	kg	24.100	23.590	23.080	22.600	22.110	21.640
	氧气	m^3	6.420	6.080	5.750	5.450	5.150	4.880
	乙炔气	kg	2.469	2.338	2.212	2.096	1.981	1.877
	尼龙砂轮片 ϕ100	片	0.490	0.450	0.410	0.380	0.350	0.320
	尼龙砂轮片 ϕ180	片	1.050	0.960	0.890	0.800	0.740	0.640
	道木	m^3	0.030	0.030	0.030	0.030	0.030	0.030
	其他材料费	%	5.00	5.00	5.00	5.00	5.00	5.00
机械	弧焊机 32kV·A	台班	5.546	5.379	5.220	5.069	4.910	4.769
	电焊条烘干箱 80×80×100（cm^3）	台班	0.555	0.538	0.522	0.507	0.491	0.477
	电焊条恒温箱	台班	0.555	0.538	0.522	0.507	0.491	0.477
	剪板机 20×2 500（安装用）	台班	0.074	0.074	0.065	0.065	0.056	0.056
	型钢矫正机 60×800（安装用）	台班	0.279	0.279	0.251	0.251	0.223	0.223
	汽车式起重机 16t	台班	0.019	0.019	0.019	0.019	0.019	0.019
	汽车式起重机 20t	台班	0.112	0.102	0.102	0.102	0.093	0.093
	汽车式起重机 40t	台班	0.028	0.028	0.028	—	—	—
	汽车式起重机 75t	台班	—	—	—	0.028	0.028	0.028
	门式起重机 20t	台班	0.223	0.214	0.205	0.195	0.186	0.186
	载货汽车－普通货车 8t	台班	0.019	0.019	0.019	0.019	0.019	0.019
	载货汽车－平板拖车组 20t	台班	0.028	0.028	0.028	—	—	—
	载货汽车－平板拖车组 30t	台班	—	—	—	0.028	0.028	0.028

3. 火炬、排气筒钢管塔架现场制作、组装

工作内容： 型钢检查，摆料，放样号料，切割，组对，焊接，整体组装，吊耳制作与安装，搭、拆道木堆，外观检查，清理现场等。

计量单位： t

编　号				3-6-182	3-6-183	3-6-184	3-6-185	3-6-186	3-6-187
项　目				火炬、排气筒钢管塔架现场制作、组装					
				制作、组装质量（t 以内）					
				30	50	100	150	200	250
名　称			单位	消　耗　量					
人工	合计工日		工日	13.211	12.671	12.180	11.787	11.224	10.806
	其中	普工	工日	3.963	3.802	3.654	3.536	3.367	3.242
		一般技工	工日	5.285	5.068	4.872	4.715	4.490	4.322
		高级技工	工日	3.963	3.801	3.654	3.536	3.367	3.242
材料	主材		t	(1.080)	(1.080)	(1.080)	(1.080)	(1.080)	(1.080)
	热轧厚钢板 δ12～20		kg	7.250	6.890	6.540	6.220	5.910	5.610
	渗透剂 500mL		瓶	8.590	8.160	7.750	7.360	7.000	6.610
	低碳钢焊条 J427		kg	22.180	21.700	21.400	20.780	20.390	20.190
	氧气		m^3	16.941	16.062	15.210	14.409	13.620	13.200
	乙炔气		kg	6.516	6.178	5.850	5.542	5.238	5.077
	尼龙砂轮片 ϕ100		片	0.510	0.470	0.430	0.400	0.370	0.340
	尼龙砂轮片 ϕ180		片	1.100	1.010	0.940	0.840	0.780	0.670
	道木		m^3	0.030	0.030	0.030	0.030	0.030	0.030
	其他材料费		%	3.00	3.00	3.00	3.00	3.00	3.00
机械	弧焊机 32kV·A		台班	5.397	5.228	5.079	4.928	4.778	4.637
	电焊条烘干箱 80×80×100(cm^3)		台班	0.539	0.523	0.508	0.493	0.478	0.464
	电焊条恒温箱		台班	0.539	0.523	0.508	0.493	0.478	0.464
	剪板机 20×2 500（安装用）		台班	0.047	0.047	0.047	0.047	0.037	0.037
	汽车式起重机 16t		台班	0.037	0.037	0.037	0.037	0.037	0.037
	汽车式起重机 20t		台班	0.112	0.112	0.102	0.102	0.093	0.093
	汽车式起重机 40t		台班	0.047	0.056	0.047	—	—	—
	汽车式起重机 75t		台班	—	—	—	0.047	0.047	0.047
	门式起重机 20t		台班	0.223	0.214	0.205	0.195	0.186	0.186
	载货汽车－平板拖车组 20t		台班	0.056	0.056	0.047	—	—	—
	载货汽车－平板拖车组 30t		台班	—	—	—	0.047	0.047	0.047

4. 火炬、排气筒整体吊装

(1)风缆绳式火炬排气筒吊装

工作内容: 基础验收、索具设置、放垫铁、检查、试吊、吊装、找正、紧固地脚螺栓等。 **计量单位:** 座

编号				3-6-188	3-6-189	3-6-190	3-6-191	3-6-192
项目				风缆绳式火炬排气筒吊装				
				吊装高度(m 以内)				
				40	60	80	100	120
名称			单位	消耗量				
人工	合计工日		工日	108.682	129.949	148.356	175.927	212.371
	其中	普工	工日	32.604	38.984	44.507	52.778	63.712
		一般技工	工日	43.473	51.980	59.342	70.371	84.948
		高级技工	工日	32.605	38.985	44.507	52.778	63.711
材料	低碳钢焊条 J427		kg	3.000	3.500	4.000	5.000	6.000
	氧气		m^3	7.200	7.200	9.000	9.000	12.000
	乙炔气		kg	2.769	2.769	3.462	3.462	4.615
	道木		m^3	0.960	1.240	1.580	1.810	2.040
	钢板垫板		kg	33.000	48.000	70.000	82.000	96.000
	镀锌铁丝 ϕ4.0		kg	19.000	22.800	26.600	32.300	38.000
	其他材料费		%	8.00	8.00	8.00	8.00	8.00
机械	弧焊机 32kV·A		台班	0.744	0.930	1.116	1.394	1.859
	电焊条烘干箱 80×80×100(cm^3)		台班	0.074	0.093	0.112	0.140	0.186
	电焊条恒温箱		台班	0.074	0.093	0.112	0.140	0.186
	汽车式起重机 16t		台班	2.789	3.254	3.719	4.183	—
	汽车式起重机 40t		台班	0.930	0.930	0.930	—	—
	汽车式起重机 75t		台班	—	—	—	0.930	0.930
	履带式起重机 150t		台班	—	—	—	2.789	2.789
	电动单筒慢速卷扬机 50kN		台班	8.367	8.367	10.226	11.156	13.015
	载货汽车－普通货车 8t		台班	1.859	1.859	2.324	2.324	2.789
	载货汽车－平板拖车组 30t		台班	0.698	0.837	1.023	1.301	1.673
	履带式拖拉机 90kW		台班	9.296	9.296	11.156	11.156	13.015

(2)塔架式火炬排气筒吊装

工作内容:基础验收、索具设置、放垫铁、检查、试吊、吊装、找正、紧固地脚螺栓等。　　**计量单位:**座

编　号				3-6-193	3-6-194	3-6-195	3-6-196	3-6-197
项　目				塔架式火炬排气筒吊装				
				吊装高度(m以内)				
				40	60	80	100	120
名　称			单位	消　耗　量				
人工	合计工日		工日	152.300	184.290	224.393	275.020	346.954
	其中	普工	工日	45.690	55.287	67.319	82.506	104.086
		一般技工	工日	60.920	73.716	89.757	110.008	138.782
		高级技工	工日	45.690	55.287	67.317	82.506	104.086
材料	低碳钢焊条 J427		kg	10.000	14.000	18.000	23.000	28.000
	氧气		m^3	12.000	15.000	21.000	28.000	35.000
	乙炔气		kg	4.615	5.769	8.077	10.769	13.462
	道木		m^3	1.200	1.550	1.860	2.050	2.800
	钢板垫板		kg	50.000	60.000	70.000	80.000	100.000
	镀锌铁丝 ϕ4.0		kg	24.000	28.000	33.000	38.000	50.000
	其他材料费		%	8.00	8.00	8.00	8.00	8.00
机械	弧焊机 32kV·A		台班	1.487	1.952	2.324	2.789	3.719
	电焊条烘干箱 80×80×100(cm^3)		台班	0.149	0.195	0.233	0.279	0.372
	电焊条恒温箱		台班	0.149	0.195	0.233	0.279	0.372
	汽车式起重机 16t		台班	3.254	3.719	3.719	4.648	5.113
	汽车式起重机 60t		台班	0.930	0.930	0.930	—	—
	汽车式起重机 100t		台班	—	—	—	0.930	0.930
	履带式起重机 150t		台班	—	1.859	1.859	1.859	2.789
	电动单筒慢速卷扬机 50kN		台班	10.226	10.226	13.015	13.015	16.733
	载货汽车-普通货车 8t		台班	1.859	2.324	2.789	2.789	3.719
	载货汽车-平板拖车组 30t		台班	1.023	1.301	1.673	2.045	2.510
	履带式拖拉机 90kW		台班	9.296	9.296	11.156	11.156	13.015

5. 火炬头安装

工作内容：清扫、搭拆道木堆、吊装找正、焊接、检查等。　　**计量单位：**套

编号				3-6-198	3-6-199	3-6-200	3-6-201	3-6-202
项目				火炬头安装				
				筒体直径（mm 以内）				
				ϕ400	ϕ500	ϕ600	ϕ800	ϕ1 200
名称			单位	消耗量				
人工	合计工日		工日	7.020	7.684	8.373	9.477	11.526
	其中	普工	工日	2.106	2.306	2.512	2.843	3.458
		一般技工	工日	2.808	3.073	3.349	3.791	4.610
		高级技工	工日	2.106	2.305	2.512	2.843	3.458
材料	不锈钢焊条（综合）		kg	2.850	3.268	4.100	4.940	6.400
	不锈钢氩弧焊丝 1Cr18Ni9Ti ϕ3		kg	0.200	0.219	0.290	0.360	0.520
	氩气		m^3	0.340	0.580	0.710	0.930	1.210
	乙炔气		kg	1.154	1.500	1.846	2.308	2.769
	氧气		m^3	3.000	3.900	4.800	6.000	7.200
	钍钨棒		g	9.500	9.500	19.000	19.000	28.500
	碳精棒 ϕ8～12		根	3.600	4.200	4.500	5.000	5.500
	尼龙砂轮片 ϕ180		片	0.660	0.890	1.130	1.370	1.610
	道木		m^3	0.070	0.070	0.070	0.070	0.070
	其他材料费		%	8.00	8.00	8.00	8.00	8.00
机械	弧焊机 32kV·A		台班	0.893	0.893	1.070	1.153	1.348
	氩弧焊机 500A		台班	0.372	0.372	0.558	0.651	0.837
	汽车式起重机 16t		台班	0.372	0.372	0.465	0.558	0.651
	载货汽车－普通货车 8t		台班	0.186	0.186	0.233	0.279	0.372
	电动空气压缩机 6m^3/min		台班	0.326	0.326	0.419	0.465	0.558

五、型 钢 制 作

1. 钢板组合工字钢（H 型钢）制作

工作内容：放样、号料、切割、坡口、点焊、焊接、矫正、堆放等。　　**计量单位：**t

编　　号				3-6-203	3-6-204	3-6-205	3-6-206	3-6-207
项　　目				钢板厚度（mm 以内）				
				16	26			
				工字钢（H 型钢） 高度（mm）				
				400 以内		500 以内	600 以内	600 以外
名　　称			单位	消　耗　量				
人工	合计工日		工日	8.880	7.494	6.299	5.037	4.595
	其中	普工	工日	2.664	2.248	1.889	1.511	1.378
		一般技工	工日	3.552	2.998	2.520	2.015	1.838
		高级技工	工日	2.664	2.248	1.890	1.511	1.379
材料	主材		t	（1.060）	（1.060）	（1.060）	（1.060）	（1.060）
	低碳钢焊条 J427		kg	54.169	48.612	38.694	35.103	29.146
	氧气		m^3	12.378	12.218	11.172	8.579	7.077
	乙炔气		kg	4.761	4.699	4.297	3.300	2.722
	尼龙砂轮片 ϕ100		片	6.565	6.451	4.437	3.553	2.708
	木方		m^3	0.095	0.086	0.067	0.057	0.038
	其他材料费		%	4.00	4.00	4.00	4.00	4.00
机械	弧焊机 32kV·A		台班	7.226	6.487	5.165	4.685	3.886
	电焊条烘干箱 80×80×100（cm^3）		台班	0.723	0.649	0.517	0.469	0.389
	半自动切割机 100mm		台班	0.270	0.254	0.212	0.172	0.140
	刨边机 12 000（安装用）		台班	0.236	0.222	0.180	0.139	0.111
	汽车式起重机 16t		台班	0.734	0.610	0.517	0.429	0.340
	载货汽车 – 普通货车 5t		台班	0.114	0.106	0.090	0.082	0.073
	电焊条恒温箱		台班	0.723	0.649	0.517	0.469	0.389

2. 型钢圈制作

（1）角钢圈制作

工作内容：号料、拼对点焊、滚圆切割、打磨堆放、编号等。 **计量单位：**t

编号			3-6-208	3-6-209	3-6-210	3-6-211	3-6-212	3-6-213	3-6-214
项目			角钢型号 / 直径（mm 以内）						
			6.3				8		
			1 200	2 400	3 600	4 800	2 400	3 600	4 800
名称		单位	消耗量						
人工	合计工日	工日	8.626	7.347	6.050	5.321	5.793	4.595	4.104
	其中 普工	工日	2.588	2.204	1.815	1.596	1.738	1.378	1.231
	其中 一般技工	工日	3.450	2.939	2.420	2.129	2.317	1.838	1.642
	其中 高级技工	工日	2.588	2.204	1.815	1.596	1.738	1.379	1.231
材料	主材	t	（1.070）	（1.070）	（1.070）	（1.070）	（1.070）	（1.070）	（1.070）
	热轧薄钢板 δ4.0	kg	21.850	21.850	21.850	21.850	17.670	17.670	17.670
	低碳钢焊条 J427	kg	9.523	8.286	7.335	6.830	7.717	6.698	6.071
	氧气	m^3	5.187	4.865	4.540	4.218	4.418	3.696	2.859
	乙炔气	kg	1.995	1.871	1.746	1.622	1.699	1.422	1.100
	尼龙砂轮片 ϕ100	片	1.492	1.454	1.416	1.368	1.083	1.017	0.931
	其他材料费	%	3.00	3.00	3.00	3.00	3.00	3.00	3.00
机械	弧焊机 32kV·A	台班	2.103	1.828	1.621	1.508	1.705	1.476	1.341
	电焊条烘干箱 80×80×100（cm^3）	台班	0.210	0.183	0.162	0.151	0.170	0.148	0.134
	电焊条恒温箱	台班	0.210	0.183	0.162	0.151	0.170	0.148	0.134
	卷板机 30×2 000（安装用）	台班	1.060	0.972	0.884	0.795	0.937	0.848	0.795
	汽车式起重机 16t	台班	0.155	0.154	0.153	0.149	0.128	0.125	0.124
	载货汽车－普通货车 5t	台班	0.141	0.137	0.136	0.133	0.133	0.133	0.132

（2）槽钢圈制作

工作内容：号料、滚圆、切割、打磨焊接、堆放、编号等。　　**计量单位：**t

编　号			3-6-215	3-6-216	3-6-217	3-6-218	3-6-219	3-6-220	3-6-221
项　目			槽钢型号 / 直径（mm 以内）						
			12.6				20		
			2 400	3 600	4 800	6 000	3 600	4 800	6 000
名　称		单位	消　耗　量						
人工	合计工日	工日	6.417	5.636	5.236	4.837	4.999	4.695	4.468
	其中 普工	工日	1.925	1.691	1.571	1.451	1.500	1.408	1.340
	其中 一般技工	工日	2.567	2.254	2.094	1.935	1.999	1.878	1.788
	其中 高级技工	工日	1.925	1.691	1.571	1.451	1.500	1.409	1.340
材料	主材	t	（1.070）	（1.070）	（1.070）	（1.070）	（1.070）	（1.070）	（1.070）
	低碳钢焊条 J427	kg	7.850	6.951	6.470	5.823	6.116	5.694	5.120
	氧气	m^3	1.602	1.401	1.302	1.200	1.401	1.200	1.101
	乙炔气	kg	0.616	0.539	0.501	0.462	0.539	0.462	0.423
	尼龙砂轮片 ϕ100	片	1.280	1.230	1.170	1.120	1.120	1.070	1.020
	其他材料费	%	3.00	3.00	3.00	3.00	3.00	3.00	3.00
机械	弧焊机 32kV·A	台班	1.731	1.537	1.430	1.285	1.352	1.256	1.130
	电焊条烘干箱 80×80×100（cm^3）	台班	0.173	0.153	0.143	0.128	0.135	0.126	0.113
	电焊条恒温箱	台班	0.173	0.153	0.143	0.128	0.135	0.126	0.113
	卷板机 30×2 000（安装用）	台班	1.023	0.865	0.828	0.791	0.818	0.763	0.651
	汽车式起重机 16t	台班	0.140	0.135	0.135	0.132	0.126	0.125	0.121
	载货汽车－普通货车 5t	台班	0.144	0.140	0.139	0.135	0.130	0.129	0.128

(3)扁钢圈制作

工作内容:号料、切割、卷圈、找圆、焊接、堆放、编号等。　　**计量单位:**t

编号				3-6-222	3-6-223	3-6-224	3-6-225	3-6-226	3-6-227	3-6-228	3-6-229
项目				扁钢型号/直径(mm以内)							
				20~50				55~80			
				1 200	2 400	3 600	4 800	2 400	3 600	4 800	6 000
名称			单位	消耗量							
人工	合计工日		工日	14.014	12.546	10.409	8.705	10.876	9.099	8.211	6.874
	其中	普工	工日	4.204	3.764	3.123	2.612	3.263	2.730	2.464	2.062
		一般技工	工日	5.606	5.018	4.163	3.482	4.350	3.639	3.284	2.750
		高级技工	工日	4.204	3.764	3.123	2.611	3.263	2.730	2.463	2.062
材料	主材		t	(1.070)	(1.070)	(1.070)	(1.070)	(1.070)	(1.070)	(1.070)	(1.070)
	低碳钢焊条 J427		kg	12.123	10.890	9.558	8.892	9.996	8.696	7.693	7.310
	氧气		m^3	10.377	8.648	7.207	6.006	7.927	6.606	5.505	4.588
	乙炔气		kg	3.991	3.326	2.772	2.310	3.049	2.541	2.117	1.765
	尼龙砂轮片 ϕ100		片	1.630	1.580	1.530	1.480	1.530	1.480	1.430	1.380
	其他材料费		%	3.00	3.00	3.00	3.00	3.00	3.00	3.00	3.00
机械	弧焊机 32kV·A		台班	2.678	2.405	2.110	1.961	2.208	1.917	1.698	1.616
	电焊条烘干箱 80×80×100(cm^3)		台班	0.268	0.241	0.211	0.196	0.221	0.192	0.170	0.162
	电焊条恒温箱		台班	0.268	0.241	0.211	0.196	0.221	0.192	0.170	0.162
	汽车式起重机 16t		台班	0.140	0.140	0.135	0.130	0.132	0.130	0.126	0.126
	载货汽车－普通货车 5t		台班	0.167	0.167	0.167	0.163	0.149	0.149	0.145	0.144

3. 型钢摵制胎具

(1)角钢、扁钢

工作内容:样板制作、号料、切割、打磨、组对、整形、成品检查等。　　**计量单位:**个

编号				3-6-230	3-6-231	3-6-232	3-6-233	3-6-234	3-6-235	3-6-236	3-6-237
项目				摵制直径(mm 以内)							
				1 200	1 400	1 600	1 800	2 000	2 200	2 400	2 600
名称			单位	消耗量							
人工	合计工日		工日	0.068	0.090	0.099	0.120	0.123	0.128	0.145	0.162
	其中	普工	工日	0.020	0.027	0.030	0.036	0.037	0.038	0.043	0.048
		一般技工	工日	0.028	0.036	0.039	0.048	0.049	0.051	0.058	0.065
		高级技工	工日	0.020	0.027	0.030	0.036	0.037	0.039	0.044	0.049
材料	热轧厚钢板 $\delta10$		kg	11.000	14.000	16.000	18.000	22.000	25.000	28.000	32.000
	铸钢 235#		kg	3.000	3.000	3.000	3.000	3.000	3.000	3.000	3.000
	氧气		m^3	0.060	0.070	0.080	0.090	0.100	0.110	0.120	0.120
	乙炔气		kg	0.023	0.027	0.031	0.035	0.038	0.042	0.046	0.046
	尼龙砂轮片 $\phi150$		片	0.090	0.090	0.090	0.100	0.110	0.120	0.140	0.140
	圆钢卡子 $\phi50$		kg	0.600	0.600	0.600	0.600	0.600	0.600	0.600	0.600
	其他材料费		%	5.00	5.00	5.00	5.00	5.00	5.00	5.00	5.00

计量单位:个

编号				3-6-238	3-6-239	3-6-240	3-6-241	3-6-242
项目				摵制直径(mm 以内)				
				3 000	3 600	4 000	4 400	4 800
名称			单位	消耗量				
人工	合计工日		工日	0.192	0.204	0.213	0.230	0.277
	其中	普工	工日	0.058	0.061	0.064	0.069	0.083
		一般技工	工日	0.077	0.082	0.085	0.092	0.111
		高级技工	工日	0.057	0.061	0.064	0.069	0.083
材料	热轧厚钢板 $\delta10$		kg	43.000	54.000	66.800	88.000	96.000
	铸钢 235#		kg	3.000	3.000	3.000	3.000	3.000
	氧气		m^3	0.120	0.140	0.160	0.180	0.200
	乙炔气		kg	0.046	0.054	0.062	0.069	0.077
	尼龙砂轮片 $\phi150$		片	0.140	0.160	0.180	0.200	0.230
	圆钢卡子 $\phi50$		kg	0.600	0.600	0.600	0.800	0.800
	其他材料费		%	5.00	5.00	5.00	5.00	5.00

(2)槽钢、工字钢

工作内容:样板制作、号料、切割、打磨、组对、焊接、整形、成品检查等。 **计量单位:**个

编号			3-6-243	3-6-244	3-6-245	3-6-246	3-6-247
项目			摵制直径(mm 以内)				
			2 400	3 000	4 000	5 000	6 000
名称		单位	消耗量				
人工	合计工日	工日	0.132	0.180	0.243	0.330	0.448
人工	其中 普工	工日	0.039	0.055	0.073	0.099	0.135
人工	其中 一般技工	工日	0.053	0.072	0.097	0.132	0.179
人工	其中 高级技工	工日	0.040	0.053	0.073	0.099	0.134
材料	热轧厚钢板 δ10	kg	46.000	78.000	115.000	156.000	211.000
材料	铸钢 235#	kg	6.000	6.000	6.000	6.000	6.000
材料	氧气	m^3	0.129	0.180	0.240	0.330	0.441
材料	乙炔气	kg	0.050	0.069	0.092	0.127	0.170
材料	尼龙砂轮片 ϕ150	片	0.210	0.290	0.390	0.530	0.720
材料	低碳钢焊条 J427	kg	0.700	0.950	1.290	1.760	2.380
材料	其他材料费	%	5.00	5.00	5.00	5.00	5.00
机械	弧焊机 32kV·A	台班	0.130	0.177	0.240	0.326	0.442
机械	电焊条烘干箱 80×80×100(cm^3)	台班	0.013	0.018	0.024	0.033	0.045
机械	电焊条恒温箱	台班	0.013	0.018	0.024	0.033	0.045
机械	桥式起重机 15t	台班	0.033	0.044	0.058	0.081	0.110
机械	剪板机 20×2 500(安装用)	台班	0.011	0.018	0.024	0.033	0.045

第七章　撬块安装

说　　明

一、本章包括设备类工艺单元、泵类工艺单元、应急发电机组工艺单元、仪表供风工艺单元安装。

二、本章不包括以下工作内容。

1. 撬块内散装到货的设备、部件、配管等安装就位；

2. 撬块上的房屋搭设；

3. 无损检测；

4. 防腐、保温、电伴热安装。

三、撬块安装是根据目前施工现场较普遍采用的施工方法综合取定，如实际情况与消耗量不同时，除特殊情况另有规定外，消耗量不得调整。

工程量计算规则

设备类工艺单元安装、泵类工艺单元安装、应急发电机组工艺单元安装、仪表供风工艺单元安装,按撬块单元底座截面投影面积和设备质量,以“套”为计量单位。

一、设备类工艺单元

工作内容：施工准备，基础处理、垫铁设置、单元整体吊装就位、安装找正、单元底座上电气仪表连接件组装紧固、单元系统试压、单元调试、配合检查验收等。

计量单位：套

编号				3-7-1	3-7-2	3-7-3	3-7-4	3-7-5	3-7-6	3-7-7	3-7-8	3-7-9
项目				撬块面积 $10m^2$ 以内			撬块面积 $20m^2$ 以内			撬块面积 $30m^2$ 以内		
				设备质量（t 以内）								
				5	10	15	10	20	30	20	40	50
名称			单位	消耗量								
人工	合计工日		工日	22.279	33.285	45.982	57.041	73.615	91.367	105.103	129.997	159.935
	其中	普工	工日	8.912	13.314	18.393	22.816	29.446	36.547	42.041	51.999	63.974
		一般技工	工日	8.911	13.314	18.393	22.817	29.446	36.547	42.041	51.999	63.974
		高级技工	工日	4.456	6.657	9.196	11.408	14.723	18.273	21.021	25.999	31.987
材料	钢板（综合）		kg	35.463	37.441	40.561	45.051	46.878	51.215	62.706	66.816	73.437
	焊锡膏		kg	0.076	0.076	0.076	0.152	0.152	0.152	0.304	0.304	0.304
	乙炔气		kg	0.155	0.155	0.190	0.202	0.225	0.252	0.266	0.334	0.395
	氧气		m^3	0.403	0.403	0.495	0.525	0.586	0.654	0.693	0.868	1.027
	低碳钢焊条 J427		kg	1.979	2.359	2.587	2.664	3.044	3.348	3.501	3.881	4.262
	平垫铁（综合）		kg	7.914	9.893	12.176	15.220	19.786	22.830	31.962	42.723	46.573
	斜垫铁（综合）		kg	15.829	19.482	24.733	30.607	40.044	45.782	64.305	76.313	93.146
	煤油		kg	1.826	1.826	1.826	2.283	2.283	2.283	3.044	3.044	3.044
	润滑油		kg	0.571	0.609	0.723	0.761	0.951	1.103	1.142	1.598	2.131
	机油		kg	1.065	1.065	1.065	1.370	1.370	1.370	1.903	1.903	1.903
	汽油（综合）		kg	1.826	1.826	1.826	2.283	2.283	2.283	3.044	3.044	3.044
	无石棉布 $\delta2.5$		m^2	0.647	0.723	0.837	0.913	1.081	1.256	1.301	1.522	1.826
	无石棉橡胶板 中压 $\delta0.8\sim6.0$		kg	0.609	0.837	1.142	1.142	1.522	1.979	2.435	2.892	3.425
	盲板（综合）		kg	4.718	4.718	4.718	5.327	5.327	5.327	6.849	6.849	6.849
	接线铜端子头		个	7.610	7.610	7.610	10.654	10.654	10.654	12.176	12.176	12.176
	铝芯橡皮绝缘电线 BLX-$2.5mm^2$		m	13.698	16.894	19.101	19.634	21.232	22.982	23.515	26.483	28.918
	道木		m^3	0.419	0.419	0.419	0.548	0.548	0.548	0.868	0.868	0.868

续前

编号			3-7-1	3-7-2	3-7-3	3-7-4	3-7-5	3-7-6	3-7-7	3-7-8	3-7-9
项目			撬块面积 $10m^2$ 以内			撬块面积 $20m^2$ 以内			撬块面积 $30m^2$ 以内		
			设备质量（t 以内）								
			5	10	15	10	20	30	20	40	50
名称		单位	消耗量								
材料	铁砂布 $0^{\#}\sim2^{\#}$	张	1.522	1.522	1.522	2.283	2.283	2.283	3.044	3.044	3.044
	尼龙砂轮片 $\phi150$	片	1.979	2.283	2.664	2.664	3.044	3.425	3.805	4.262	5.175
	水	t	15.220	19.025	22.830	30.440	34.245	38.050	45.660	60.880	76.100
	黄腊带 20mm×10m	卷	1.826	2.131	2.359	2.511	2.968	3.577	3.729	4.794	5.403
	其他材料费	%	3.00	3.00	3.00	3.00	3.00	3.00	3.00	3.00	3.00
机械	汽车式起重机 16t	台班	0.251	0.294	—	—	—	—	—	—	—
	汽车式起重机 25t	台班	—	—	0.329	0.415	—	—	—	—	—
	汽车式起重机 30t	台班	0.493	0.580	—	0.779	0.493	—	0.657	—	—
	汽车式起重机 50t	台班	—	—	0.744	—	1.107	0.657	1.644	0.709	—
	汽车式起重机 80t	台班	—	—	—	—	—	1.237	—	1.730	0.744
	汽车式起重机 100t	台班	—	—	—	—	—	—	—	—	2.630
	叉式起重机 5t	台班	0.657	0.657	0.822	0.822	1.055	1.237	1.479	1.644	2.301
	载货汽车－普通货车 10t	台班	0.251	0.294	—	—	—	—	—	—	—
	载货汽车－普通货车 15t	台班	—	—	—	0.415	—	—	—	—	—
	载货汽车－平板拖车组 20t	台班	—	—	0.372	—	0.493	—	0.657	—	—
	载货汽车－平板拖车组 40t	台班	—	—	—	—	—	0.657	—	0.709	—
	载货汽车－平板拖车组 60t	台班	—	—	—	—	—	—	—	—	0.709
	电动单级离心清水泵 50mm	台班	0.337	0.337	0.415	0.493	0.614	0.744	0.822	1.029	1.644
	试压泵 60MPa	台班	0.164	0.164	0.251	0.285	0.285	0.285	0.493	0.493	0.580
	硅整流弧焊机 20kV·A	台班	0.424	0.822	0.822	0.822	0.822	0.822	1.073	1.237	1.479
	电动空气压缩机 $1m^3/min$	台班	0.182	0.182	0.208	0.251	0.251	0.251	0.822	0.822	0.822
	电焊条烘干箱 80×80×100（cm^3）	台班	0.043	0.087	0.087	0.087	0.087	0.087	0.104	0.121	0.147
	电焊条恒温箱	台班	0.043	0.087	0.087	0.087	0.087	0.087	0.104	0.121	0.147

二、泵类工艺单元

工作内容：施工准备，基础处理、垫铁设置、单元整体吊装就位、安装找正、单元底座上电气仪表连接件组装紧固、单元系统试压、单元调试、配合检查验收等。

计量单位：套

编号				3-7-10	3-7-11	3-7-12	3-7-13	3-7-14	3-7-15	3-7-16	3-7-17	3-7-18
项目				撬块面积 $10m^2$ 以内			撬块面积 $20m^2$ 以内			撬块面积 $30m^2$ 以内		
				设备质量（t 以内）								
				5	10	15	10	20	30	20	40	50
名称			单位	消耗量								
人工	合计工日		工日	19.165	26.485	32.595	40.265	47.882	53.343	58.083	66.464	78.172
	其中	普工	工日	7.666	10.594	13.038	16.106	19.153	21.337	23.233	26.586	31.269
		一般技工	工日	7.666	10.594	13.038	16.106	19.153	21.337	23.233	26.585	31.269
		高级技工	工日	3.833	5.297	6.519	8.053	9.576	10.669	11.617	13.293	15.634
材料	钢板（综合）		kg	29.649	30.212	31.125	35.387	38.659	40.904	47.030	52.585	56.466
	焊锡膏		kg	0.015	0.015	0.015	0.030	0.030	0.030	0.046	0.046	0.046
	乙炔气		kg	0.138	0.138	0.138	0.170	0.170	0.170	0.234	0.234	0.234
	氧气		m^3	0.358	0.358	0.358	0.441	0.441	0.441	0.609	0.609	0.609
	低碳钢焊条 J427		kg	1.142	1.522	1.826	1.826	2.283	2.740	2.664	3.044	3.957
	平垫铁（综合）		kg	6.164	7.610	9.132	10.654	13.698	16.742	18.264	23.134	28.233
	斜垫铁（综合）		kg	13.394	14.733	18.721	21.917	24.656	33.788	36.832	46.269	56.466
	煤油		kg	0.350	0.441	0.487	0.533	0.609	0.670	0.685	0.913	1.103
	润滑油		kg	0.525	0.525	0.525	0.723	0.723	0.723	0.913	0.913	0.913
	无石棉布 $\delta2.5$		m^2	0.175	0.175	0.175	0.190	0.228	0.266	0.274	0.381	0.419
	无石棉橡胶板 中压 $\delta0.8\sim6.0$		kg	1.522	1.674	1.903	1.903	2.283	2.664	2.283	3.044	3.425
	接线铜端子头		个	4.566	4.566	4.566	6.088	6.088	6.088	7.610	7.610	7.610
	铝芯橡皮绝缘电线 BLX-$2.5mm^2$		m	9.132	9.132	10.274	11.035	12.937	13.698	13.698	16.742	19.025
	铝芯橡皮绝缘电线 BLX-$16mm^2$		m	6.088	7.991	8.599	9.132	13.318	14.231	14.459	17.503	21.004
	铝芯橡皮绝缘电线 BLX-$25mm^2$		m	2.664	3.425	3.805	4.186	4.947	5.327	5.708	7.610	8.752
	道木		m^3	0.396	0.396	0.396	0.472	0.472	0.472	0.548	0.548	0.548

续前

编号			3-7-10	3-7-11	3-7-12	3-7-13	3-7-14	3-7-15	3-7-16	3-7-17	3-7-18
项目			撬块面积 $10m^2$ 以内			撬块面积 $20m^2$ 以内			撬块面积 $30m^2$ 以内		
			设备质量（t 以内）								
			5	10	15	10	20	30	20	40	50
名称		单位	消耗量								
材料	铁砂布	张	1.522	1.522	1.522	2.283	2.283	2.283	3.044	3.044	3.044
	尼龙砂轮片 ϕ150	片	0.913	1.142	1.294	1.294	1.522	1.674	1.903	2.283	2.664
	水	t	7.610	11.415	15.220	11.415	15.220	19.025	22.830	26.635	30.440
	黄腊带 20mm×10m	卷	1.766	2.100	2.199	2.207	2.435	2.664	2.664	3.044	3.653
	其他材料费	%	3.00	3.00	3.00	3.00	3.00	3.00	3.00	3.00	3.00
机械	汽车式起重机 16t	台班	0.260	0.294	—	—	—	—	—	—	—
	汽车式起重机 25t	台班	—	—	0.415	0.346	0.372	—	0.510	—	—
	汽车式起重机 30t	台班	0.580	0.727	—	—	—	—	—	—	—
	汽车式起重机 50t	台班	—	—	0.822	0.709	0.822	0.943	1.332	0.562	—
	汽车式起重机 80t	台班	—	—	—	—	—	—	—	0.917	0.657
	汽车式起重机 100t	台班	—	—	—	—	—	—	—	—	1.012
	叉式起重机 5t	台班	0.415	0.657	0.822	0.657	0.822	1.073	0.986	1.237	1.644
	载货汽车－普通货车 10t	台班	0.260	0.294	—	—	—	—	—	—	—
	载货汽车－普通货车 15t	台班	—	—	0.415	0.346	—	—	—	—	—
	载货汽车－平板拖车组 20t	台班	—	—	—	—	0.372	—	0.510	—	—
	硅整流弧焊机 20kV·A	台班	0.285	0.493	0.822	0.692	0.822	1.073	1.029	1.116	1.298
	载货汽车－平板拖车组 40t	台班	—	—	—	—	—	0.493	—	0.562	—
	载货汽车－平板拖车组 60t	台班	—	—	—	—	—	—	—	—	0.657
	电动单级离心清水泵 50mm	台班	0.164	0.251	0.372	0.320	0.458	0.640	0.476	0.545	0.597
	试压泵 60MPa	台班	0.095	0.121	0.147	0.199	0.251	0.251	0.216	0.398	0.458
	电动空气压缩机 $1m^3/min$	台班	0.130	0.164	0.251	0.208	0.251	0.346	0.346	0.433	0.510
	电焊条烘干箱 80×80×100（cm^3）	台班	0.026	0.052	0.087	0.069	0.087	0.104	0.104	0.112	0.130
	电焊条恒温箱	台班	0.026	0.052	0.087	0.069	0.087	0.104	0.104	0.112	0.130

三、应急发电机组工艺单元

工作内容：施工准备，基础处理、垫铁设置、单元整体吊装就位、安装找正、单元底座上电气仪表连接件组装紧固、单元系统试压、单元调试、配合检查验收等。

计量单位：套

编号				3-7-19	3-7-20	3-7-21	3-7-22	3-7-23
项目				撬块面积 $10m^2$ 以内		撬块面积 $20m^2$ 以内		
				设备质量（t以内）				
				5	10	5	10	15
名称			单位	消耗量				
人工	合计工日		工日	16.191	26.189	29.981	33.987	39.607
	其中	普工	工日	6.476	10.476	11.992	13.595	15.843
		一般技工	工日	6.477	10.476	11.992	13.595	15.843
		高级技工	工日	3.238	5.237	5.997	6.797	7.921
材料	钢板（综合）		kg	32.571	40.942	36.756	37.822	39.724
	乙炔气		kg	0.070	0.070	0.105	0.105	0.105
	氧气		m^3	0.183	0.183	0.274	0.274	0.274
	低碳钢焊条 J427		kg	0.685	0.913	1.142	1.370	1.826
	平垫铁（综合）		kg	6.773	7.610	9.132	11.415	14.459
	斜垫铁（综合）		kg	13.546	14.840	18.873	22.602	28.781
	接线铜端子头		个	7.610	7.610	9.132	9.132	9.132
	铝芯橡皮绝缘电线 BLX-$16mm^2$		m	1.979	2.207	2.359	2.968	3.196
	铝芯橡皮绝缘电线 BLX-$25mm^2$		m	2.892	3.348	3.577	4.033	4.566
	道木		m^3	0.449	0.449	0.479	0.479	0.479
	其他材料费		%	3.00	3.00	3.00	3.00	3.00
机械	汽车式起重机 16t		台班	0.260	0.311	0.294	0.329	—
	汽车式起重机 25t		台班	0.580	0.675	0.657	0.787	0.381
	汽车式起重机 50t		台班	—	—	—	—	1.090
	叉式起重机 5t		台班	0.415	0.493	0.415	0.493	0.822
	载货汽车－普通货车 10t		台班	0.260	0.311	0.294	0.329	—
	载货汽车－普通货车 15t		台班	—	—	—	—	0.381
	硅整流弧焊机 20kV·A		台班	0.251	0.415	0.415	0.493	0.657
	电焊条烘干箱 80×80×100（cm^3）		台班	0.026	0.043	0.043	0.052	0.052
	电焊条恒温箱		台班	0.026	0.043	0.043	0.052	0.052

四、仪表供风工艺单元

工作内容：施工准备，基础处理、垫铁设置、单元整体吊装就位、安装找正、单元底座上电气仪表连接件组装紧固、单元系统试压、单元调试、配合检查验收等。

计量单位：套

编号				3-7-24	3-7-25	3-7-26	3-7-27	3-7-28	3-7-29
项目				撬块面积 $10m^2$ 以内			撬块面积 $20m^2$ 以内		
				设备质量（t 以内）					
				3	5	10	5	10	15
名称			单位	消耗量					
人工	合计工日		工日	9.870	10.964	11.868	12.186	13.407	15.129
	其中	普工	工日	3.948	4.385	4.747	4.875	5.363	6.051
		一般技工	工日	3.948	4.386	4.747	4.874	5.363	6.052
		高级技工	工日	1.974	2.193	2.374	2.437	2.681	3.026
材料	钢板（综合）		kg	24.352	27.396	31.962	30.440	31.962	38.811
	乙炔气		kg	0.070	0.070	0.070	0.088	0.088	0.105
	氧气		m^3	0.183	0.183	0.183	0.228	0.228	0.274
	低碳钢焊条 J427		kg	0.685	0.685	0.913	0.837	0.989	1.142
	平垫铁（综合）		kg	6.210	6.210	6.210	7.610	7.610	7.610
	斜垫铁（综合）		kg	12.557	12.557	12.557	15.677	15.677	15.677
	异型塑料管 $\phi 2.5 \sim 5.0$		m	1.218	1.271	1.309	1.324	1.408	1.522
	接线铜端子头		个	41.094	42.616	44.138	44.138	46.421	48.704
	标志牌 塑料扁形		个	41.094	42.616	44.138	44.138	46.421	48.704
	道木		m^3	0.358	0.358	0.358	0.396	0.396	0.396
	铁砂布 $0^{\#} \sim 2^{\#}$		张	0.396	0.426	0.441	0.441	0.457	0.495
	其他材料费		%	3.00	3.00	3.00	3.00	3.00	3.00
机械	汽车式起重机 16t		台班	0.441	0.441	0.294	0.268	0.294	—
	汽车式起重机 25t		台班	—	—	0.216	0.268	0.294	0.337
	汽车式起重机 50t		台班	—	—	—	—	—	0.588
	叉式起重机 5t		台班	0.415	0.415	0.493	0.415	0.493	0.657
	载货汽车－普通货车 10t		台班	0.251	0.260	0.294	0.268	0.294	—
	载货汽车－普通货车 12t		台班	—	—	—	—	—	0.337
	硅整流弧焊机 20kV·A		台班	0.251	0.251	0.372	0.329	0.415	0.493
	电焊条烘干箱 $80 \times 80 \times 100(cm^3)$		台班	0.026	0.026	0.043	0.035	0.043	0.052
	电焊条恒温箱		台班	0.026	0.026	0.043	0.035	0.043	0.052

第八章　综合辅助项目

说　　明

一、本章内容包括无损探伤检测，预热、后热与整体热处理，钢卷板开卷与平直、现场组装平台铺设与拆除、钢材半成品运输等。

二、本消耗量中不包括以下工作内容。

1. 被检工件的退磁。

2. 焊接工艺评定。

3. 产品焊接试板试验。

三、有关说明：

1. 液化气预热与后热按板材不同厚度分别列项计算。

2. 液化气预热与后热器具制作，当设备容积大于 $300m^3$ 时，执行球形罐的相应项目。

3. 设备和球形罐的整体热处理，应分别执行相应项目。

4. 卷板开卷与平直项目的计算除实际净用量外，还包括规定的制作损耗量。

5. 现场组装平台是按摊销量计入项目的，主要材料已按 15 次周转使用计算；平台面积每增减 $10m^2$ 时，应按最接近的项目进行调整。

6. 钢材半成品运输及工艺运输项目是指预制厂至安装位置之间的运输，不适用于场外长途运输。

工程量计算规则

一、X（γ）射线焊缝无损探伤，区别不同板厚，以“10张”为计量单位；计算工程量时，按设计规定的探伤焊缝总长度除以取定的有效长度（250mm）计算出拍片张数。

二、金属板材板面的超声波、磁粉探伤，按板材面积以“$10m^2$”为计量单位；焊缝和金属板材周边的超声波、磁粉、渗透探伤，按探伤的焊缝长度以“10m”为计量单位。

三、光谱分析按不同类别，以“点”为计量单位。

四、焊缝预热及后热，根据钢板厚度按实际预热及后热焊缝长度以“10m”为计量单位。

五、液化气焊缝预热及后热器具制作，按设备类型和容积以“台”为计量单位。

六、电加热片预热及后热，按板材厚度以“10m焊缝”为计量单位。

七、焊后局部热处理，按设备板材厚度以“10m焊缝”为计量单位。

八、设备整体热处理，按设备质量以“t”为计量单位。

九、球形罐整体热处理，按不同形式和设备容积以“台”为计量单位。

十、钢卷板开卷与平直，按不同钢板厚度，以“t”为计量单位。

十一、现场组装平台铺设与拆除，根据批准的施工组织设计，按搭设方式和平台面积以“座”为计量单位。

十二、钢材半成品运输，按运输距离以“10t”为计量单位。“每增加1km”是指超出消耗量所增加的运输距离，不包括二次装卸。

一、无损探伤检测

1. X 射线探伤

工作内容：射线机的搬运及固定、焊缝清刷、透照位置标记编号、底片号码编排、底片固定、开机拍片、暗室处理、底片鉴定、技术报告等。

计量单位：10 张

编　号				3-8-1	3-8-2	3-8-3	3-8-4
项　目				板厚（mm）			
				16 以内	30 以内	42 以内	42 以外
名　称			单位	消　耗　量			
人工	合计工日		工日	1.011	1.255	1.568	1.951
	其中	普工	工日	0.253	0.313	0.392	0.488
		一般技工	工日	0.657	0.816	1.019	1.268
		高级技工	工日	0.101	0.125	0.157	0.195
材料	X 射线胶片 80×300		张	12.000	12.000	12.000	12.000
	增感屏 80×300		副	0.480	0.480	0.480	0.480
	塑料暗袋 80×300		副	0.464	0.464	0.464	0.464
	医用白胶布		m^2	0.096	0.096	0.096	0.096
	阿拉伯铅号码		套	0.304	0.304	0.304	0.304
	英文铅号码		套	0.304	0.304	0.304	0.304
	像质计		个	0.464	0.464	0.464	0.464
	铅板 80×300×3		块	0.304	0.304	0.304	0.304
	水		t	0.120	0.120	0.120	0.120
	电		kW·h	0.600	0.600	0.600	0.600
	显影剂		L	0.260	0.260	0.260	0.260
	定影剂		L	0.260	0.260	0.260	0.260
	其他材料费		%	1.00	1.00	1.00	1.00
机械	X 光片脱水烘干机 ZTH-340		台班	0.057	0.065	0.073	0.144
仪表	X 射线探伤机		台班	0.545	0.680	0.850	1.054

2. γ 射线探伤（内透法）

工作内容：射线机的搬运及固定、焊缝清刷、透照位置标记编号、底片号码编排、底片固定、开机拍片、暗室处理、底片鉴定、技术报告等。

计量单位：10 张

编号			3-8-5	3-8-6	3-8-7	3-8-8
项目			板厚（mm）			
			28 以内	40 以内	48 以内	48 以外
名称		单位	消耗量			
人工	合计工日	工日	0.616	0.675	0.844	1.126
人工	其中 普工	工日	0.246	0.270	0.338	0.450
人工	其中 一般技工	工日	0.185	0.202	0.253	0.338
人工	其中 高级技工	工日	0.185	0.202	0.253	0.338
材料	X 射线胶片 80×300	张	12.000	12.000	12.000	12.000
材料	增感屏 80×300	副	0.540	0.540	0.540	0.540
材料	塑料暗袋 80×300	副	0.580	0.580	0.580	0.580
材料	医用白胶布	m^2	0.120	0.120	0.120	0.140
材料	阿拉伯铅号码	套	0.380	0.380	0.380	0.380
材料	英文铅号码	套	0.380	0.380	0.380	0.380
材料	像质计	个	0.580	0.580	0.580	0.580
材料	水	t	0.150	0.150	0.150	0.150
材料	电	kW·h	0.750	0.750	0.750	0.750
材料	显影剂	L	0.260	0.260	0.260	0.260
材料	定影剂	L	0.260	0.260	0.260	0.260
材料	其他材料费	%	3.00	3.00	3.00	3.00
机械	X 光片脱水烘干机 ZTH-340	台班	0.010	0.010	0.017	0.019
仪表	γ 射线探伤仪（Ir192）	台班	0.173	0.190	0.238	0.314

3. 超声波探伤

(1)金属板材对接焊缝探伤

工作内容: 搬运仪器、校验仪器及探头、检验部位清理除污、涂抹耦合剂、探伤、检验结果、记录鉴定、技术报告等。

计量单位: 10m

编号				3-8-9	3-8-10	3-8-11	3-8-12
项目				板厚(mm 以内)			
				25	46	80	120
名称			单位	消耗量			
人工	合计工日		工日	0.602	0.797	1.196	1.710
	其中	普工	工日	0.240	0.319	0.478	0.684
		一般技工	工日	0.181	0.239	0.359	0.513
		高级技工	工日	0.181	0.239	0.359	0.513
材料	斜探头		个	0.280	0.360	0.540	0.720
	探头线		根	0.015	0.015	0.015	0.015
	铁砂布 $0^{\#} \sim 2^{\#}$		张	5.400	8.100	11.700	15.300
	机油 $5^{\#} \sim 7^{\#}$		kg	0.270	0.360	0.495	0.675
	耦合剂		kg	1.800	2.250	2.700	3.600
	棉纱头		kg	1.200	1.500	2.500	3.500
	毛刷		把	1.000	1.500	1.500	2.000
	其他材料费		%	1.00	1.00	1.00	1.00
仪表	超声波探伤仪		台班	0.470	0.697	0.941	1.344

(2)金属板材探伤

工作内容: 搬运仪器、校验仪器及探头、检验部位清理除污、涂抹耦合剂、探伤、检验结果、记录鉴定、技术报告等。

编号				3-8-13	3-8-14
项目				板材超声波探伤	板材周边超声波探伤
				$10m^2$	10m
名称			单位	消耗量	
人工	合计工日		工日	1.485	0.349
	其中	普工	工日	0.595	0.139
		一般技工	工日	0.445	0.105
		高级技工	工日	0.445	0.105
材料	直探头		个	0.720	0.180
	探头线		根	0.054	0.036
	铁砂布 0#~2#		张	15.300	5.400
	机油 5#~7#		kg	0.675	0.360
	耦合剂		kg	3.100	1.800
	棉纱头		kg	3.500	1.200
	毛刷		把	2.000	1.000
	其他材料费		%	3.00	3.00
仪表	超声波探伤仪		台班	1.261	0.131

4. 磁粉探伤

（1）金属板材探伤

工作内容：搬运仪器、接地、探伤部位除锈打磨清理、配制磁悬液、磁化磁粉反应、缺陷处理、技术报告等。

编　号				3-8-15	3-8-16
项　目				板材磁粉探伤	板材周边磁粉探伤
				$10m^2$	10m
名　称			单位	消　耗　量	
人工	合计工日		工日	1.022	0.256
	其中	普工	工日	0.408	0.102
		一般技工	工日	0.307	0.077
		高级技工	工日	0.307	0.077
材料	尼龙砂轮片 ϕ100		片	0.350	0.230
	变压器油		kg	4.589	2.301
	煤油		kg	4.589	2.301
	磁粉		g	311.000	112.000
	棉纱头		kg	0.580	0.230
	其他材料费		%	3.00	2.70
仪表	磁粉探伤仪		台班	0.380	0.095

(2)金属板材焊缝探伤

工作内容: 搬运仪器、接地、探伤部位除锈打磨清理、配制磁悬液、磁化磁粉反应、缺陷处理、技术报告等。

计量单位: 10m

编号				3-8-17	3-8-18
项目				焊缝磁粉检测	焊缝荧光磁粉检测
名称			单位	消耗量	
人工	合计工日		工日	0.602	0.602
	其中	普工	工日	0.242	0.242
		一般技工	工日	0.180	0.180
		高级技工	工日	0.180	0.180
材料	尼龙砂轮片 ϕ100		片	0.330	0.330
	变压器油		kg	3.338	3.338
	煤油		kg	3.330	3.330
	磁粉		g	125.000	—
	荧光磁粉		g	—	125.000
	棉纱头		kg	3.029	3.029
	其他材料费		%	3.00	3.00
仪表	磁粉探伤仪		台班	0.171	0.171

5. 渗透探伤

工作内容: 领料、探伤部位除锈清理、配制及喷涂渗透液、喷涂显像液、干燥处理、观察结果、缺陷部位处理记录、清洗药渍、技术报告等。

计量单位: 10m

编号				3-8-19	3-8-20
项目				渗透探伤	荧光渗透探伤
名称			单位	消耗量	
人工	合计工日		工日	0.767	1.014
	其中	普工	工日	0.307	0.406
		一般技工	工日	0.230	0.304
		高级技工	工日	0.230	0.304
材料	渗透剂 500mL		瓶	1.600	—
	荧光渗透探伤剂 500mL		瓶	—	1.600
	显像剂 500mL		瓶	3.200	3.200
	清洗剂 500mL		瓶	4.800	4.800
	棉纱头		kg	1.000	1.000
	其他材料费		%	3.00	3.00

6. 光 谱 分 析

工作内容： 施工准备、调试仪器、工件检测表面清理、测试分析、对比标准、数据记录、评定、技术报告等。

计量单位： 点

编号				3-8-21	3-8-22	3-8-23
项目				定性分析		分析仪定量分析
				看谱镜	分析仪	
名称			单位	消耗量		
人工	合计工日		工日	0.065	0.063	0.135
	其中	普工	工日	0.025	0.025	0.053
		一般技工	工日	0.020	0.019	0.041
		高级技工	工日	0.020	0.019	0.041
材料	石墨阳极		个	0.010	—	—
	尼龙砂轮片 $\phi100\times16\times3$		片	0.010	0.010	0.010
	保护玻璃		片	0.010	—	—
	保险丝管 10A		个	0.012	—	—
	其他材料费		%	3.00	3.00	3.00
仪表	固定式看谱镜		台班	0.048	—	—
	光谱分析仪		台班	—	0.010	0.095

二、预热、后热与整体热处理

1. 液化气预热

工作内容： 预热器具设备、加热、恒温、回收材料等。

计量单位： 10m 焊缝

编号				3-8-24	3-8-25	3-8-26	3-8-27	3-8-28	3-8-29	3-8-30	3-8-31
项目				钢板厚度（mm 以内）							
				12	16	20	24	28	32	36	40
名称			单位	消耗量							
人工	合计工日		工日	2.116	2.120	2.128	2.131	2.139	2.163	2.174	2.185
	其中	普工	工日	0.846	0.848	0.850	0.853	0.855	0.865	0.870	0.873
		一般技工	工日	0.635	0.636	0.639	0.639	0.642	0.649	0.652	0.656
		高级技工	工日	0.635	0.636	0.639	0.639	0.642	0.649	0.652	0.656
材料	液化气		kg	84.000	106.600	130.400	155.400	181.600	209.100	237.900	267.900
	测温笔		支	1.400	1.400	1.400	1.400	1.400	1.400	1.400	1.400
	橡胶管 1″		m	2.000	2.000	2.000	2.000	2.000	2.000	2.000	2.000
	其他材料费		%	3.00	3.00	3.00	3.00	3.00	3.00	3.00	3.00
机械	载货汽车－普通货车 8t		台班	0.067	0.095	0.108	0.139	0.150	0.181	0.205	0.234

计量单位：10m 焊缝

编号				3-8-32	3-8-33	3-8-34	3-8-35	3-8-36
项目				钢板厚度（mm 以内）				
				44	48	52	56	60
名称			单位	消耗量				
人工	合计工日		工日	2.177	2.191	2.197	2.210	2.218
	其中	普工	工日	0.871	0.877	0.879	0.884	0.888
		一般技工	工日	0.653	0.657	0.659	0.663	0.665
		高级技工	工日	0.653	0.657	0.659	0.663	0.665
材料	液化气		kg	299.100	331.600	365.400	400.400	436.600
	测温笔		支	1.400	1.400	1.400	1.400	1.400
	橡胶管 1″		m	2.000	2.000	2.000	2.000	2.000
	其他材料费		%	3.00	3.00	3.00	3.00	3.00
机械	载货汽车－普通货车 8t		台班	0.257	0.282	0.320	0.342	0.376

2. 液化气后热

工作内容：后热器具设置、加热、恒温、盖石棉布缓冷、回收材料等。

计量单位：10m 焊缝

编号				3-8-37	3-8-38	3-8-39	3-8-40	3-8-41	3-8-42	3-8-43	3-8-44
项目				钢板厚度（mm 以内）							
				12	16	20	24	28	32	36	40
名称			单位	消耗量							
人工	合计工日		工日	2.220	2.241	2.256	2.266	2.272	2.280	2.289	2.293
	其中	普工	工日	0.888	0.897	0.902	0.906	0.908	0.912	0.915	0.917
		一般技工	工日	0.666	0.672	0.677	0.680	0.682	0.684	0.687	0.688
		高级技工	工日	0.666	0.672	0.677	0.680	0.682	0.684	0.687	0.688
材料	液化气		kg	88.200	111.930	136.920	163.170	190.680	219.560	249.800	281.300
	测温笔		支	1.400	1.400	1.400	1.400	1.400	1.400	1.400	1.400
	橡胶管 1″		m	2.000	2.000	2.000	2.000	2.000	2.000	2.000	2.000
	硅酸铝毡		kg	27.750	27.750	27.750	27.750	27.750	27.750	27.750	27.750
	其他材料费		%	3.00	3.00	3.00	3.00	3.00	3.00	3.00	3.00
机械	载货汽车－普通货车 8t		台班	0.077	0.096	0.120	0.140	0.162	0.192	0.214	0.239

计量单位：10m 焊缝

编　号				3-8-45	3-8-46	3-8-47	3-8-48	3-8-49
项　目				钢板厚度（mm 以内）				
				44	48	52	56	60
名　称			单位	消　耗　量				
人工	合计工日		工日	2.305	2.310	2.310	2.321	2.321
	其中	普工	工日	0.923	0.924	0.924	0.929	0.929
		一般技工	工日	0.691	0.693	0.693	0.696	0.696
		高级技工	工日	0.691	0.693	0.693	0.696	0.696
材料	液化气		kg	314.100	348.180	383.670	420.420	458.430
	测温笔		支	1.400	1.400	1.400	1.400	1.400
	橡胶管　1″		m	2.000	2.000	2.000	2.000	2.000
	普通无石棉布		kg	27.750	27.750	27.750	27.750	27.750
	其他材料费		%	3.00	3.00	3.00	3.00	3.00
机械	载货汽车－普通货车　8t		台班	0.295	0.299	0.329	0.367	0.398

3. 液化气预热、后热器具制作

工作内容: 放样、下料、组对、焊接等。 **计量单位:** 台

编号				3-8-50	3-8-51	3-8-52	3-8-53	3-8-54	3-8-55	3-8-56	3-8-57
项目				容器、塔器							
				容量(m³ 以内)							
				20	50	100	200	300	400	1 000	2 000
名称			单位	消耗量							
人工	合计工日		工日	2.446	5.434	10.506	19.744	27.079	28.613	44.468	74.175
	其中	普工	工日	0.978	2.174	4.202	7.898	10.831	11.445	17.788	29.669
		一般技工	工日	0.734	1.630	3.152	5.923	8.124	8.584	13.340	22.253
		高级技工	工日	0.734	1.630	3.152	5.923	8.124	8.584	13.340	22.253
材料	型钢(综合)		kg	18.600	31.800	43.400	54.600	74.600	91.100	129.700	173.000
	无缝钢管(综合)		kg	31.000	53.000	72.300	91.000	124.400	151.800	206.200	288.300
	低碳钢焊条 J427		kg	1.560	4.070	5.550	6.990	9.550	11.690	16.120	22.140
	碳钢焊丝		kg	0.990	1.700	2.310	2.910	3.980	4.860	6.600	9.230
	氧气		m³	0.750	1.290	1.740	2.190	3.000	3.660	4.950	6.930
	乙炔气		kg	0.288	0.496	0.669	0.842	1.154	1.408	1.904	2.665
	截止阀 *DN*25		个	2.000	3.000	5.000	6.000	7.000	8.000	9.000	10.000
	其他材料费		%	3.00	3.00	3.00	3.00	3.00	3.00	3.00	3.00
机械	弧焊机 32kV·A		台班	0.548	1.440	1.962	2.474	3.375	4.134	5.699	7.828
	载货汽车－普通货车 8t		台班	0.090	0.090	0.177	0.177	0.265	0.353	0.447	0.530

计量单位：台

编　号			3-8-58	3-8-59	3-8-60	3-8-61	3-8-62
项　目			球形储罐				
			容量（m^3 以内）				
			3 000	5 000	6 000	8 000	10 000
名　称		单位	消　耗　量				
人工	合计工日	工日	118.680	189.887	303.820	486.111	777.779
	其中 普工	工日	47.472	75.955	121.528	194.445	311.111
	其中 一般技工	工日	35.604	56.966	91.146	145.833	233.334
	其中 高级技工	工日	35.604	56.966	91.146	145.833	233.334
材料	型钢（综合）	kg	242.200	339.080	474.712	664.597	930.436
	无缝钢管（综合）	kg	389.205	525.427	709.326	957.590	1 292.747
	低碳钢焊条 J427	kg	30.332	41.555	56.930	77.994	106.852
	碳钢焊丝	kg	12.553	17.072	23.218	31.576	42.943
	氧气	m^3	9.702	13.583	19.016	26.622	37.271
	乙炔气	kg	3.732	5.224	7.314	10.239	14.335
	截止阀 *DN*25	个	11.000	12.000	13.000	14.000	15.000
	其他材料费	%	3.00	3.00	3.00	3.00	3.00
机械	弧焊机 32kV·A	台班	10.725	14.693	20.129	27.577	37.780
	载货汽车－普通货车 8t	台班	0.665	0.760	0.855	0.950	1.055

4. 电加热片预热、后热

工作内容: 施工准备、热电偶固定、包扎、连线、通电、升温、恒温、降温、拆除、回收材料、清理现场等。

计量单位: 10m 焊缝

编号			3-8-63	3-8-64	3-8-65	3-8-66	3-8-67
项目			板材厚度(mm 以内)				
			12	20	25	30	40
名称		单位	消耗量				
人工	合计工日	工日	1.946	2.335	2.619	2.945	3.681
人工	其中 普工	工日	0.778	0.934	1.048	1.178	1.473
人工	其中 一般技工	工日	0.584	0.701	0.785	0.883	1.104
人工	其中 高级技工	工日	0.584	0.701	0.785	0.883	1.104
材料	电加热片 履带式	m^2	0.080	0.096	0.108	0.117	0.165
材料	热电偶 1 000℃ 1m	个	0.200	0.200	0.200	0.200	0.200
材料	硅酸铝毡	kg	34.970	42.642	47.692	53.654	72.533
材料	其他材料费	%	3.00	3.00	3.00	3.00	3.00
机械	自控热处理机	台班	0.994	1.210	1.379	1.505	1.870

计量单位: 10m 焊缝

编号			3-8-68	3-8-69
项目			板材厚度(mm 以内)	
			50	60
名称		单位	消耗量	
人工	合计工日	工日	4.013	5.136
人工	其中 普工	工日	1.605	2.055
人工	其中 一般技工	工日	1.204	1.541
人工	其中 高级技工	工日	1.204	1.541
材料	电加热片 履带式	m^2	0.185	0.225
材料	热电偶 1 000℃ 1m	个	0.200	0.200
材料	高硅布 $\delta 50$	m^2	5.910	7.120
材料	其他材料费	%	3.00	3.00
机械	自控热处理机	台班	2.106	2.694

5. 焊后局部热处理

工作内容：热电偶固定、包扎、连线、通电、升温、拆除、回收材料、清理现场、硬度测试等。

计量单位：10m 焊缝

编　号			3-8-70	3-8-71	3-8-72	3-8-73	3-8-74	3-8-75	3-8-76
项　目			板材厚度（mm）						
			10～15	16～20	21～25	26～30	31～40	41～50	51～60
名　称		单位	消　耗　量						
人工	合计工日	工日	3.038	3.645	4.085	4.596	5.740	6.456	7.554
人工	其中 普工	工日	1.216	1.459	1.634	1.839	2.296	2.582	3.021
人工	其中 一般技工	工日	0.911	1.093	1.225	1.379	1.722	1.937	2.267
人工	其中 高级技工	工日	0.911	1.093	1.225	1.379	1.722	1.937	2.267
材料	电加热片 履带式	m^2	0.090	0.110	0.120	0.130	0.180	0.210	0.250
材料	热电偶 1 000℃ 1m	个	0.500	0.500	0.500	0.500	0.500	0.500	0.500
材料	高硅布 δ50	m^2	2.860	3.430	3.840	4.320	5.840	6.570	7.910
材料	其他材料费	%	3.00	3.00	3.00	3.00	3.00	3.00	3.00
机械	自控热处理机	台班	1.150	1.378	1.549	1.729	2.147	2.432	3.154

6. 设备整体热处理

工作内容：进窑搬运、封窑、升温、热处理、保温、出窑搬运、清理现场等。 **计量单位：**t

编号				3-8-77	3-8-78	3-8-79	3-8-80	3-8-81	3-8-82	3-8-83	3-8-84
项目				质量（t 以内）							
				0.5	2.5	6	10	16	24	35	50
名称			单位	消耗量							
人工	合计工日		工日	4.064	2.950	1.325	0.819	0.558	0.392	0.342	0.307
	其中	普工	工日	1.626	1.179	0.530	0.328	0.224	0.157	0.137	0.123
		一般技工	工日	1.219	0.885	0.398	0.246	0.167	0.118	0.103	0.092
		高级技工	工日	1.219	0.885	0.398	0.246	0.167	0.118	0.103	0.092
材料	型钢（综合）		kg	15.400	13.700	12.100	10.600	9.200	7.900	6.800	6.500
	柴油		kg	195.000	185.000	175.000	167.000	159.000	147.000	147.000	147.000
	其他材料费		%	3.00	3.00	3.00	3.00	3.00	3.00	3.00	3.00
机械	汽车式起重机 12t		台班	0.067	0.057	0.057	—	—	—	—	—
	汽车式起重机 20t		台班	—	—	—	0.048	0.048	—	—	—
	汽车式起重机 50t		台班	—	—	—	—	—	0.029	0.029	0.029
	载货汽车－普通货车 5t		台班	0.067	0.057	—	—	—	—	—	—
	载货汽车－普通货车 10t		台班	—	—	0.057	0.048	—	—	—	—
	载货汽车－平板拖车组 30t		台班	—	—	—	—	0.048	0.029	—	—
	载货汽车－平板拖车组 50t		台班	—	—	—	—	—	—	0.029	0.029
	工业锅炉 4t/h		台班	0.124	0.124	0.105	0.105	0.086	0.067	0.057	0.038

7. 球罐整体热处理

(1)柴 油 加 热

工作内容：保温被、保温被压缚机构，立柱移动装置的制作、安装、拆除，热处理装置的设置、拆除，点火升温、恒温、降温，球罐复原，整理记录等。

计量单位：台

编号			3-8-85	3-8-86	3-8-87	3-8-88	3-8-89	3-8-90	3-8-91	3-8-92
项目			球罐容积(m^3)							
			50	120	200	400	650	1 000	1 500	2 000
名称		单位	消耗量							
人工	合计工日	工日	138.293	174.116	212.786	303.643	373.514	452.713	568.057	683.411
人工	其中 普工	工日	55.317	69.646	85.114	121.457	149.406	181.085	227.223	273.365
人工	其中 一般技工	工日	41.488	52.235	63.836	91.093	112.054	135.814	170.417	205.023
人工	其中 高级技工	工日	41.488	52.235	63.836	91.093	112.054	135.814	170.417	205.023
材料	低碳钢焊条 J427	kg	15.130	19.050	24.220	36.410	45.600	57.410	72.950	88.480
材料	氧气	m^3	8.010	10.170	12.930	19.410	24.330	30.630	38.910	47.190
材料	乙炔气	kg	3.081	3.912	4.973	7.465	9.358	11.781	14.965	18.150
材料	贮油罐 ϕ1 000×2 000×8	台	0.200	0.200	0.200	0.200	0.200	0.200	0.200	0.200
材料	分气罐 ϕ377×800×8	台	0.200	0.200	0.200	0.200	0.200	0.200	0.200	0.200
材料	油缓冲罐 ϕ377×800×8	台	0.200	0.200	0.200	0.200	0.200	0.200	0.200	0.200
材料	烟囱 ϕ(500～600)×2 000×4	个	0.200	0.200	0.200	0.200	0.200	0.200	0.200	0.200
材料	进风套筒 ϕ320×560×4	套	0.250	0.250	0.250	0.250	0.250	0.250	0.250	0.250
材料	主副点火器	套	0.250	0.250	0.250	0.250	0.250	0.250	0.250	0.250
材料	燃油喷嘴 1#～2#	件	0.500	0.500	0.500	0.500	0.500	0.500	0.500	0.500
材料	油过滤器	个	0.250	0.250	0.250	0.250	0.250	0.250	0.250	0.250
材料	法兰阀门 *DN*20	个	6.000	6.000	6.000	6.000	6.000	6.000	6.000	6.000
材料	转子流量计 TZB-25 1 000t/min	支	1.000	1.000	1.000	1.000	1.000	1.000	2.000	2.000
材料	热电偶 1 000℃ 1m	个	10.000	12.000	12.000	16.000	24.000	27.000	32.000	34.000
材料	补偿导线 EV2×1mm^2	m	150.000	150.000	150.000	150.000	150.000	150.000	150.000	150.000
材料	导向支架	套	0.250	0.250	0.250	0.250	0.250	0.250	0.250	0.250
材料	夹布胶管(耐油)ϕ25	m	33.000	33.000	33.000	33.000	33.000	33.000	33.000	33.000
材料	夹布胶管(耐油)ϕ50	m	36.000	36.000	36.000	36.000	36.000	36.000	36.000	36.000
材料	夹布胶管(耐油)ϕ100	m	24.000	24.000	24.000	24.000	24.000	24.000	24.000	24.000
材料	电打火电缆线 ϕ8BV8.12 股铜线	m	9.000	9.000	9.000	9.000	9.000	9.000	9.000	9.000
材料	电打火电缆线 ϕ10BV8.2 股铜线	m	6.000	6.000	6.000	6.000	6.000	6.000	6.000	6.000
材料	不锈钢板 1Cr18Ni9Ti δ8 以外	kg	14.130	21.200	28.260	70.560	84.750	105.980	123.640	141.300
材料	支柱移动装置	kg	223.390	254.580	321.560	435.610	552.380	670.090	917.030	1 164.060
材料	保温被压缚结构	kg	62.940	105.230	130.030	216.340	274.910	365.040	408.590	452.130
材料	高硅氧棉绳	kg	4.150	6.750	9.130	15.320	21.960	26.480	34.290	42.100
材料	镀锌钢丝网 ϕ1.6×20×20	m^2	166.000	270.000	356.000	612.800	792.000	1 059.200	1 371.400	1 683.600
材料	玻璃布	m^2	166.000	270.000	356.000	612.800	792.000	1 059.200	1 371.400	1 683.600
材料	钢丝绳 ϕ20	m	8.000	10.160	12.920	19.400	24.320	30.620	38.910	47.190
材料	镀锌铁丝(综合)	kg	10.000	15.000	20.000	25.000	30.000	100.000	150.000	200.000
材料	柴油	kg	1 000.000	1 200.000	1 500.000	2 000.000	2 500.000	3 000.000	3 500.000	4 000.000
材料	液化气	kg	500.000	500.000	700.000	1 000.000	1 000.000	1 500.000	1 700.000	2 000.000
材料	其他材料费	%	2.00	2.00	2.00	2.00	2.00	2.00	2.00	2.00
机械	弧焊机 32kV·A	台班	2.850	3.021	4.598	6.916	8.664	10.906	13.861	16.815
机械	齿轮油泵 2.5L/min	台班	7.600	7.600	7.600	7.600	7.600	7.600	7.600	7.600
机械	电动空气压缩机 9m^3/min	台班	7.600	7.600	7.600	7.600	7.600	7.600	7.600	7.600

计量单位：台

编号				3-8-93	3-8-94	3-8-95	3-8-96	3-8-97	3-8-98
项目				球罐容积（m³）					
				3 000	4 000	5 000	6 000	8 000	10 000
名称			单位	消耗量					
人工	合计工日		工日	836.494	1 027.950	1 284.937	1 606.172	2 007.716	2 509.644
	其中	普工	工日	334.598	411.180	513.975	642.470	803.086	1 003.858
		一般技工	工日	250.948	308.385	385.481	481.851	602.315	752.893
		高级技工	工日	250.948	308.385	385.481	481.851	602.315	752.893
材料	低碳钢焊条 J427		kg	119.550	137.064	171.330	214.163	267.704	334.630
	氧气		m^3	63.750	73.082	91.353	114.191	142.739	178.424
	乙炔气		kg	24.519	28.108	35.136	43.920	54.900	68.625
	贮油罐 ϕ1 000×2 000×8		台	0.200	0.200	0.200	0.200	0.200	0.200
	分气罐 ϕ377×800×8		台	0.200	0.200	0.200	0.200	0.200	0.200
	油缓冲罐 ϕ377×800×8		台	0.200	0.200	0.200	0.200	0.200	0.200
	烟囱 ϕ(500～600)×2 000×4		个	0.200	0.200	0.200	0.200	0.200	0.200
	进风套筒 ϕ320×560×4		套	0.250	0.250	0.250	0.250	0.250	0.250
	主副点火器		套	0.250	0.250	0.250	0.250	0.250	0.250
	燃油喷嘴 1#～2#		件	0.500	0.500	0.500	0.500	0.500	0.500
	油过滤器		个	0.250	0.250	0.250	0.250	0.250	0.250
	法兰阀门 *DN*20		个	6.000	6.000	6.000	6.000	6.000	6.000
	转子流量计 TZB-25 1 000t/min		支	2.000	2.000	3.000	3.000	4.000	4.000
	补偿导线 EV2×1mm²		m	150.000	150.000	150.000	150.000	150.000	150.000
	导向支架		套	0.250	0.250	0.250	0.250	0.250	0.250
	夹布胶管（耐油）ϕ25		m	33.000	33.000	33.000	33.000	33.000	33.000
	夹布胶管（耐油）ϕ50		m	36.000	36.000	36.000	36.000	36.000	36.000
	夹布胶管（耐油）ϕ100		m	24.000	24.000	24.000	24.000	24.000	24.000
	铜芯塑料绝缘电线 BV-8mm²		m	9.000	9.000	9.000	9.000	9.000	9.000
	铜芯塑料绝缘电线 BV-10mm²		m	6.000	6.000	6.000	6.000	6.000	6.000
	热电偶 1 000℃ 1m		个	42.000	47.000	52.000	57.000	62.000	67.000
	不锈钢板 1Cr18Ni9Ti δ8 以外		kg	172.480	203.520	295.104	427.901	620.456	899.661
	支柱移动装置		kg	1 492.200	1 893.760	2 745.952	3 981.630	5 773.364	8 371.378
	保温被压缚结构		kg	539.000	626.000	907.700	1 316.165	1 908.439	2 767.237
	高硅氧棉绳		kg	54.257	66.006	95.709	138.778	201.228	291.781
	镀锌钢丝网 ϕ1.6×20×20		m^2	2 169.520	2 638.800	3 826.260	5 548.077	8 044.712	11 664.832
	玻璃布		m^2	2 169.520	2 638.800	3 826.260	5 548.077	8 044.712	11 664.832
	钢丝绳 ϕ20		m	59.934	73.904	107.161	155.383	225.305	326.692
	镀锌铁丝（综合）		kg	300.000	300.000	350.000	350.000	400.000	400.000
	柴油		kg	4 900.000	5 600.000	6 200.000	6 700.000	7 500.000	8 000.000
	液化气		kg	2 450.000	2 850.000	3 500.000	4 000.000	4 500.000	5 000.000
	弹簧压力表 0～16kg/cm²		个	1.800	1.800	1.800	1.800	1.800	1.800
	其他材料费		%	2.00	2.00	2.00	2.00	2.00	2.00
机械	弧焊机 32kV·A		台班	21.806	54.653	68.315	85.395	106.743	133.428
	齿轮油泵 2.5L/min		台班	7.600	7.600	7.600	7.600	7.600	7.600
	电动空气压缩机 9m³/min		台班	7.600	7.600	7.600	7.600	7.600	7.600

(2)电　加　热

工作内容：保温被、保温被压缚机构，立柱移动装置的制作、安装、拆除，热处理装置的设置、拆除，点火升温、恒温、降温，球罐复原，整理记录等。　　**计量单位：**台

编　号				3-8-99	3-8-100	3-8-101	3-8-102	3-8-103	3-8-104
项　目				球罐容积(m^3)					
				50	120	200	400	650	1 000
名　称			单位	消　耗　量					
人工	合计工日		工日	180.636	220.492	264.280	366.042	443.597	534.157
	其中	普工	工日	72.254	88.196	105.712	146.416	177.439	213.663
		一般技工	工日	54.191	66.148	79.284	109.813	133.079	160.247
		高级技工	工日	54.191	66.148	79.284	109.813	133.079	160.247
材料	低碳钢焊条 J427		kg	15.130	17.145	24.220	36.410	45.600	57.410
	氧气		m^3	8.000	9.144	12.930	19.420	24.320	30.630
	乙炔气		kg	3.077	3.517	4.973	7.469	9.354	11.781
	电加热器		个	4.000	5.600	9.700	16.200	22.000	29.000
	热电偶 1 000℃ 1m		个	10.000	12.000	12.000	16.000	24.000	27.000
	白钢元母线		10m	1.250	1.250	1.250	1.250	1.250	1.250
	补偿导线 EV2×1mm²		m	11.250	11.250	11.250	11.250	11.250	11.250
	铝芯塑料绝缘电线 BLV		1 000m	0.150	0.150	0.150	0.150	0.150	0.150
	塑料绝缘控制电缆 KVV		100m	0.600	0.600	0.600	0.600	0.600	0.600
	压根线端子		个	3.600	4.960	8.600	14.400	19.700	26.000
	电热器检查接线		组	0.300	0.400	0.700	1.200	1.600	2.200
	支柱移动装置		kg	223.390	236.759	321.560	435.610	552.380	670.090
	高硅氧棉绳		kg	4.150	5.400	9.130	15.320	21.960	26.480
	硅酸铝毡		kg	17.000	24.000	42.000	70.000	96.000	127.000
	镀锌钢丝网 $\phi1.6\times20\times20$		m^2	166.000	216.000	356.000	612.800	792.000	1 059.200
	保温被压缚结构		kg	62.940	84.184	130.030	216.340	274.910	365.040
	玻璃布		m^2	166.000	216.000	356.000	612.800	792.000	1 059.200
	镀锌铁丝（综合）		kg	3.000	3.600	6.000	10.000	13.000	18.000
	电		kW·h	4 440.000	6 240.000	10 730.000	18 000.000	24 600.000	32 590.000
	其他材料费		%	2.00	2.00	2.00	2.00	2.00	2.00
机械	弧焊机 32kV·A		台班	2.850	3.021	4.598	6.916	8.664	10.906

三、钢卷板开卷与平直

工作内容: 卷板展开、号料、切割、平整、堆放等。 **计量单位:** t

编号				3-8-105	3-8-106
项目				钢板厚度(mm 以内)	
				5	8
名称			单位	消耗量	
人工	合计工日		工日	1.960	1.380
	其中	普工	工日	0.784	0.552
		一般技工	工日	0.588	0.414
		高级技工	工日	0.588	0.414
材料	钢板 $\delta6\sim12$		kg	—	40.000
	热轧薄钢板 $\delta2.0\sim6.0$		kg	40.000	—
	氧气		m^3	3.400	2.140
	乙炔气		kg	1.308	0.823
	其他材料费		%	3.00	1.80
机械	板料校平机 10×2 000(安装用)		台班	0.219	0.190
	叉式起重机 6t		台班	0.067	0.034
	电动单筒慢速卷扬机 50kN		台班	0.095	0.053

四、现场组装平台铺设与拆除

工作内容：道木摆放找平、排放钢轨（管）、铺钢板、组对点焊、拆除、材料集中堆放等。

计量单位：座

编号				3-8-107	3-8-108	3-8-109	3-8-110	3-8-111	3-8-112	3-8-113	3-8-114
项目				钢管平台（m^2）				钢轨平台（m^2）			
				100	150	300	每增减10	100	150	300	每增减10
名称			单位	消耗量							
人工	合计工日		工日	25.724	34.050	50.647	1.655	20.178	26.706	49.662	1.625
	其中	普工	工日	10.290	13.620	20.258	0.662	8.072	10.683	19.865	0.650
		一般技工	工日	7.717	10.215	15.194	0.497	6.053	8.012	14.899	0.488
		高级技工	工日	7.717	10.215	15.194	0.497	6.053	8.012	14.899	0.488
材料	热轧厚钢板 δ8.0~20.0		kg	837.300	1 256.000	2 512.000	83.700	837.300	1 256.000	2 512.000	83.700
	钢管		kg	451.300	646.500	1 321.600	46.400	—	—	—	—
	轻便轨 24kg		kg	—	—	—	—	264.000	377.000	773.000	27.200
	低碳钢焊条 J427		kg	5.360	7.190	13.180	0.430	5.360	7.190	13.180	0.430
	氧气		m^3	17.900	24.040	44.050	1.440	17.900	24.040	44.050	1.440
	乙炔气		kg	6.885	9.246	16.942	0.554	6.885	9.246	16.942	0.554
	枕木		m^3	0.270	0.390	0.750	0.030	0.270	0.390	0.750	0.030
	钢板垫板		kg	118.690	169.080	322.060	101.700	118.690	169.080	322.160	10.170
	其他材料费		%	3.00	3.00	3.00	3.00	3.00	3.00	3.00	3.00
机械	弧焊机 32kV·A		台班	2.700	3.600	6.500	0.220	2.700	3.600	6.500	0.220
	电焊条烘干箱 80×80×100（cm^3）		台班	0.610	0.798	1.192	0.039	0.501	0.657	1.228	0.040
	汽车式起重机 16t		台班	3.325	4.750	6.840	0.228	2.660	3.800	6.840	0.228
	电焊条恒温箱		台班	0.610	0.798	1.192	0.039	0.501	0.657	1.228	0.040
	剪板机 20×2 500（安装用）		台班	0.475	0.646	0.950	0.038	0.380	0.517	0.950	0.038

五、钢材半成品运输

工作内容：装车运输、卸车、堆放等。 **计量单位：**10t

编号				3-8-115	3-8-116	3-8-117	3-8-118	3-8-119	3-8-120
项目				汽车		人力车		拖车	
				运距（km）					
				3以内	每增加1	2以内	每增加1	3以内	每增加1
名称			单位	消耗量					
人工	合计工日		工日	1.298	0.098	5.097	1.147	1.083	0.063
	其中	普工	工日	0.520	0.040	2.039	0.459	0.433	0.025
		一般技工	工日	0.389	0.029	1.529	0.344	0.325	0.019
		高级技工	工日	0.389	0.029	1.529	0.344	0.325	0.019
材料	枕木		m^3	0.006	—	0.001	—	0.008	0.001
	镀锌铁丝 ϕ4.0		kg	0.400	0.100	0.100	0.100	0.400	0.100
	其他材料费		%	3.00	3.00	3.00	3.00	3.00	3.00
机械	载货汽车－普通货车 10t		台班	0.428	0.029	—	—	0.389	0.022
	汽车式起重机 16t		台班	0.428	0.026	—	—	0.389	0.022
	载货汽车－平板拖车组 15t		台班	—	—	—	—	0.022	0.022

主编单位：电力工程造价与定额管理总站

专业主编单位：中国石油工程造价管理中心

参编单位：中国石油天然气第一建设有限公司
中国石油天然气第七建设有限公司
中国石油天然气第六建设有限公司
中国石化集团公司工程定额管理站
鉴治（廊坊）工程咨询有限公司

计价依据编制审查委员会综合协商组：胡传海　王海宏　吴佐民　王中和　董士波
冯志祥　褚得成　刘中强　龚桂林　薛长立
杨廷珍　汪亚峰　蒋玉翠　汪一江

计价依据编制审查委员会专业咨询组：薛长立　蒋玉翠　杨　军　张　鑫　李　俊
余铁明　庞宗琨

编制人员：李木盛　王勤民　徐　楠　唐　祥　周文中　张　霓　姬　莉　张增权
汪　洋　齐骏鑫　付小军　周守渠　李　斌　陈华国　肖　倩　解振良
肖光锋　丁　燕　廖　跃　陈家余　曹忠正　唐　皓　张亚飞　陈思羽
陈　莉

专业内部审查专家：褚得成　蒋玉翠　兰有东　龙军海　蒋国栋　白玉波　李志健
陈庆波

审查专家：薛长立　蒋玉翠　张　鑫　兰有东　彭永才　陈庆波　李伟亮

软件支持单位：成都鹏业软件股份有限公司

软件操作人员：杜　彬　赖勇军　可　伟　孟　涛